高等院校嵌入式人才培养规划教材

Gaodeng Yuanxiao Qianrushi Rencai Peiyang Guihua Jiaocai

单片机应用技术实例教程

（C51版）

汤嘉立 主编　李林 胡羽 周安华 副主编

C51 Single
Chip Microcomputer

人民邮电出版社

北京

图书在版编目（CIP）数据

单片机应用技术实例教程：C51版 / 汤嘉立主编
. -- 北京：人民邮电出版社，2014.11（2021.9重印）
高等院校嵌入式人才培养规划教材
ISBN 978-7-115-35619-2

Ⅰ．①单… Ⅱ．①汤… Ⅲ．①单片微型计算机－高等
学校－教材 Ⅳ．①TP368.1

中国版本图书馆CIP数据核字(2014)第175027号

内 容 提 要

　　51 单片机应用系统是嵌入式控制系统的重要分支，在工业控制等场合得到了广泛的应用，51 单片机的开发是目前高校等教育机构相应专业学生的必修课程。本书由 11 章以及 1 个附录组成，从 51 单片机的发展开始，由浅入深、循序渐进地介绍了 51 单片机的内核结构、51 单片机应用系统的组成、C51 语言的使用方法、51 单片机内部资源以及常用外围器件的使用方法。

　　本书适合需要学习 51 单片机开发的读者进行基础学习，并且由于本书的高实用性，其不仅可以作为一本教材，还可以作为一本 51 单片机开发工程师的查询手册。

◆ 主　　编　汤嘉立
　　副 主 编　李 林　胡 羽　周安华
　　责任编辑　王 威
　　责任印制　焦志炜

◆ 人民邮电出版社出版发行　　北京市丰台区成寿寺路 11 号
　　邮编　100164　电子邮件　315@ptpress.com.cn
　　网址　http://www.ptpress.com.cn
　　固安县铭成印刷有限公司印刷

◆ 开本：787×1092　1/16
　　印张：21.5　　　　　　　　2014 年 11 月第 1 版
　　字数：563 千字　　　　　2021 年 9 月河北第 10 次印刷

定价：46.00 元

读者服务热线：（010）81055256　印装质量热线：（010）81055316
反盗版热线：（010）81055315

前　言

51 单片机具有体积小、功能强、价格低的特点，在工业控制、数据采集、智能仪表、机电一体化、家用电器等领域有着广泛的应用。其应用可以大大提高生产、生活的自动化水平。近年来，随着嵌入式的应用越来越广泛，51 单片机的开发也变得更加灵活和高效，51 单片机的开发和应用已经成为嵌入式专业、电气专业学生的必备技能。为了适应这一要求，全国各高等院校相关专业都把 C51 单片机课程作为核心骨干课程。

为了更好地帮助各大院校将单片机技术课程建设好，我们组织了具有丰富教学经验的教师和企业一线单片机工程师共同研究课程标准，打造立体化精品教材。

本书力求做到高实用性，目标是让学习者在完成相应的学习后即可进行相应的简单 51 单片机设计，所以对于基础知识的介绍均将其融入有实际应用价值的实例中进行，并且针对所有的应用实例均提供了对应的电路原理设计图和 C51 语言代码。本书的全部 C51 语言代码均在 Keil μVision 软件开发环境中完成（V4.0），电路图大部分均在 Protel 99SE 中绘制（部分在 Proteus 中绘制）。

本书在写作中突出以下特点：

· 按照由浅入深、循序渐进的原则介绍了 51 单片机应用系统的结构、指令系统、C51 语言的使用方法，内部硬件资源使用方法、外围器件使用方法；

· 所有内部资源和外部资源的使用方法都提供了相应的使用实例；

· 软硬结合，对于所有的应用实例均给出了完整的电路原理设计图以及对应的 C51 语言代码。

为方便教学，本书配备了 PPT 课件、源代码等丰富的教学资源，任课教师可到人民邮电出版社教学服务与资源网（www.ptpedu.com.cn）免费下载使用。

本书由汤嘉立任主编，李林、胡羽、周安华任副主编。

由于编者水平有限，书中疏漏甚至谬误之处难免，希望读者批评、指正，也欢迎就相关问题展开讨论。

编　者
2014 年 6 月

目　录　CONTENTS

第 8 章　51 单片机的人机交互接口　174

5

目
录

PART 1

第 1 章
51 单片机基础

单片机是单片微型计算机的简称，是一种将运算控制器、存储器、寄存器 I/O 接口以及一些常用的功能模块都集成到一块芯片上的计算机，常常用于工业控制、小型家电等需要嵌入式控制的场合。根据内核的不同，单片机可以分为不同的类属，其中最常用的内核是 Intel 公司设计的 8051，其被 ATMEL、飞利浦、宏晶科技等公司采用，从而生产出了一大批具有相同内核构造但是有不同功能的单片机，它们被统称为 51 系列单片机。

知识目标

- 51 单片机的发展历史。
- 51 单片机的分类和常见型号介绍。
- 51 单片机的内核结构介绍。
- 51 单片机工作方式介绍。

1.1 51 单片机的发展和常见型号

距第一片 51 单片机被生产出来至今已经有 40 多年，在这么多年中单片机经历了长足的发展，在相同内核的基础上形成了多种分类，有超过 100 种的具体型号。

1.1.1 51 单片机的发展历史

单片机的发展史可以大致的分为如下 3 个阶段。

（1）从 20 世纪 70 年代后期开始，单片机从功能简单的 4 位逻辑控制器件发展到了功能比较强大的 8 位单片机，片内有 8 位微处理器、8 位并行数据总线、8 位定时计数器及一定容量的存储器，并且有了简单的中断功能。这个时期，8 位单片机的代表是 Intel 公司推出的 MCS-48 系列单片机（MCS 即 Micro Computer System，是微型计算机系统的缩写）、GI 公司的 PIC1650 系列单片机。

（2）1980 年～1981 年，Intel 公司在 MSC-48 系列单片机的基础上增加了串行接口，定时计数器扩展到 16 位，增强了中断系统的功能并且扩大了存储器，推出了 MCS-51 系列单片机。同时期，Motorola 公司推出了 M6800 系列单片机，Zilog 公司推出了 Z8 系列单片机。

（3）从 20 世纪 80 年代中期开始，Intel 公司在 MSC-51 系列单片机的基础上将内部数据总线扩展为 16 位，外部 I/O 总线仍保持 8 位，推出了 MCS-96 系列单片机。

自从 Intel 公司发布 MSC-51 内核以来，许多公司在 MCS-51 内核基础上进行改进、增强，推出了具有不同特色的、功能更加丰富的基于 MCS-51 内核的单片机，这些单片机或具有 AD 接口，或具有 USB 控制接口，或具有 MP3 解码器，但是由于它们都采用相同的内核，所以被统称为 MCS-51 系列单片机，它们有大致相同的体系结构，有相同的基本指令系统，可以采用相同的开发工具。

进入 20 世纪 90 年代后，随着微电子技术的发展，MCS-51 系列单片机的发展呈现以下的趋势。

- 集成度提高：多种功能都集成在一块 51 单片机上，能够不用扩展外部资源或者扩展很少的外部资源就可以完成系统的功能。
- 扩展方式增多：MCS-51 系列单片机不仅仅使用并行端口和串行端口进行扩展，还出现了 SPI、I²C 等多种总线扩展接口。
- 工作电压降低： MCS-51 系列单片机的工作电压从开始的 5V 降低到 3.3V 和 1.8V，低功耗带来了更加稳定的系统可靠性获得了在便携系统中更加持久使用时间。

除了常见的 MCS-51 系列单片机之外，AVR 系列单片机和 MSP320 系列等单片机也常常被应用于单片机系统中，和 MCS-51 系列单片机相比，它们有独特的应用场合。

图 1.1 和图 1.2 所示分别是两个 MCS-51 单片机应用系统的实物图，前者是一个基于 STC89C52 单片机（MCS-51 单片机的具体型号）的一个多电压输出核心板；后者是一个由 3 块 AT89S52 单片机（MCS-51 单片机的具体型号）为主要控制器搭建的带数码管显示和蜂鸣器报警的继电器控制系统。

图 1.1　以 STC89C52 单片机为核心的多电压输出核心板

图 1.2　以 AT89S52 单片机为核心的继电器控制系统

1.1.2 常见的 51 单片机

目前在市场上有超过 100 种具体的 51 单片机型号，其中被使用最多的分别是 ATMEL 公司的 AT89S52、NXP（原飞利浦半导体）公司的 P87C51x2 和中国本土宏晶科技的 STC89C52。

1. AT89S52

ATMEL 公司是目前最著名的 MCS-51 系列单片机生产厂商之一，AT89S52 是其推出的一款在系统可编程（ISP-In System Programmed）单片机，通过相应的 ISP 软件和一根并行接口或者串行接口下载线，用户可以对单片机进行编程操作，图 1.3 所示是 AT89S52 单片机的实物示意，有 DIP-40（Dual In-line Package，双列直插封装）、PLCC-44（Plastic Leaded Chip Carrier，带引线的塑料芯片载体）等多种封装形式，其主要特性概述如下。

DIP-40封装的 AT89S52　　PLCC-44封装的 AT89S52

图 1.3　AT89S52 的实物示意

- 提供了有三级安全保护的 8K 在系统可编程 FLASH 程序存储器和 256 字节的内部数据存储器。
- 可以在 4.0 ~ 5.5V 的电压下工作。
- 提供双数据指针可以使得程序运行得更快。
- 最高工作频率可以达到 33MHz。
- 提供 32 个可编程 I/O 引脚。
- 内置 3 个 16 位定时计数器。
- 内置一个全双工的串行通信口。
- 支持 ISP 程序下载。
- 7 个中断源，支持在掉电模式下响应中断。

> 注意：本书中所有的实例均是基于 AT89S52 单片机的。

2. P87C51x2

NXP（恩智浦）是 2006 年末从飞利浦公司独立出来的半导体公司，其业务已拥有 50 年的悠久历史，主要提供各种半导体产品与软件，其提供了大量 MCS-51 系列单片机，包括 Flash、OTP（一次性编程）、ROM 和无 ROM 器件，其中最常用的型号是 P87C51x2，图 1.4 所示是其 DIP-40 形式封装的实物示意，同样具有 PLCC 和 DIP 两种封装形式，其主要特性概述如下。

图 1.4　DIP-40 封装的 P87C51x2 的实物

- 提供了 4K 字节 EPROM、128 字节 RAM 和布尔处理器。
- 全静态操作，支持低电压操作（工作电压为 2.7 ~ 5.5V）。
- 支持 6 时钟工作模式，最高工作频率可以达到 33MHz。
- 提供了双数据指针 DPTR、OTP 保密位。
- 提供了 6 个中断源，和标准 MCS-51 单片机相比增加了 4 个中断优先等级。

- 提供了 3 个 16 位的定时/计数器，其中 T2 支持捕获和比较功能，并且可以提供可编程时钟输出。
- 提供了 EMI（禁止 ALE，输出斜率控制和 6 时钟模式）功能。

3. STC89C52RC

STC89C52RC 是大陆的单片机设计公司宏晶科技的基础单片机型号之一，其最大的特点是支持串口下载，可以很方便地修改内部软件，非常适合制作开发板和系统原型；此外其提供了大量拥有不同扩展功能的型号以供用户选择。

图 1.5 所示是 STC89C52RC 的实物示意，提供了 DIP-40、PLCC-44 和 LQFP-44（Low profile Quad Flat Package，薄方型扁平式封装）3 种不同的封装，其主要特性概述如下。

图 1.5　STC89C52RC 的实物

- 提供了 8K 字节的 FLASH 存储器、5K 字节的 E^2PROM 和 512 字节的 SRAM 空间。
- 工作电压为 3.5 ~ 5.5V，最高工作频率可以达到 40MHz。
- 内置 3 个可编程定时计数器，提供了 39 个可编程 I/O 引脚端口（增加了 P4 口并且可以位寻址）。
- 支持掉电唤醒外部中断，内置复位系统和看门狗。
- 支持 ISP（在系统编程）和 IAP（在应用编程），可以通过串口进行编程操作。
- 价格低廉。

1.2　51 单片机的内核结构介绍

51 单片机系统通常由 8 位中央处理器，时钟模块、I/O 端口、内部程序存储器、内部数据存储器、2 个 16 位定时计数器、中断系统和一个串行通信模块组成，如图 1.6 所示。

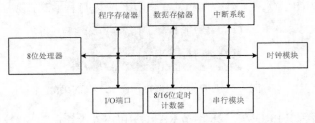

图 1.6　51 单片机的内部结构

51 单片机内部模块的功能如下。

- 8 位处理器：这是 51 单片机的核心部件，执行预先设置好的代码，负责数据的计算和逻辑的控制等。

- 程序存储器：用于存放待执行的程序代码。
- 数据存储器：用于存放程序执行过程中的各种数据。
- 中断系统：根据 51 单片机相应的寄存器的设置来监测和处理单片机的各种中断事件并且提交给处理器处理。
- 时钟模块：以外部时钟源为基准，产生单片机各个模块所需要的各个时钟信号。
- 串行模块：根据相应的寄存器设置进行串行数据通信。
- 8/16 位定时计数器：根据相应寄存器的设置进行定时或者计数。
- I/O 端口：作为数据、地址或者控制信号通道和外围器件进行数据交换。

1.2.1　中央处理器

8 位处理器是单片机的核心模块，由运算逻辑模块和控制逻辑模块组成。运算逻辑模块由算术逻辑运算单元 ALU、累加器 A、寄存器 B、暂存寄存器 TR、程序计数器 PC、程序状态字寄存器 PSW、堆栈指针 SP、数据指针寄存器 DPRT 以及布尔处理器组成。控制逻辑模块则由指令寄存器、指令译码器和定时控制逻辑电路等组成。

1.　算术逻辑运算器 ALU

算术逻辑运算器 ALU 主要负责对数据进行算术运算操作和逻辑运算操作，具体的运算操作如下。

- 带进位加法。
- 不带进位加法。
- 带借位减法。
- 8 位无符号数乘、除法。
- 自加 1、自减 1 操作。
- 左右移位操作。
- 半字节交换。
- 比较和条件转移等操作。

以上的操作都对应专用的指令，将在后面的小节进行详细介绍。ALU 的操作数一般存放在累加器 ACC 或者暂存寄存器 TR 中，运算结果则可以选择保存在 ACC、通用寄存器或者其他普通存储单元中。而在乘除法运算中，使用寄存器 B 中存放一个操作数并且在运算结束之后存放 8 位结果数据。

> 注意：操作数是指令的操作对象，运算结果则为指令的操作结果，指令则是对操作数进行操作的命令。

2.　累加器 ACC 和寄存器 B

累加器 ACC 是处理器模块中使用最为频繁的寄存器，全部的算术运算操作以及绝大多数的数据传送操作都要使用 ACC。

- 加法和减法：使用 ACC 存放运算结果。
- 乘法：使用 ACC 存放一个操作数，使用寄存器 B 存放另外一个操作数，运算结果则放在 ACC 和寄存器 B 组成的 AB 寄存器对中。
- 除法：使用 ACC 存放被除数，使用寄存器 B 存放除数，计算得到的商数放在 ACC 中，而余数放到寄存器 B。

3. 程序状态字寄存器（PSW）

程序状态字寄存器 PSW 用于指示程序运行过程中的系统相关状态，其中 7 位用于存放 ALU 单元运算结果的特征信息，1 位为保留位未使用，程序状态字寄存器的具体含义如表 1.1 所示。

表 1.1　程序状态字

PSW.7	PSW.6	PSW.5	PSW.4	PSW.3	PSW.2	PSW.1	PSW.0
CY	AC	F0	RS1	RS0	OV	保留位	P

程序状态字的内部位定义如下。

- CY：进位、借位标志，在计算过程中如果有进位、借位产生时该位被置 1，否则清零；
- AC：半进位标志，当参与计算的数据第 3 位向第 4 位有进位或者借位产生时，该位被置 1，否则清零；
- F0：供用户自由使用的标志位，常常用于控制程序的跳转，需要用户自己控制其置 1 或者清零；
- RS1，RS0：寄存器组选择位，由用户自行置 1 或者清零，用于选择使用的工作寄存器区，RS1、RS0 和对应的工作寄存器组见表 1.2。
- OV：溢出标志位，当带符号数的运算结果超出 - 128 ~ + 127 的范围、无符号数运算结果超过 255 或者无符号除法除数为 0 时 OV 被置 1，否则被清零。
- P：奇偶标志位，用于表示累加器 ACC 中 "1" 的个数，当该个数为奇数时，P 标志被置 1，否则被清零。

表 1.2　RS1 和 RS0 赋值和对应的工作寄存器

RS1、RS0	寄存器组（地址单元）
00	寄存器组 0（00H ~ 07H）
01	寄存器组 1（08H ~ 0FH）
10	寄存器组 2（10H ~ 17H）
11	寄存器组 3（18H ~ 1FH）

51 系列单片机共有 4 个寄存器组，每个寄存器组含有 8 个单字节寄存器，这些寄存器常用于保存程序执行过程中各个变量的值，合理地使用寄存器组切换有利于加快程序代码的执行速度。

4. 布尔处理器

布尔处理器用于 51 单片机的位操作，在位操作中使用进位标志 CY 作为累加器，可以对位变量进行置位、清除、取反，位逻辑与，位逻辑或，位逻辑异或，数据传送以及相应的判断跳转操作，位操作是 51 单片机中非常重要的的操作，充分体现了嵌入式处理器的特点。

5. 程序计数器 PC

程序计数器 PC 是一个 16 位计数器，用于存放下一条指令在程序存储器中的地址，可寻址范围为 0~64KB。

6. 指令寄存器 IR 和指令译码器

指令寄存器 IR 用于存放 51 单片机当前正在执行的指令，而指令译码器对 IR 中指令操作码进行分析解释，产生相应的控制逻辑。

7. 数据指针 DPTR

数据指针 DPTR 用于寻址外部数据存储器，寻址范围为 0~64KB。

8. 堆栈指针 SP

堆栈是一种将数据按序排列的数据结构，51 单片机的堆栈是内存中一段连续的空间，堆栈指针 SP 用来指示堆栈顶部在单片机内部数据存储器中的位置，可以由用户的程序代码修改。当执行进栈操作时 SP 自动加 1，然后把数据放入堆栈，当执行出栈操作时 SP 自动减 1，然后把数据送出堆栈。当单片机被复位后 SP 初始化为 0x07H。

1.2.2 存储器

51 系列单片机的存储器采用的是哈弗结构，其分别有独立的寻址指令、编址空间和相应的控制寄存器，图 1.7 所示是 51 系列单片机的存储器组成结构，从中可以看到 51 单片机的存储器可以分为片内程序存储器、片外程序存储器、片内数据存储器和片外数据存储器 4 个部分，每个部分都有独立的地址编码。

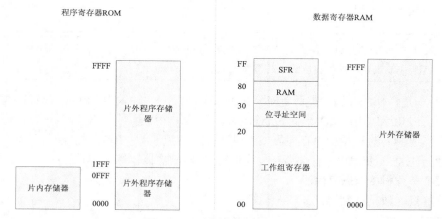

图 1.7　51 单片机的存储器组织

注意：51 单片机的存储器包含有很多存储单元，为区分不同的内存单元，单片机对每个存储器单元进行编号，存储器单元的编号就称为存储器单元的地址，每个存储器单元存储的若干位二进制数据成为存储器单元的数据。

1. 51 单片机的程序存储器

51 系列单片机的程序存储器由片内程序存储器和片外程序存储器组成，用于存放待执行的程序代码。因为 PC 程序指针和地址总线是 16 位的，所以片内和片外的程序存储器最大编址总和为 64KB，其中外部程序存储器的低部编址和内部程序存储器的编址重合，代码只能选择存放到其中一个地方，使用外部引脚 EA 来选择。当该引脚加上高电平时，PC 程序指针起始指向的是内部程序存储器，程序代码从内部存储器开始执行；当该引脚加上低电平时，PC 程序指针起始指向的是外部程序存储器，程序代码从外部程序存储器开始执行。

单片机复位之后，PC 程序指针被初始化为 0x000，指向程序代码空间的最低位，程序指针在程序执行过程汇总并自动增加指向下一条待执行的指令，当程序代码大小超过了内部程序存储器时，我们需要为单片机外扩外部程序存储器，程序代码执行到存放到内部程序存储器的最后一条指令之后自动跳转到外部程序寄存器继续执行。

51 的内部程序存储器的部分地址用于中断系统，是这些中断服务子程序的程序代码的入口，一般在该位置放置相应的跳转指令，使得 PC 程序指针跳转到相应的程序代码块起始存放地址，如表 1.3 所示。

表 1.3　51 单片机的中断系统入口地址

特定程序	入口地址
系统复位	0x0000H
外部中断 0	0x0003H
定时器 T0 溢出	0x000BH
外部中断 1	0x0013H
定时器 T1 溢出	0x001BH
串行中断	0x0023H
……	……

> 注意：某些 51 系列单片机内部集成了较多的资源，所以对应有更多的中断系统入口地址，具体的地址可以通过查看相应的手册得知。

51 单片机通常使用存储器类型有掩膜 ROM；OTP（一次性编程）ROM；MTP（多次编程）ROM，包括 EPROM、EEPROM 及 FLASH 等。通常使用编程器、ISP 等多种方式将数据写入程序存储器，在执行过程中程序存储器多为只读属性，随着单片机技术的发展，出现了 IAP（在应用中编程）技术，使得程序存储器在程序执行过程中也可以对自身编程。

2.　51 单片机的数据存储器

51 单片机的数据存储器用于存放代码执行过程中的相关数据，由片内存储器和片外存储器组成。片内存储器有可以划分为数据 RAM 区和特殊功能寄存器（SFR）区，而数据 RAM 区又可以划分为工作寄存器区、位寻址区、用户区和堆栈区，51 单片机片内数据 RAM 区如图 1.8 所示，共 256 字节。

片内存储器最低空间是工作寄存器区，分为 4 组，每组 8 个单字节寄存器，均编码为 R0～R7，共 32 个单元。当前正在使用的组由程序状态字寄存器 PSW 中的 RS0 和 RS1 位决定，

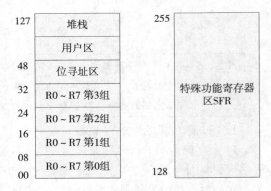

图 1.8　51 单片机的内部 RAM 分布

由于可以直接使用单字节指令访问，因此放在其中的数据访问速度是最快的。

位寻址区的 16 个字节单元支持位寻址，用户可以使用普通的内存寻址指令对该部分内存单元进行字节寻址，也可以使用位寻址指令对该部分内存单元按照对应的位地址进行位寻址，该

地址单元的字节地址和位地址对应如表 1.4 所示，这些位地址空间编址为 00H～7FH 一共 128 个地址。

表 1.4　51 单片机的位空间地址编码

字节地址	位地址							
	7	6	5	4	3	2	1	0
2FH	7FH	7EH	7DH	7CH	7BH	7AH	79H	78H
2EH	77H	76H	75H	74H	73H	72H	71H	70H
2DH	6FH	6EH	6DH	6CH	6BH	6AH	69H	68H
2CH	67H	66H	65H	64H	63H	62H	61H	60H
2BH	5FH	5EH	5DH	5CH	5BH	5AH	59H	58H
2AH	57H	56H	55H	54H	53H	52H	51H	50H
29H	4FH	4EH	4DH	4CH	4BH	4AH	49H	48H
28H	47H	46H	45H	44H	43H	42H	41H	40H
27H	3FH	3EH	3DH	3CH	3BH	3AH	39H	38H
26H	37H	36H	35H	34H	33H	32H	31H	30H
25H	2FH	2EH	2DH	2CH	2BH	2AH	29H	28H
24H	27H	26H	25H	24H	23H	22H	21H	20H
23H	1FH	1EH	1DH	1CH	1BH	1AH	19H	18H
22H	17H	16H	15H	14H	13H	12H	11H	10H
21H	0FH	0EH	0DH	0CH	0BH	0AH	09H	08H
20H	07H	06H	05H	04H	03H	02H	01H	00H

　　堆栈区是 51 单片机片内数据存储区中的一片连续空间，理论上来说可以设置在任何位置，执行进栈操作时，SP 指针加 1，然后把数据压入堆栈，在出栈操作时候 SP 减 1，然后把数据从堆栈中弹出。堆栈一般用于进入子程序时对相关数据的保存，堆栈区的大小决定了用户区的大小，堆栈区一般不直接寻址，使用堆栈指令对其操作，而用户区则可以使用多种寻址方式访问。

　　51 系列单片机有较多的片上资源，如定时计数器，中断系统等，这些片上资源以及单片机自身的控制寄存器被放到了片内存储器的高 128 字节空间的某些地址，可以通过相应指令进行访问，某些寄存器还可以进行位寻址，常用的特殊功能寄存器列表如表 1.5 所示。

表 1.5　51 的特殊功能寄存器

寄存器标识符	寄存器名称	寄存器字地址	寄存器内位地址
ACC	累加器	0x80H	0xE0H～0xE7H
B	B 寄存器	0xF0H	0xF0H～0xF7H
PSW	程序状态字	0xD0H	0xD0H～0xD7H

续表

寄存器标识符	寄存器名称	寄存器字地址	寄存器内位地址
SP	堆栈指针	0x81H	
DPTR	数据指针 DPL、DPH	0x83H，0x82H	
P0	P0 口	0x80H	0x80H ~ 0x87H
P1	P1 口	0x81H	0x90H ~ 0x91H
P2	P2 口	0xA0H	0xA0H ~ 0xA7H
P3	P3 口	0xB0H	0xB0H ~ 0xB7H
IP	中断优先级控制器	0xB8H	0xB8H ~ 0xBFH
IE	中断允许控制器	0xA8H	0xA8 ~ 0xAFH
TOMD	定时计数器方式控制器	0x89H	
TCON	定时计数器控制器	0x88H	
TH0	定时计数器 0 高位	0x8CH	
TL0	定时计数器 0 低位	0x8AH	
TH1	定时计数器 1 高位	0x8DH	
TL1	定时计数器 1 低位	0x8BH	
SCON	串口控制器	0x98H	
SBUF	串行数据缓冲器	0x99H	
PCON	电源控制	0x97H	

51 系列单片机中有部分型号的内部数据存储器的高位部分地址和 SFR 寄存器的地址重合，但是可以使用不同的指令来区分是否访问特殊寄存器区。从列表中可以看到，特殊寄存器区地址并没有完全用完，所以 MCS-51 系列单片机扩展功能模块的相应控制寄存器也被放到这个区，具体可以参考对应的相关手册。

受到 16 位地址总线的限制，51 单片机的片外数据存储器最大为 64KB，这些地址空间通过寄存器 DPTR 或者是 R0、R1 间接寻址访问。

注意：51 单片机的外扩资源，如 AD 转换器、端口扩展芯片等都被看作是数据存储器，和数据存储器统一变址，占用相应的片外地址空间，也使用外部数据存储器操作指令进行访问。

可以看到，51 单片机的数据存储器和程序存储器都有 64KB 的寻址空间，两种存储器在地址编码上是完全相同的，都是 0x0000 ~ 0xFFFF，但是 51 单片机通过不同的指令来访问和操作这两种存储器，并且使用不同的外部引脚信号来选择程序存储器和数据存储器，所以 51 单片机的存储器空间不会因为地址的重叠出现混乱。

1.2.3 外部引脚

51 单片机常见的封装形式有双列直插（DIP）封装、带引线的塑料芯片载体（PLCC）封装和贴片封装等，通常的外部引脚 40 根可以分为以下 4 种用途，其中某些引脚使用了引脚复用技术，有第二功能，图 1.9 所示是 DIP-40 封装的 51 单片机实际封装引脚图和电路逻辑符号对应示意。

- 电源引脚，数量 2。
- 时钟引脚，数量 2。
- 控制引脚，数量 4。
- I/O 引脚，数量 32。

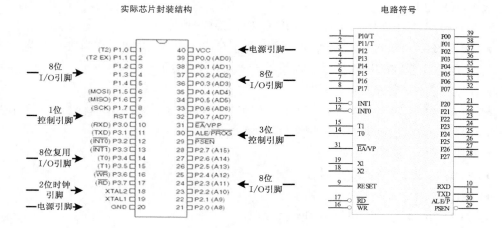

图 1.9　51 单片机的实际封装和电路符号的引脚

1. 电源引脚

电源引脚包括 VCC 和 GND，其中 VCC 是电源正信号输入引脚，GND 是电源地信号引脚。

2. 时钟引脚

时钟引脚是外部时钟信号的输入通道，由 XTAL1 和 XTAL2 组成，其详细说明如下。

XTAL1：内部振荡电路反相放大器输入端，当使用外部晶体时该引脚连接晶体的一个引脚，使用外部振荡源时该引脚接地。

XTAL2：内部振荡电路反相放大器输出端，当使用外部晶体时该引脚连接晶体的一个引脚，当使用外部振荡源时该引脚接外部振荡源输入，此时 XTAL1 接地。

3. 控制引脚

控制引脚一共有 4 根，包括 ALE/PROG、PSEN、RST/VDD 和 EA/VPP，主要用于在特定模式下对单片机内外资源的控制，其详细说明如下。

- ALE/PROG：地址锁存信号输出引脚，在单片机访问外部数据存储器时，ALE 为高电平时单片机的 P0 端口输出 16 位外部地址的低 8 位。这个信号以单片机时钟信号频率的 1/6 的频率产生，所以也可以用作其他芯片的时钟。在对单片机编程时，该引脚外加编程脉冲。

- PSEN：外部程序存储器读选通引脚，当单片机读外部程序存储器时该引脚为低电平信号以实现对外部程序存储器的读操作。

- RST/VPD：复位信号/备用电源输入引脚，当单片机有驱动时钟信号时，加在该引脚上 2 个机器周期以上时间的高电平可以使得单片机复位。此引脚可以外加一个电源，当单片机的电源引脚 VCC 掉电之后可以由这个电源通过 VPD 给单片机内部数据存储器供电，以保证数据不丢失。

- EA/VPP：外部程序寄存器地址允许/编程电压输入引脚，当 EA 引脚加上高电平时，复位后 PC 指针指向单片机内部程序存储器，程序从单片机内部程序存储器开始执行，执行完存放在内部程序存储器的程序后自动转向外部程序存储器执行；当 EA 引脚加上低电平时，复位后 PC 指针指向单片机外部程序存储器，程序从外部程序存储器开始执行；在单片机进行编程时，VPP 被加上编程电压。

4. I/O 引脚

51 单片机的 I/O 引脚包括 P0、P1、P2 和 P3，其详细说明如下。

- P0.0～P0.7：双向 I/O 引脚，可以作为地址总线低 8 位，也可以作为数据总线，并且可以作为普通 I/O 引脚使用（此时可能需要加上拉电阻）。
- P1.0～P1.7：普通双向 I/O 引脚。
- P2.0～P2.7：双向 I/O 引脚，可以作为地址总线高 8 位，可以作为普通 I/O 引脚使用。
- P3.0～P3.7：普通双向 I/O 引脚，并且具有第二功能。

P3.0～P3.7 第二功能说明如下。

- P3.0：RXD，串行口输入引脚。
- P3.1：TXD，串行口输出引脚。
- P3.2：INT0，外部中断 0 中断输入引脚。
- P3.3：INT1，外部中断 1 中断输入引脚。
- P3.4：T0，定时计数器 0 外部输入引脚。
- P3.5：T1，定时计数器 1 外部输入引脚。
- P3.6：WR，外部数据存储器写选通引脚。
- P3.7：RD，外部数据存储器读选通引脚。

1.2.4 时钟模块

时钟模块用于产生 51 单片机工作所需的各个时钟信号，单片机在这些时钟信号的驱动下工作，在工作过程中的各个信号之间的关系称为单片机的时序。

1. 51 单片机的时钟源

51 的时钟源可以用内部振荡器产生，也可以使用外部时钟源输入产生。前者需要在 XTAL1 和 XTAL2 引脚之间跨接石英晶体（还需要 30pF 左右的微调电容），让石英晶体和内部振荡器之间组成稳定的自激振荡电路，具体频率由晶体决定，微调电容可以对这个大小略微的调整；后者将晶振等外部时钟源直接连接到 XTAL2 引脚上为单片机提供时钟信号，具体的频率由晶振决定，如图 1.10 所示。

2. 51 单片机的时序

51 单片机的时序是指单片机处理器指令译码产生的一系列操作在时间上的先后次序。MCS-51 单片机的时序按照从小到大的顺序由振荡周期、时钟周期、机器周期、指令周期组成，如图 1.11 所示。

- 振荡周期是时钟源产生的振荡输出周期。

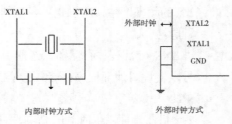

图 1.10　51 单片机的时钟源电路

- 时钟周期由两个被称时钟周期的节拍的振荡周期 P1 和 P2 组成。
- 机器周期由 6 个被称为机器周期的状态的时钟周期 S1 ~ S6 组成。
- 指令周期是指单片机完成一条指令所需要的时间。

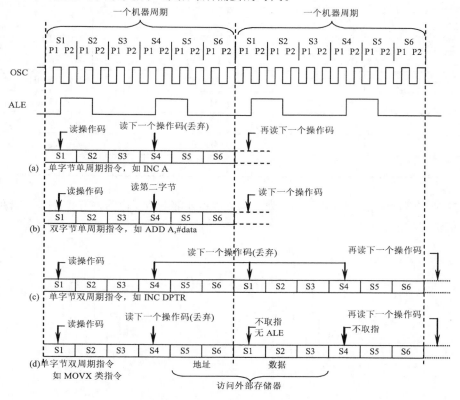

图 1.11 51 单片机的时序图

注意: 51 系列单片机的指令周期由 1~4 个机器周期构成, 通常按照所需要的机器周期数把这些指令称为单周期指令、双周期指令等。若单片机的外接晶体频率为 12MHz, 则该单片机的振荡周期为 $1/12/\mu s$, 时钟周期为 $1/6/\mu s$, 机器周期为 $1/\mu s$, 执行一条指令所需要的时间为 $1~4/\mu s$, 即指令周期为 $1~4/\mu s$。在系统开发过程中, 可以通过统计机器周期数量以及振荡频率来确定某段程序需要的执行时间。

1.3 51 单片机的工作方式

MCS-51 系列单片机有 5 种工作方式, 分别为复位方式、程序执行方式、单步执行方式、低功耗方式和编程方式。

1.3.1 复位工作方式

当单片机的 RST 引脚上被加上 2 个机器周期以上的高电平之后单片机进入复位方式, 复位之后单片机的内部各个寄存器进入一个初始化状态, 其数值如表 1.6 所示。

表 1.6　复位状态下的单片机内部寄存器值

寄存器	数值	寄存器	数值
PC	0x0000H	PSW	0x00H
ACC	0x00H	SP	0x07H
B	0x00H	DPRT	0x0000H
PSW	0x00H	P0-P3	0xFFH
IP	xxx00000B	PCON	0xxx0000B
IE	0xx00000B	TH	0x0000H
TMOD	0x00H	TL	0x0000H
TCON	0x00H	SBUF	随机数
SCON	0x00H		

　　MCS-51 系列单片机的复位可以分为上电复位和外部电路复位两种方式，图 1.12 所示是这两种复位方式的电路结构示意。

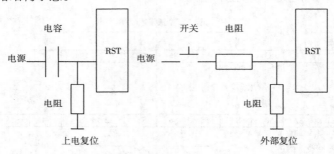

图 1.12　51 单片机的复位方式

　　在上电复位电路中，当电源开始工作瞬间，RST 引脚电平和电源电平相同，电容开始充电，当电容充电完成之后 RST 引脚电平被下拉到地，在电源开始工作到电容充电完成的过程中 RST 上被加上了一个高电平，选择合适的电阻和电容，让这个时间大于单片机需要的复位时间，即对单片机进行了一次复位，这个时间可以粗略地通过 $t = RC$ 来计算。

　　在外部复位电路中，RST 引脚通过开关连接到电源，当开关按下时 RST 被拉到电源电平，完成一次复位，开关断开后 RST 引脚恢复低电平，外部复位又被称为手动复位，在实际系统中上电复位和外部复位常常被结合起来使用。

1.3.2　程序执行方式

　　程序执行方式是 51 单片机最常见的工作方式，单片机在复位后将正常执行放置在单片机程序存储器中的程序，当 $EA = 1$ 的时候从内部程序存储器开始执行，当 $EA = 0$ 时从外部程序存储器开始执行。

1.3.3　低功耗工作方式

　　CMOS 型的 MCS-51 单片机有待机模式和掉电模式两种低功耗操作方式，可以减少单片机系统所需要的电力。在待机模式下，单片机的处理器停止工作，其他部分保持工作；在掉电模式下单片机仅有 RAM 保持供电，其他部分均不工作。相应的单片机通过设置电源控制寄存器 PCON 的相应位来使得单片机进入相应的工作模式。PCON 的相关位说明如下。

- IDL（PCON.0）：待机模式设置位，当 IDL 被置位后单片机进入待机模式。
- PD（PCON.1）：掉电模式设置位，当 PD 被置位后单片机进入掉电模式。
- GF0（PCON.2）：通用标志位 0，用于判断单片机所处模式。
- GF1（PCON.3）：通用标志位 1，用于判断单片机所处的模式。

在 IDL 被置位后单片机进入待机模式，在该模式下时钟信号从中央处理器断开，而中断系统、串行口、定时器等其他模块继续在时钟信号下正常工作，RAM 和相应特殊功能寄存器内容都被正常保存。退出待机模式有两种方式。

- 在待机模式下，如果有一个事先被允许的中断被触发，IDL 会被硬件清除，单片机结束待机模式，进入程序工作方式，PC 跳转到进入待机模式之前的位置，从启动待机模式指令后一条指令执行。中断服务子程序可以通过查询 GF0 和 GF1 确定中断服务的性质。
- 硬件复位，在复位之后 PCON 中各位均被清除。

在 PD 被置位后单片机进入掉电模式，在该种模式下时钟模块停止工作，时钟信号从各个模块隔离，各个模块都停止工作，只有 RAM 和特殊功能寄存器保持掉电前的数值，各个 I/O 外部引脚的电平状态由其对应的特殊功能寄存器的值决定，ALE 和 PSEN 引脚为低电平。退出掉电模式的唯一方式是硬件复位。

> 说明：随着单片机技术的发展，某些高端的 51 系列单片机出现了一些新的低功耗工作模式，具体可参看对应单片机的数据手册。

1.3.4 其他工作

单步执行方式指让单片机在一个外部脉冲信号控制下执行一条指令，然后等待下一个脉冲信号，通常用于调试程序。

内部有程序存储器的 51 单片机还有编程模式，在该模式下可以使用编程器、ISP 下载线等工具对该单片机编程。

> 说明：现在 51 系列单片机的内部程序寄存器可以是 E^2PROM，也可以是 FLASH；编程方式可以是使用编程器、使用下载线等；具体的情况可以参考对应的单片机数据手册。

1.4 本章总结

本章主要介绍了 51 单片机的基础知识，读者应该着重掌握如下内容。

- 最常用的 3 种型号 51 单片机的主要特点：AT89S52、P87C51x2 和 STC89C52RC；尤其是 AT89S52 和 STC89C52RC 这两款产品。
- 51 单片机的内核结构：中央处理器结构、存储器的组成、外部引脚的组成、时钟模块。在其中要着重掌握数据存储器的内部地址划分和外部引脚组成。
- 51 单片机的工作方式，尤其是复位工作方式下当系统复位后 51 单片机的内部寄存器状态。

PART 2

第 2 章
51 单片机的应用系统设计
和软件开发环境

51 单片机应用系统是一个用于实现某种目的以 51 单片机为核心的软件和硬件综合体，常常应用于各种工业控制或者普通民用系统，如矿山气体浓度采集、宾馆门禁系统、汽车总线等。

知识目标

- 51 单片机应用系统结构介绍。
- 一个最小 51 单片机应用系统介绍。
- 51 单片机的时钟源介绍。
- 51 单片机的供电系统介绍。
- 51 单片机的 Keil μ Vision 软件开发环境介绍。

2.1　51 单片机应用系统的结构

一个完整 51 单片机应用系统的结构如图 2.1 所示，由 51 单片机内核、51 单片机的内部资源、51 单片机扩展的外部资源以及 51 单片机上运行的用户软件组成。

- 51 单片机内核：这是 51 单片机的核心部分，包括时钟产生模块、ALU 运算模块、通用寄存器等。
- 51 单片机的内部资源：51 单片机内部自带了一些诸如定时/计数器、外部中断、串行通信模块的资源，可以完成部分核心功能。
- 51 单片机扩展的外部资源：由于 51 单片机的通用性较强，所以其集成的内部资源有限，当应用系统需要完成一些特殊功能时，如测量温度、湿度等，则需要外扩一些外部资源（器件），这些外部资源（器材）和 51 单片机内核、51 单片机的内部资源一起构成了 51 单片机应用系统的硬件资源，是 51 单片机应用系统的基础。
- 51 单片机上运行的用户软件：设计者根据应用系统的具体功能所编写的应用代码，是 51 单片机应用系统的"大脑"，这些应用代码可以用 C 语言编写，也可以用汇编语言编写，在最终执行的时候都要被编译器转换为机器语言。

图 2.1　51 单片机应用系统组成结构

2.2　51单片机最小应用系统

本小节介绍一个"最小"的 51 单片机应用系统，这个应用系统包含了 51 单片机应用系统通常所必须包括的核心模块，可以完成一些最基本的功能。

2.2.1　最小应用系统的构成

一个"最小"的 51 单片机应用系统包括 51 单片机、时钟源（振荡电路）、复位电路和供电系统 3 个部分，其中 51 单片机是系统的核心部件，时钟源则为 51 单片机提供工作所必需的振荡源，复位电路给 51 单片机提供复位信号以供 51 单片机进行完整的复位操作，供电系统则承担了给将输入电源转换为单片机应用系统可以使用的电源的工作。最小应用系统的构成结构如图 2.2 所示。

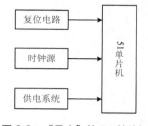

图 2.2　"最小"的 51 单片机应用系统构成

2.2.2　时钟源

时钟源又被称为振荡电源，是 51 单片机系统工作的核心，提供单片机工作的"动力"，其关系到 51 单片机运算速度的快慢、应用系统稳定性高低等，其可以使用晶体和晶振来搭建。

晶体和晶振的主要区别在于晶体需要外接振荡电路才能够起振，发出脉冲信号，而晶振则只需要在相应的引脚上提供电源和地信号即可以发出脉冲信号。从外形来看，晶体一般是扁平封装，有两个引脚，这两个引脚互相没有区别，功能相同，图 2.3 所示为最常见的"扁矮"晶体的实物示意，在其顶部通常会标明该晶体的工作频率，例如，图中的晶体的工作频率即为 13.824MHz。

图 2.3　晶体实物示意

晶振则大多为长方形或者正方形封装，有 4 个引脚，这 4 个引脚的功能互不相同，不能混淆。从工作参数来看，晶体的温度系数和精确度高于晶振。图 2.4 所示为方形晶振的实物示意，常见的晶振有如下 4 个引脚，当晶振正面向上的时候右上角为 1 号引脚。

- CLK：脉冲信号输出；
- NC：空管脚，可以连接到地信号；
- GND：地信号；
- VCC：电源输入，连接到+5V。

图 2.5 所示为外部时钟形式的振荡电路，其使用晶振来作为振荡器，外部晶振有长方形和正方形两种，从性能上来看这两种类型的晶振并没有区别，唯一需要考虑的仅仅是体积尺寸。

在使用外部晶振时，为了增加晶振输出的驱动能力，一般使用一个反相器（74xx04）将晶振的脉冲输出进行整形驱动，如图 2.5 所示，经过 74ALS04 的整形驱动输出的脉冲信号输入到单片机的 XTAL2 引脚上，单片机的 XTAL1 引脚连接到地。

图 2.4　方形晶振的实物示意

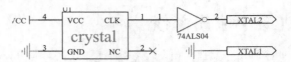

图 2.5　使用晶振构成外部振荡电路

图 2.6 所示为使用晶体来搭建的外部振荡电路，它利用单片机的内部振荡单元和外部的晶体一起产生时钟信号。

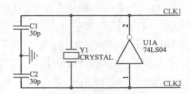

图 2.6　使用晶体构成外部振荡电路

> 注意：通常来说，在 51 单片机应用系统中会使用如图 2.6 所示的晶体搭建的外部振荡电路，并且会省略其中的反相器 74LS04。

2.2.3　复位电路

复位电路是影响 51 单片机应用系统运行稳定性的最主要内部因素之一，根据不同的系统要求，51 单片机对应的复位电路有不同的设计要求，但是其最基本要求是能完整地复位单片机应用系统。

1.　基本 RC 复位电路

51 单片机应用系统的基本复位电路的主要功能是在应用系统上电时给 51 单片机提供一个复位信号，让 51 单片机进入复位状态；当应用系统的电源稳定后，撤销该复位信号。需要注意的是，在应用系统上电完成后，这个复位信号还需要维持一定时间才能够撤销，这是为了防止在上电过程中电源上的电压抖动影响应用系统的复位过程。

图 2.7 所示为用最简单的电阻和电容搭建的 RC 高电平和低电平复位电路，其具体的复位时间长度可以根据电阻和电容的大小计算。

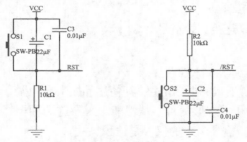

图 2.7　RC 高电平和低电平复位电路

基本 RC 复位电路能够满足 51 单片机应用系统的最基础复位需求，其中按键允许应用系统进行手动复位，右边的无极性电容则可以避免高频谐波对系统的干扰。

2.　添加二极管的 RC 复位电路

以上介绍的 RC 复位电路中，如果对电阻和电容选择不当可能会造成复位电路驱动能力下降，同时该电路还不能够解决电源毛刺以及电源电压缓慢下降的问题，所以在基本 RC 复位电路基础上可以增加一个由二极管构成的放电回路，如图 2.8 所示。该二极管可以在电源电压瞬间下降的时候使得电容快速放电，从而使得系统复位；同样，一定宽度的电源毛刺也可以使得51 单片机应用系统可靠地复位。

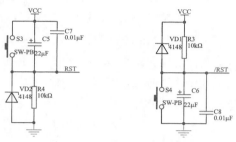

图 2.8　添加二极管的 RC 复位电路

3.　添加三极管和二极管的 RC 复位电路

如果在图 2.8 所示的添加二极管的 RC 复位电路的基础上加上一个三极管，构成比较器，这样就可以避免电源毛刺造成的不稳定，而且如果电源电压缓慢下降达到一个门阀电压的时候也可以稳定地复位。在这个基础上使用一个稳压二极管避免这个门阀电压不受电源电压的影响，同时增加一个延时电容和一个放电二极管从而构成一个完整的复位电路，如图 2.9 所示。

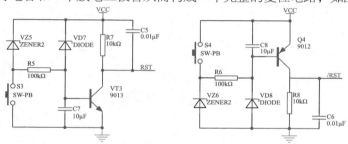

图 2.9　添加三极管和二极管的 RC 复位电路

在图 2.9 所示的电路中，复位的门阀电压为稳压二极管的稳压电压 U_Z+0.7 V，调节基础 RC 电路中的电容可以调整延时时间，调整电阻则可以改变驱动能力，在图 2.9 所示的电路中，电阻值选择为 100kΩ，电容为 10μF。

> 注意: 在实际的 51 单片机应用系统中，常常使用专用的复位芯片来对系统进行复位，如 CAT1161 等。

2.2.4　供电系统

供电系统用于给 51 单片机应用系统提供相应的电压或者电流，它是应用系统的重要的组成部分，关系到应用系统是否能正常稳定的运行。通常来说，51 单片机应用系统的供电系统包括交流—直流变换、整流部分、直流电压调理部分、电源保护和监控模块等。

1.　供电系统设计基础

51 单片机的电源模块主要功能将外部供电电源转化为 51 单片机应用系统所需的供电电源，通常来说，外部电源有交流电源和直流电源两种。对于外部电源是交流电源的系统来说，其一般采用 220V 市电，或者 380V 工业用电直接供电，需要进行交流电压调理、整流、直流电压调理 3 个步骤（详细说明如下）才能将得到 51 单片机应用系统所需要的供电电源；而对于外部电源是直流电源的应用系统来说，只需要进行直流电压调理则可以得到 51 单片机应用系统所需要的供电电源。

- 交流电压调理：将较高的交流电压变成较低的交流电压的过程。由于外部交流电源通常是 220V 的市电或者 380V 的工业用电，为了能适应 51 单片机所需要的电压，通常使用变压器将这些"高压交流电"转换为 12V、15V、24V 等电压的交流电，具体电压由系统具体情况决定，一般来说要略高于 51 单片机应用系统所需要的电源最高电压。
- 整流：将交流电变成直流电过程。由于 51 单片机应用系统中绝大部分器件都需要使用直流电源供电，所以通常使用整流二极管组或者整流桥将交流电信号变成直流。
- 直流电压调理：将整流之后或者外部电源提供的直流电源信号转化为 51 单片机应用系统所需要的直流电压的过程。由于一个 51 单片机应用系统中需要的直流供电电压可能包括 12V、9V、5V、3.3V 等，而输入提供的直流电源电压往往只有一种，所以需要通过相关的电源芯片/模块转化出所需要的全部直流电源电压。

图 2.10 所示为 51 单片机应用系统的电源模块结构示意。

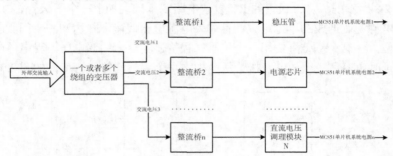

图 2.10 51 单片机应用系统的电源模块

2. 变压器

变压器是利用电磁感应的原理来改变交流电压的装置，主要构件是初级线圈、次级线圈和铁心（磁芯），常用作升降电压、匹配阻抗，安全隔离等用途，变压器的实物如图 2.11 所示。

单片机系统使用的变压器的需要考虑的主要参数有：输入电压、输出电压、输出组数、输出功率/输出电流，其详细说明如下。

- 输入电压：变压器的交流输入电压。
- 输出电压：变压器的输出电压。
- 输出组数：变压器的输出可以是很多组，这些输出组从电源上是隔离的。
- 输出功率/输出电流：变压器能提供的最大功率或者说能提供的最大输出电流，不同的输出组可以提供不同大小的输出功率/输出电流。

图 2.11 51 单片机应用系统中的变压器实物

图 2.12 所示为 220～15V 单组输出的变压器电路示意图，220V 交流电压加在变压的输入线圈上，耦合的 15V 交流电压从输出线圈上给出。

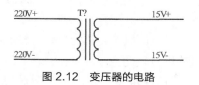

图 2.12 变压器的电路

3. 整流桥

整流是将交流电压转化为直流电压过程，一般使用整流二极管或者整流桥来完成。

整流二极管是一种将交流电能转变为直流电能的半导体器件，通常它包含一个 PN 结，有阳极和阴极两个端子，它能使得符合相位的交流电流通过二极管而阻止反向的交流电流通过二极管。而整流桥是将多个（一般是 2 个或者 4 个）整流管封在一个器件里的设备，可以分为全桥和半桥。全桥是将连接好的全波桥式整流电路的 4 个二极管封在一起，而半桥是将连接好的两个二极管桥式半波整流电路封在一起。用两个半桥可组成一个桥式整流电路，而使用单个半桥也可以组成变压器带中心抽头的全波整流电路，整流桥通常需要考虑的参数是截止电压、工作频率和额定电流，图 2.13 所示为整流桥的实物图。

- 截止电压：整流电压反向加在整流桥上整流二极管上允许的最高电压。截止电压决定整流桥允许整流的电压最大值。

- 工作频率：由于交流电都是周期性的变化相位的，也就是常说的交流电的频率，所以对应的整流桥也需要有一定的工作频率。

图 2.13　51 单片机应用
系统中的整流桥

- 额定电流：整流桥允许通过的最大电流，直接决定了整流桥允许的负载功率。

4. 直流电压调理方法和常用稳压芯片

一个 51 单片机应用系统可能需要一个或者多个不同电压的直流电压供电，而外部电源提供的电压未必能满足单片机系统的全部需求，此时需要对这些电压进行调理以得到单片机系统需要的电源。

常见的直流电压调理的方法和比较如表 2.1 所示。

表 2.1　直流电压调理方法比较

	稳压管	电源模块	电源芯片
成本	低	高	中等
电路设计	简单	非常简单	一般
功率/电流	较小	大	比较大
稳定性	差	好	普通
外围/辅助器件	几乎不需要	不需要	需要

- 稳压二极管（齐纳二极管、稳压管）是一种硅材料制成的面接触型晶体二极管。稳压管在反向击穿时，在一定的电流范围内端电压几乎不变，表现出稳压特性，因而被广泛应用于稳压电源与限幅电路之中，稳压二极管可以串联起来以便在较高的电压上使用，通

过串联就可获得更多的稳定电压。

- 电源芯片是一种可以将一种电压电源转化为另外一种电压电源的集成电路芯片，一般需要添加外部电阻电容电感进行辅助滤波等工作，在 51 单片机系统中使用的最为广泛的电源芯片是 78xx（正电压）和 79xx（负电压）系列以及 LM1117 等。
- 电源模块是可以直接贴装在印制电路板上的电源供应器，其实质是集成了电源芯片和电源芯片外围器件的电路模块，有开关和线性两种。

在 51 单片机应用系统中通常会使用直流电源调理芯片，它是使用半导体工艺和薄膜工艺将稳压电路中的二极管、三极管、电阻、电容等元件制作在同一半导体或绝缘基片上，形成具有稳压功能的固体电路。

稳压电路的技术指标分为两类：一类是特性指标，用来表示稳压电源规格，包括输入电压、输出功率、输出直流电压和电流范围等；另一类是质量指标，用以表示稳压性能，包括稳压系数，负载调整特性等。

- 稳压系数 S_r 又称电压调整特性，是指在负载不变的条件下，稳压电路的输出电压相对变化量与输入电压相对变化量之比；该指标反映了电网电压波动对稳压电路输出电压稳定性的影响。其计算公式如下：

$$S_r = \frac{\Delta U_o / U_o}{\Delta U_I / U_I} \bigg|_{\Delta Io=0} \times 100\%$$

- 负载调整特性 S_I 是指稳压电路在输入电压 U_I 不变的条件下输出电压的相对变化量与负载电流变化量之比；该指标反映了负载变化对输出电压稳定性的影响；其计算公式如下：

$$S_I = \frac{\Delta U_o / U_o}{\Delta I_o} \bigg|_{\Delta UI=0} \times 100\%$$

- 输出电阻 R_O 是指输入电压 U_I 不变时，输出电压的变化量与负载电流变化量之比；输出电阻越小，负载变化对输出电压变化的影响越小，其带负载能力也就越强；其计算公式如下：

$$R_o = \frac{\Delta U_o}{\Delta I_o} \bigg|_{\Delta UI=0}$$

纹波抑制比 S_R 是稳压电路输入纹波电压峰值 U_{IP} 与输出纹波电压峰值 U_{OP} 之比，并取电压增益表示式，该指标反映稳压电路输入电压中含有 100Hz 交流分量峰值或纹波电压的有效值经稳压后减小程度；其计算公式如下：

$$S_R = 20 \lg \frac{U_{IP}}{U_{OP}} dB$$

78/79 系列电源调理芯片是最常见的三端稳压集成电路，其中 78 系列为正电压调理芯片，有 7805、7809、7812 等，78 后面的参数表明其输出电压，例如，7805 表明输出为+5V 直流电压；79 系列则为负电压调理输出，有 7905、7909 等，79 后面的参数同样表明其输出电压，例如，7905 表明输出为 - 5V 直流电压。78/79 系列电源调理芯片具有如下的特点。

- 有多种输出电压型号可选。
- 输出电流比较大，可以达到 1A 或者 1A 以上。
- 具有过热保护和短路保护功能。

- 具有输出晶体管 SOA 保护。
- 价格低廉，应用简单。

图 2.14 所示为常见的 7805 实物图，其引脚说明如下（编号从左到右）。

- 引脚 1：输入电源引脚。
- 引脚 2：电源公共端信号引脚（通常为地信号）。
- 引脚 3：输出电源引脚。
- 背部：电源公共端信号引脚（通常为地信号）。

图 2.14　78/79 系列稳压芯片

图 2.15 所示为 78/79 系列稳压芯片的内部结构，其由启动电路、电流发生器、基准电压、误差放大器等模块组成。

图 2.16 所示为 78/79 系列芯片的典型应用电路，其中 C1～C3 为滤波电容。

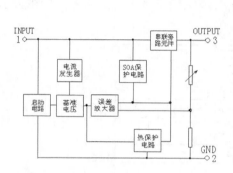

图 2.15　78/79 系列稳压芯片的内部结构

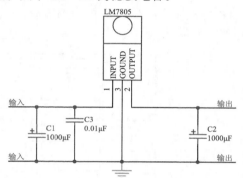

图 2.16　78/79 系列芯片的典型应用电路

在使用 78/79 系列芯片的时候需要注意以下几个问题。

- 芯片的输入输出压差不能太大，太大则转换效率急速降低，而且容易击穿损坏。
- 输出电流不能太大，1.5A 是其极限值，如果电流的输出比较大，必须在芯片的后背上加上足够大尺寸的散热片，否则会导致高温保护或热击穿。
- 输入输出压差也不能太小，否则会导致效率很差，而且当输入和输出的压差低于 2～3V 的时候，可能导致芯片不能正常工作。

除 78/79 系列芯片外，在 51 单片机应用系统中还经常使用 AS1117，这是一款低压差的线性稳压器，当输出 1A 电流时，其输入输出的电压差典型值仅为 1.2V，所以比 78/79 系列芯片具有更广泛的应用环境，其主要特点如下。

- 包括三端可调输出和固定电压输出两个版本，其中固定电压包括 1.8V、2.5V、2.85V、3.3V、5V 输出版本。
- 最大输出电流为 1A。
- 输出电压精度高达 ±1%。
- 稳定工作电压范围为高达 15V。
- 电压线性度为 0.2%。
- 负载线性度为 0.4%。
- 环境温度范围为 -50℃～140℃。

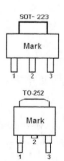

图 2.17　AS1117 的引脚封装

图 2.17 所示为 AS1117 的两种不同封装的示意图，其引脚详细说明如表 2.2 所示。

表 2.2　AS1117 的引脚说明

	引脚编号	符号	说明
固定电压输出型	1	GND	接地引脚
	2	Vout	输出引脚
	3	Vin	输入引脚
电压可调型	1	Adj	可调引脚
	2	Vout	输出引脚
	3	Vin	输入引脚

图 2.18 所示为 AS1117 的内部结构示意，其由启动和偏置电路、电阻网络、电源检测、驱动电路等模块组成。

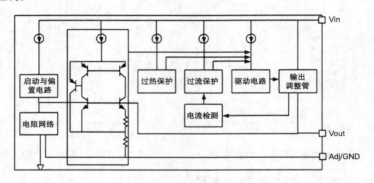

图 2.18　AS1117 的内部结构

图 2.19 所示为固定电压输出类型 AS1117 的典型应用电路，可以看到其和 78/79 系列芯片的应用电路几乎一致，只是引脚的顺序有所差异。

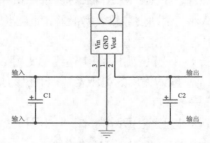

图 2.19　固定电压输出类型 AS1117 的应用电路

在实际使用中：

● 对于所有应用电路均推荐使用输入旁路电容 C1 为 10μF 钽电容。

● 为保证电路的稳定性，在输出端接 22μF 钽电容 C2。

图 2.20 所示为电压可调型 AS1117 的应用电路，其在输出端和可调端之间可以提供 1.25V 的参考电压，用户可以根据需要通过电阻倍压的方式调整到所需的电压，图中 R1 和 R2 即为倍增电阻。

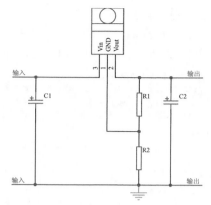

图 2.20　电压可调型 AS1117 的应用电路

可调版本 AS1117 的的输出电压可以按照如下公式进行计算：

$$V_{\text{out}} = V_{\text{ref}} \times (1 + \frac{R_2}{R_1}) + I_{\text{Adj}} \times R_2$$

由于 I_{Adj} 通常比较小（50μA 左右），远小于流过 R1 的电流（4mA 左右），因此通常可以忽略。

为了保证可调版本电路的正常工作，R1 值应在 200～350Ω，此时电路能提供的最小工作电流约为 0mA，最佳工作点所对应的最小工作电流大于 5mA。若 R1 值过大，则电路正常工作的最小工作电流为 4mA，最佳工作点所对应的最小工作电流大于 10mA。

注意：AS1117 在实际使用中同样要考虑散热问题。

2.3　51 单片机的 Keil μVision 软件开发环境

51 单片机的开发环境包括软件和硬件两个部分，软件开发环境主要是用于 51 单片机的代码编写、编译、调试和生成对应的可执行文件。德国 Keil 公司提供的 Keil μVision 是目前应用最为广泛的 51 单片机软件开发环境，本章将详细介绍如何在其中进行 51 单片机的软件开发。

Keil μVision 运行在 Windows 操作系统上，其内部集成了 Keil C51 编译器，集项目管理、编译工具、代码编写工具、代码调试以及完全仿真于一体，提供了一个简单易用的开发平台。

C51 编译器是将用户编写的 51 单片机 C 语言"翻译"为"机器语言（低级语言）"的程序，其主要工作流程如下：源代码（source code）→ 预处理器（preprocessor）→ 编译器（compiler）→ 汇编程序（assembler）→ 目标代码（object code）→ 链接器（Linker）→可执行程序（executables）。

注意：Keil μVision 已经发布了多个版本号，目前最新的 Keil μVision 版本号是 V4.0，但是其各个版本号在基础使用方面差别不大，本书的所有应用实例都是基于 Keil μVision V3.30 操作的。

2.3.1　Keil μVision 的界面

Keil μVision 的界面窗口如图 2.21 所示，Keil μVision 提供了丰富的工具，常用命令都具有快捷工具栏。除了代码窗口外，软件还具有多种观察窗口，这些窗口使开发者在调试过程中随时掌握代码所实现的功能。屏幕界面提供了菜单命令栏、快捷工具栏、项目文件管理窗口、代码窗口、目标文件窗口、存储器窗口、输出窗口、信息窗口和大量的对话框等，在 Keil μVision 中还支持打开多个项目文件进行同时编辑。

图 2.21　Keil uVision 的窗口

2.3.2　Keil μVision 的菜单详解

Keil μVision 的菜单包括 File、Edit、View、Project、Debug、Flash、Peripherals、Tools、SVCS、Windows、Help 共 11 个选项，提供了文本操作、项目管理、开发工具配置、仿真等功能。

1. File 菜单

Keil μVision 的 File 菜单主要提供文件相关操作功能，如图 2.22 所示，其详细说明如下。

- New：新建一个文本文件，需要通过保存才能成为对应的.h 或者.c 文件。
- Open：打开一个已存在的文件。
- Close：关闭一个当前打开的文件。
- Save：保存当前文件。
- Save As：把当前文件另存为另外一个文件。
- Save All：保存当前已打开的所有文件。
- Device Database：打开元器件的数据库。
- Print Setup：设置打印机。
- Print：打印当前的文件。
- Print Review：预览打印效果。
- 1~9＋文件名称：打开最近使用的文件。
- Exit：退出。

图 2.22　Keil μVision 的 File 菜单

2. Edit 菜单

Keil μVision 的 Edit 菜单主要提供文本编辑和操作相关操作功能，如图 2.23 所示，其详细说明如下。

- Undo：撤销上一次操作。
- Redo：恢复上一次的操作。
- Cut：剪切选定的内容到剪贴板。
- Copy：复制选定的内容到剪贴板。
- Paste：把剪贴板中的内容粘贴到指定位置。
- Indent Selected Text：把选定的内容向右缩进一个 Tab 键的距离。
- Unindent Selected Text：把选定的内容向左缩进一个 Tab 键的距离。
- Toggle Bookmark：在光标当前行设定书签标记。
- Goto Next Bookmark：跳转的到下一个书签标记处。
- Goto PrevI/Ous Bookmark：跳转的到前一个书签标记处。

图 2.23　Keil μVision 的 Edit 菜单

- Clare All Bookmarks：清除所有的书签标记。
- Find：在当前编辑的文件中查找特定的内容。
- Replace：用当前内容替换特定的内容。
- Find in Files：在几个文件中查找特定的内容。
- Incremental Find：依次查找。
- Outlining：用于对代码中的函数标记（大括号）进行配对。
- Advanced：一些高级的操作命令，包括查找配对大括号等。
- ConfiguratI/On：对 Keil μVision 进行设置，弹出如图 2.24 所示设置对话框。

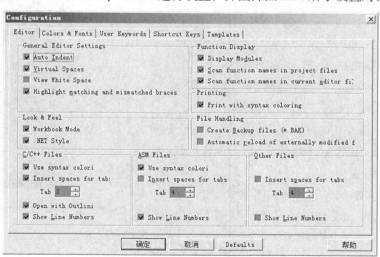

图 2.24　Keil μVision 属性设置对话框

Keil μVision 提供了大量的对于文本操作的快捷操作键，如表 2.3 所示。

表 2.3　Keil μVision 的文本操作快捷键

快捷键	功能描述
Home	把光标移动到当前行起始
End	把光标移动到当前行结束
Ctrl+Home	光标移动到当前文件的开始处
Ctrl+End	光标移动到当前文件的结尾处
Ctrl+Left	光标移动到前一个词的开始处
Ctrl+Right	光标移动到后一个词的开始处
Ctrl+A	选定本文件的全部内容
F3	继续向后搜索下一个
Shift+F3	继续向前搜索下一个
Ctrl+F3	把光标处的词作为搜索关键词

3.　View 菜单

Keil μVision 的 View 菜单主要提供界面显示内容的设置相关操作功能，如图 2.25 所示，其详细说明如下。

图 2.25　Keil μVision 的 View 菜单

- Status Bar：显示或者隐藏状态栏。
- File Toolbar：显示或者隐藏文件工具栏。
- Build Toolbar：显示或者隐藏编译工具栏。
- Debug Toolbar：显示或者隐藏调试工具栏。
- Project Window：显示或者隐藏项目窗口。
- Output Window：显示或者隐藏输出窗口。
- Source Browser：打开源浏览器窗口。
- Disassembly Window：显示或者隐藏反汇编窗口。
- Watch&Call Stack Window：显示或者隐藏观察及调用堆栈窗口。
- Memory Window：显示或者隐藏存储器窗口。
- Code Coverage Window：显示或者隐藏代码覆盖窗口。
- Performance Analyzer Window：显示或者隐藏性能分析窗口。
- Symbol Window：显示或者隐藏符号窗口。
- Serial Window #1：显示或者隐藏串行数据窗口 1 号。
- Serial Window #2：显示或者隐藏串行数据窗口 2 号。

- Serial Window #3：显示或者隐藏串行数据窗口 3 号。
- Toolbox：显示或者隐藏工具箱。
- PerI/Odic Window Update：程序运行时更新调试窗口。
- Include File Dependencies：显示文件的相互依赖关系。

4. Project 菜单

Keil μVision 的 Project 菜单主要提供工程文件的配置管理以及目标代码的生成管理相关操作功能，如图 2.26 所示，其详细说明如下。

- New Project：建立一个新的工程文件。
- Import μVision1 Project：转换一个 μVision1 的工程文件。
- Open Project：打开一个工程文件。
- Close Project：关闭当前工程文件。
- File ExtensI/Ons, Books and Environment：设置各种文件类型的扩展名，在项目窗口中添加书籍，以及设置工作目录环境。
- Targets, Groups, Files：管理项目中的目标、文件组以及文件。
- Select Device For Target：从设备数据库中选出一款 51 单片机作为目标器件。
- Remove Item：从当前的工程文件中删除一个文件。
- OptI/Ons for Target：更改目标、文件组或者文件的工具选项。
- Build target：编译并且链接当前的工程文件。
- Rebuild all target files：重新编译并且链接当前的工程文件。
- Translate：只编译不链接当前工程文件。
- Stop Build：停止当前的编译链接。
- 1~9 + 项目名：打开最近使用过的 9 个项目。

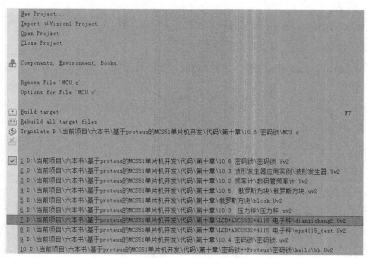

图 2.26　Keil μVision 的 Project 菜单

5. Debug 菜单

Keil μVision 的 Debug 菜单主要提供在软件和硬件仿真环境下的调试相关操作功能，如图

2.27 所示，其详细说明如下。

- Start/Stop Debug SecssI/On：开始或者结束调试模式。
- Go：全速运行，如果有断点则停止。
- Step：单步运行程序，包括子程序的内容。
- Step Over：单步运行程序，遇到子程序则一步跳过。
- Step Out of Current FunctI/On：单步运行程序时，跳出当前所进入的子程序，进入该子程序的下一条语句。
- Run to Cursor Line：运行至光标行。
- Stop Running：停止运行。
- Breakpoints：打开断点对话框。
- Insert/Remove Breakpoint：在当前行设定或者去除断点。

图 2.27　Keil μVision 的 Debug 菜单

- Enable/Disable Breakpoint：使能或者去掉当前行的断点。
- Disable All Breakpoints：设定程序中所有的断点无效。
- Kill All Breakpoints：去除程序中的所有断点。

> 注意：断点是 Keil μVision 提供的功能之一，可以让程序中断在需要的地方，从而方便其分析。也可以在一次调试中设置断点，下一次只需让程序自动运行到设置断点位置，便可在上次设置断点的位置中断下来，极大地方便了操作，同时也节省了时间。

- Show Next Statement：显示下一个可以执行的语句。
- Debug Setting：设置调试的相关参数。
- Enable/Disable Trace Recording：打开语句执行跟踪记录功能。
- View Trace Records：查看已经执行过的语句。
- Memory Map：打开内存对话框。
- Performance Analyzer：打开性能分析的设置对话框。
- Inline Assembly：停止当前编译的进程。
- FunctI/On Editor(Open Ini File)：编辑调试程序和调试用 ini 文件。

6.　Flash 菜单

Keil μVision 的 Debug 菜单主要提供对 51 单片机的内部 Flash 进行在线下载和擦除等相关操作功能，如图 2.28 所示，其详细说明如下。

- Download：下载程序到 Flash 存储器中。
- Erase：擦除 Flash 存储器中的内容。
- Configure Flash Tools：Flash 存储器的配置工具。

7.　Peripherals 菜单

Keil μVision 的 Peripherals 菜单主要用于在 Debug（调试）模式下打开其外围接口观察窗，如图 2.29 所示，其详细说明如下。

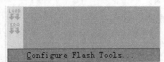

图 2.28　Keil μVision 的 Flash 菜单 　　　图 2.29　Keil μVision 的 Peripherals 菜单

- Reset CPU：复位 51 单片机。
- Interrupt：打开中断观察窗。
- I/O-Ports：打开 I/O 端口观察窗。
- Serial：打开串行模块观察窗。
- Timer：打开定时计数器观察窗。

在打开的各个观察窗中可以看到 51 单片机的对应状态并且进行相应的操作，图 2.30 所示是打开的中断观察窗。

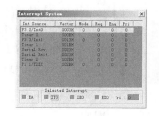

图 2.30　中断观察窗

> 注意：当工程文件选择的目标 51 单片机不同，根据其的实际内部硬件模块，出现在 Peripherals 菜单中的外围器件对话框也不同。

8．Tools 菜单

Keil μVision 的 Tools 菜单主要用于和第三方软件联合调试，如图 2.31 所示，其详细说明如下。

- Setup PC-Lint：从 Gimpel 软件中配置 PC.Lint。
- Lint：在当前编辑的文件中使用 PC.Lint。
- Lint All C Source Files：在项目所包含的 C 文件中使用 PC.Lint。
- Customize Tools Menu：在工具菜单中加入用户程序。

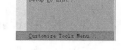

图 2.31　Keil μVision 的 Tools 菜单

9．SVCS 菜单

Keil μVision 的 SVCS 菜单主要用于对工程项目进行版本控制，选择其中的"Configure VersI/On Control"项，会弹出相应的配置对话框，如图 2.32 所示。

10．Windows 菜单

Keil μVision 的 Windows 菜单主要用于提供窗口的视图管理，如图 2.33 所示，其详细说明如下。

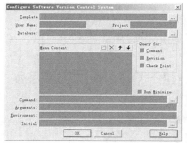

图 2.32　Keil μVision 的版本控制设置对话框

图 2.33　Keil μVision 的 Windows 菜单

- Cascade：使窗口交叠。
- Tile Horizontally：横向平铺窗口。
- Tile Vertically：纵向平铺窗口。
- Arrange Icons：在窗口底部排列图标。
- Split：把当前窗口分割成 2~4 块。
- Close All：关闭所有打开的窗口。
- 1~9 + 窗口名：显示所选择的窗口。

11. Help 菜单

Keil μVision 的 Help 菜单主要用于给使用者提供包括库函数查询在内的帮助管理，如图 2.34 所示，其详细说明如下。

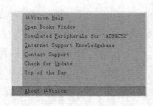

- μVision Help：打开 Keil μVision 的帮助主题。
- Open Books Window：打开 Keil 提供的参考书籍窗口。
- Simulated Peripherals for：为所选择的 51 单片机内部集成资源说明文档。
- Internet Support Knowledgebase：网络支持库。

图 2.34　Keil μVision 的 Help 菜单

- Contact Support：联系 Keil 公司技术支持。
- Check for Update：查看版本更新。
- Tip of the Day：每日提醒，会在软件启动时候给出一些 Keil μVision 使用的基本知识。
- About μVision：Keil μVision 的版本号。

2.3.3　使用 Keil μVision

Keil μVision 自带项目管理器，所以用户不需要在项目管理上花费过多的精力，只需要按照以下步骤操作即可建立一个属于自己的项目。

（1）启动 Keil μVision，建立工程文件并且选择器件。

（2）建立源文件、头文件等相应的文件。

（3）将工程需要的源文件、头文件、库文件等添加到工程中。

（4）修改启动代码并且设置工程相关选项。

（5）编译并且生成 HEX 或者 LIB 文件。

例 2.1 是一个在 Keil μVision 中建立一个工程文件通过 51 单片机的串口输出"Hello World!"字符串的实例。

【例 2.1】——建立一个新的 Keil μVision 工程文件。

（1）建立工程文件：启动 Keil μVision，选择菜单 Project/New Project，输入"Test"并且保存文件。

（2）设定工程文件的单片机型号：在弹出的对话框内选择 51 单片机的型号为 AT89C52，如图 2.35 所示。

图 2.35　选择 51 单片机型号

（3）自动加入启动文件：在选择单片机型号之后，Keil μVision 会出现对话框，询问是否自动加入 51 单片机的启动文件，点击"是"，该文件用于初始化单片机内部存储器等，添加完成之后在项目管理窗口中可以看到 startup.A51 文件已经被加入。

（4）建立一个新的代码编辑文件：选择菜单 File/New，建立一个新的文件并且将其保存为 MCU.c 文件，如图 2.36 所示。

（5）在工程项目中添加对应文件：右键点击项目管理器窗口中空白处，在弹出菜单中选择 "Add Files to Source Group1"，依次添加对应的.c 和.h 文件，如果使用了 LIB 文件，在这个地方也必须要添加进去，添加完成对应文件的工程文件列表如图 2.37 所示。

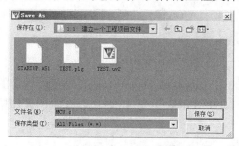

图 2.36　建立一个新的代码编辑文件

图 2.37　在工程项目中添加对应文件

（6）编写代码：在 MCU.c 文件中添加如下代码。

```
#include <AT89X52.h>
#include <stdI/O.h>
void InitUart(void)
{
SCON = 0x50;                          //工作方式 1
TMOD = 0x21;
PCON = 0x00;
TH1 = 0xfd;                           //使用 T1 作为波特率发生器
TL1 = 0xfd;
TI = 1;
TR1 = 1;                              //启动 T1
}
main()
{
    unsigned char temps[]="hello world!";
    InitUart();                       //初始化串口
    printf("%d\n",temp);              //输出字符的打印宽度
    while(1)
    {
    }
}
```

（7）配置工程项目平台：选择菜单 Project/Targets→Groups→Files，选择使用的项目目标平台，一般均使用默认的设置，直接确定。

（8）配置 51 单片机属性：选择菜单 Project→OptI/On for Target "Target 1"，选择后出现当前项目的配置选项，如图 2.38 所示。其中有很多选项，用户只需要将 output 选项单中的 Create

HEX File 选中即可，这是为了能生成可供 51 单片机执行的 Hex 文件。

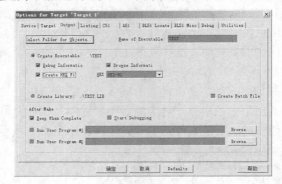

图 2.38　配置 51 单片机属性

（9）编译工程项目：菜单 Project→Built Target 对项目进行编译并且生成对应的 HEX 文件。如果是修改之后的编译，选择 Rebuilt all Target Files 即可，此时可以在输出窗口中看对应的编译信息，如图 2.39 所示。

```
× assembling STARTUP.A51...
  compiling MCU.c...
  linking...
  Program Size: data=43.1 xdata=0 code=1381
  creating hex file from "TEST"...
  "TEST" - 0 Error(s), 0 Warning(s).

  |◀ ◀ ▶ ▶| \ Build ⟩ Command ⟩ Find in Files /
```

图 2.39　工程项目的编译输出信息

（10）修改错误：如果在编译中出现错误则会在 output 窗中看到对应的错误信息，如图 2.40 所示。双击 output 窗口中对应的错误信息，则在编辑窗口光标会跳到出错的对应语句并且在左边出现一个蓝色箭头，方便用户修改。当修改完错误之后再次编译即可。

```
× Build target 'Target 1'
  assembling STARTUP.A51...
  compiling MCU.c...
  MCU.C(18): error C202: 'temp': undefined identifier
  Target not created

  |◀ ◀ ▶ ▶| \ Build ⟩ Command ⟩ Find in Files /
```

图 2.40　Keil μVision 的错误提示信息

注意：Keil μVision 只能发现代码的语法错误，并不能发现逻辑错误。

2.4　本章总结

本章介绍了 51 单片机应用系统的基础结构和 Keil μVision 软件开发环境，读者应该着重掌握如下内容。

- 51 单片机应用系统的结构组成。
- 51 单片机最小应用系统的组成和设计方法，尤其是时钟源的设计方法、基本 RC 复位电路的设计方法和供电系统的设计方法，尤其要掌握直流电压调理方法和最常用的 78 系列稳压芯片的使用方法。
- 如何在 Keil μVision 开发环境中建立一个工程文件以便于进行 51 单片机的软件开发。

PART 3
第3章
51 单片机的 C51 语言基础

51 系列单片机常见的编程语言有 4 种：汇编语言、C 语言、BASIC 语言和 PL/M 语言。目前使用最多的单片机开发语言是汇编语言和 C51 语言，这两种语言都有良好的编译器作支持，有为数众多的开发人员。一般来说，C51 语言用于较复杂的大型程序编写，汇编则用于对效率要求很高的场合，尤其是底层函数的编写。

知识目标

典型 C51 语言应用程序的组成结构。

- C51 语言的数据类型、运算符和表达式使用方法。
- C51 语言的结构语句使用方法。
- C51 语言的函数语句使用方法。
- C51 语言的数组和指针使用方法。
- C51 语言的自构造类型介绍，包括结构体、联合体和枚举的使用方法。
- 通常来说，51 单片机的 C51 语言程序由头文件声明、宏定义、全局变量、子函数、主函数和注释几个部分组成，一个典型的 C51 语言应用程序结构如图 3.1 所示。

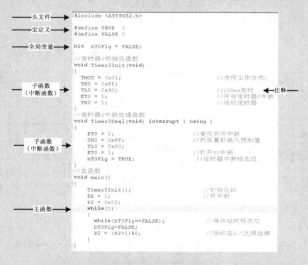

图 3.1 典型的 C51 语言应用程序结构

◆ 头文件声明：声明在该 C51 语言程序中需要使用的头文件，在这些头文件中通常会有一些关于单片机的预定义，如端口、寄存器等，Keil μVision 开发环境提供了大量的相应头文件，最常用的头文件包括"AT89X52.h"、"stdio.h"、"absacc.h"等。

◆ 宏定义：以简单易记的字符串声明在该 C51 语言程序中需要经常使用的一些特定变量。

◆ 全局变量：在整个 C51 语言程序中都有效的变量，其具体使用方法可以参考本章的 3.3.5 小节。

◆ 子函数：用于在 C51 语言程序中完成特定功能的语句块，其具体使用方法可以参考本章的 3.3 节。

◆ 主函数：C51 语言程序的主要语句块，其本质也是一个函数。

3.1　C51 语言的数据、运算符和表达式

数据、运算符和表达式是 C51 语言的最基础组成部分，所有的 C51 语言程序均由它们组成，熟练地掌握它们的使用方法是进行 C51 语言程序设计的基础。

3.1.1　数据和数据类型

数据是 51 系列单片机操作的对象，是具有一定格式的数字或者数值。数据按照一定的数据类型进行的排列、组合和架构称为数据结构，C51 支持的数据类型如表 3.1 所示，可以分为基本数据类型、构造数据类型和指针类型三大类。

● 基本数据类型包括位型、字符型、整型、长整型、浮点型和双精度浮点型，其中字符型、整型和长整型可以分为有符号型和无符号型。

● 构造数据类型可以分为数组、结构体、共用体和枚举类型，它们是若干个基本数据类型的集合体。

● 指针类型是专门用来存放对象地址的数据类型，可以指向系统中任何一个地址单元，具有很大的灵活性，是 C51 语言的强大数据类型。空类型常常用于函数返回值，如果某一个函数不返回任何数值，则可以定义为空类型。

表 3.1　C51 支持的数据类型

数据类型	名称	长度	值域
基本数据类型	位型 bit	1bit	0，1
	字符型 unsigned char，char	1Byte	0～255，.128～127
	整型 unsigned int，int	2Bytes	0～65525，.32768～32767
	长整型 unsigned long，long	4Bytes	0～4294967295，.2147483648～2147482647
	浮点型 float	4Bytes	±1.176E.38E～±3.40+38（6 位数字）
	双精度浮点型 double	8Bytes	±1.176E.38E～±3.40+38（10 位数字）
构造数据类型	数组		
	结构体		
	共用体		
	枚举		
指针类型		2～3Bytes	存储空间，最大 64KB
空类型			

在程序操作中，常常需要将一种类型的数据赋值给另外一种类型的数据，这种操作可以使用专用函数进行，也可以由编译器自动完成，一般来说，编译器会把长度短的数据类型自动转换位长度长的数据类型，以确保数据不丢失。

3.1.2　常量和变量

C51 语言的数据可以分为常量和变量两种，前者在程序执行过程中其值不能发生变化，后者在程序执行过程中其值可以改变。

1.　常量

常量是在程序执行过程中不能改变的值。按照数据类型，常量可以分为整型常量、字符型常量等。

通常来说，可以使用预定义关键字"#define"对常量进行定义，使用一个标识符代替一个常量，例 3.1 给出了几个常用的常量定义的实例。

【例 3.1】常量定义。

```
#define   FALSE    0        //定义 FALSE（假）为 0
#define   TRUE     1        //定义 FALSE（假）为 1
#define   OFF      0        //定义 FALSE（假）为 0
#define   ON       1        //定义 FALSE（假）为
```

> 说明：为了和变量区别，常量一般使用大写，而且常量一旦预定义之后就不能再修改。

2.　变量

变量是在程序执行过程中可以发生改变的值，在使用前必须先声明，变量有 3 个相关参数：变量名、变量值和变量地址。

- 变量名：变量的名称，由用户自己定义，是一个起始字符为字符或者下划线，随后字符必须是字母、数字或者下划线的字符组合。
- 变量值：变量对应的具体数值。
- 变量地址：变量对应的 51 单片机的存储单元地址单元，也是变量值对应的存放地址。

变量按照数据类型可以划分为位变量、字符变量、整型变量、浮点型变量等，例 3.2 是几个常用的变量定义示例。

【例 3.2】变量定义。

```
bit   b_Temp;                          //位变量
char c_Temp;                           //字符型变量
int i_Temp;                            //整型变量
long l_Temp;                           //长整型变量
float f_Temp;                          //浮点型变量
```

> 注意：在比较标准的变量命名体系中，常常在变量名最前方用小写的字母和连接符来提示变量的类型，如 b_Temp 中的"b_"表示这是一个 bit 类型变量，c_Temp 中的"c_"表示这是一个 char 类型的变量。

除了上面提到的几种数据类型之外，字符型、整型以及长整型变量还可以分为 unsigned 和 signed 两种类型，其中 unsigned 数据类型的变量值始终是一个正数，它是 51 单片机可以直接运算的数据，不需要做额外的转换，所以在需要加快程序代码的执行速度而不需要执行负数运算的时候，应该尽可能地将 signed 类型数据变量定义为 unsigned 变量，如例 3.3 所示。

【例 3.3】变量定义。

```
unsigned char uc_Temp;                          //字符型变量
unsigned int ui_Temp;                           //整型变量
unsigned long ul_Temp;                          //长整型变量
```

3.1.3　存储器和寄存器变量

如第 1 章的 1.2.2 小节所示，51 单片机的存储器分为片内数据存储器、片外数据存储器、片内程序存储器和片外程序存储器，另外在片内数据存储器中还存在寄存器单元，故在 C51 程序中可以使用不同的存储器或者寄存器来存放数据。

1.　C51 语言的数据存储类型

C51 可以使用相关关键字将数据存放到指定的存储空间中，如表 3.2 所示，例 3.4 是各种数据存储空间对应的变量定义示例。

表 3.2　数据存储空间关键字

关键字	存储器对应关系
data	直接寻址片内数据存储器（128 字节）
bdata	片内位寻址存储空间（16 字节）
idata	间接寻址片内数据存储空间，可以访问 RAM 全部内容
pdata	分页寻址片外数据存储器（256 字节）
xdata	片外数据存储器（64KB）
code	代码存储器（64KB）

> 说明：片内位寻址空间也可以按照字节访问，且支持位、字节混合访问。

【例 3.4】数据存储空间定义。

```
char data c_Var;              //无符号 char 型变量，定义到内部存储器空间低 128 字节
bit bdata b_Flg;              //位变量，定义到内部存储器位寻址空间
float idata f_Var;            //浮点型变量，定义到内部存储器的间接寻址空间
unsigned int pdata ui_Var;    //无符号整型变量，定义到片外 256 字节存储器空间
unsigned char xdata uc_Var;   //无符号字符型变量，定义到片外存储器空间
```

如果在定义变量时省略了关键字，C51 语言的编译器会则自动地选择默认的存储类型，通常来说会有 SMALL、COMPACT 和 LARGE 三种模式，在这些模式下 C51 应用代码中变量的存放地点和传递方式都是固定的。同时，C51 编译器也支持混合模式，例如可以在 LARGE 模式下对一些需要快速执行的函数使用 SMALL 模式来加快执行过程，具体如表 3.3 所示。

表 3.3　C51 语言的存储模式

存储模式	说明
SMALL	相关参数、堆栈和局部变量都存放在 128 字节的可以直接寻址片内存储器，使用 DATA 存储类型，访问速度很快
COMPACT	参数和局部变量存放在 256 字节的分页片外存储区，使用寄存器间接寻址，存储类型为 PDATA，堆栈空间在片内存储区，访问速度比较快
LARGE	参数和局部变量存放在最大可为 64KB 的片外数据存储区，使用 DPTR 数据指针间接寻址，存储类型为 XDATA，堆栈在片内存储区，访问速度慢

> 说明：在 C51 语言中可以在定义变量类型之前指定存储类型，也就是说，pdata char var 和 char pdata var 都是合法的定义。

在 Keil μVision 开发环境中可以在 Project 菜单的 Options 子菜单打开的选项卡中选择项目对应的存储模式，如图 3.2 所示。

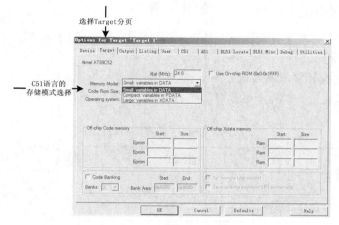

图 3.2　C51 语言的数据存储类型设置

2.　寄存器

51 单片机中的寄存器分为普通寄存器和特殊功能寄存器，其中有至少 21 个特殊功能寄存器，具体说明可以参看第 1 章的表 1.5，这些寄存器分布在片内 RAM 区高 128 字节，地址映射为 0x80H～0xFFH，对寄存器的寻址必须使用直接寻址方式。

C51 语言支持用户使用关键字 sfr 和 sfr16 来定义 51 单片机的片内寄存器，如例 3.5 所示，其中 sfr16 定义的是寄存器双字节的低位字节地址。

【例 3.5】使用 sfr 和 sfr16 定义寄存器。

```
sfr SBUF = 0x99;                        //定义串行口数据寄存器
sfr16 T2 = 0xCC;                        //定义 T2 计时器数据寄存器
```

51 单片机的部分寄存器可以支持位寻址，此时可以使用 sbit 关键字对寄存器或者变量中的位进行定义，如例 3.6 所示。

【例 3.6】使用 sbit 定义位变量。

```
sfr PSW = 0xD0;
```

sbit 也可以对其他的变量或者绝对地址应用，但是该变量必须存放在位寻址内存空间中，即绝对地址必须是位地址空间，如例 3.7 所示。

【例 3.7】使用 sbit 定义变量空间。

```
bdata unsigned char     uc_Shield_Byte;              //变量 uc_Shield_Byte 存放在位寻址空间
sbit            b_X_Shield_Flg = uc_Shield_Byte  ^  1;      //定义首位
```

> 注意：常用型号的 51 单片机的内部寄存器定义通常都可以在对应的头文件中找到，如果没有则需要用户自行定义。

3.　位变量

前面介绍了使用 bit 和 sbit 关键字来分别定义位变量，需要注意的是，位变量必须定义在位寻址单元中，也就是这些变量必须存放到 DATA 或者 IDATA 中，否则在编译的时候会出现错误。bit 关键字一般用于定义单个的位变量，而 sbit 关键字一般用于对于一个变量内部进行定义，后面这种用法在程序编写中经常用到，其好处是可以方便赋值和调用。

> 说明：函数的返回值可以是一个位变量，但是不能定义位变量数组。

3.1.4　算术运算、赋值、逻辑运算

算术运算、赋值运算、逻辑运算以及关系运算都是 C51 语言的基本运算操作，是 C51 语言程序的重要组成部分。

1.　算术运算符和算术表达式

C51 语言一共支持 5 种算术运算符，如表 3.4 所示。

表 3.4　算术运算符

运算符	意义	说明
+	加法运算或者正值符号	
−	减法运算或者负值符号	
*	乘法运算符号	
/	除法运算符号，求整	5/2，结果为 2
%	除法运算符号，求余	5%2，结果为 1

在 C51 语言中把用算术运算符和括号将运算对象连接起来的表达式称为算术表达式，运算对象包括常量、变量、函数、数组和结构等。在算术表达式中需要遵守一定的运算优先级，其规定为先乘除（余），后加减，最优先括号，同级别从左到右，和数学计算相同。例 3.8 给出了几个算术表达式以及它们的执行步骤。

【例 3.8】算术表达式和执行步骤。

> A * (B + C) − (D − C)/F;　　//B + C，D − C→A * (B + C)，(D − C)/F→A * (B + C) − (D − C)/F

2.　赋值运算符和赋值表达式

C51 语言的赋值运算符包括普通赋值运算符和复合赋值运算符两种，普通的赋值运算符使用 "="，而复合赋值运算符是在普通赋值运算符之前加上其他二目运算符所构成的赋值符。使用赋值运算符连接的变量和表达式构成了赋值表达式，例 3.9 给出了赋值运算表达式的例子。

【例 3.9】赋值运算表达式。

> a = 3 * z
> a += b　　　　　　　　　　　　　　　　　　　//等同于 a = a + b

赋值运算涉及变量类型的转换，可以分为两种：自动转换和强制转换。自动转换是不使用强制类型转化符，直接将赋值运算符号右边表达式或者变量的值类型转化为左边的类型，一般说来，是从 "低字节宽度" 向 "高字节宽度" 转换，表 3.5 给出了转换前后变换。强制转换则是使用强制类型转化符来将一种类型转化为另外一种类型，强制类型转化符号和变量类型相同，如例 3.10 所示。

表 3.5 赋值中的自动类型转化

类型	说明
浮点型和整型	浮点类型转化为整型时候小数点部分被省略，只保留整数部分；反之只是把整型修改为浮点型
单、双精度浮点型	单精度转化为双精度时候在尾部添 0，反之进行四舍五入的截断操作
字符型和整型	字符型转化为整型时，仅仅修改类型；反之只保留整型的低八位

【例 3.10】强制类型转化。

```
double (y);                              //将 y 转化为 double 类型
z = unsigned char (x + y);
//将 double 类型数据 y 和 int 类型数据 x 相加之后转化为 unsigned char 类型赋给 z
```

3. 逻辑运算

C51 逻辑运算包括逻辑与操作、逻辑或操作和逻辑非操作，如表 3.6 所示。

表 3.6 逻辑运算符

运算符	意义	说明
&&	逻辑与运算	
‖	逻辑或运算	
!	逻辑非运算	

使用逻辑运算符将表达式或者变量连接起来的表达式称为逻辑表达式，逻辑运算内部运算次序是先逻辑非后逻辑与和逻辑或，相同等级为从左到右，逻辑表达式的值为"真"或"假"，在 C51 语言中使用"0"代表"假"，使用"非 0"代表逻辑"真"，但是逻辑运算表达式结果只能使用"1"来表示"真"，逻辑表达式的示例如例 3.11 所示。

【例 3.11】逻辑表达式。

```
若 a = 3，b = 6，则
!a = 0;                              //a = 3，为真，则!a 为假 = 0
a && b = 1;
a‖b = 1;
```

> 说明：在多个逻辑运算表达式中，只有在必须执行下一个逻辑运算符才能求出表达式的值时该逻辑运算符才会被执行，例如，对于逻辑与运算符来说，只有左边的值为真时再执行右边运算，否则直接给出表达式的值。

4. 关系运算

C51 语言提供了 6 种关系运算符，说明如表 3.7 所示。

表 3.7 关系运算符

运算符	意义	说明
<	小于	
>	大于	
>=	大于等于	
<=	小于等于	
==	如果等于	
!=	如果不等于	

使用关系运算符连接的表达式或者变量称为关系表达式，关系运算符中前两种优先级别高于后两种，同等优先级下遵守从左到右的顺序，关系运算式的运算结果是逻辑真"1"或者是逻辑假"0"，如例 3.12 所示。

【例 3.12】关系运算符。

> 如果 x，y，z 的值分别为 4，3，2，则
> x > y = 1;
> y + z < y = 0;
> x > y > z = 0;　　　　//因为 x>y 为真，则为 1，1 小于 2，则表达式结果为 0

3.1.5　位操作

因为 51 单片机有位寻址空间，所以支持位变量操作。恰当的位操作会大大地提高单片机程序的运行速度，还能极大地方便用户编程，51 单片机的位操作包括位逻辑运算和移位运算两种类型。

1. 位逻辑运算

位逻辑运算包括位与、位或、位异或、位取反，如表 3.8 所示。

表 3.8　位逻辑运算符

运算符	意义	说明
&	位与	如果两位都为"1"，则结果为"1"，否则为"0"
|	位或	如果两位其中有一个为"1"，则结果为"1"，否则为"0"
^	位异或	如果两位相等则为"1"，否则为"0"
~	位取反	如果该位为"1"，则取反后为"0"，如果该位为"0"，则该位取反后为"1"

位逻辑操作的示例程序如例 3.13 所示，需要注意位逻辑操作和普通逻辑操作的区别。

【例 3.13】位逻辑操作，如果 x = 0x54H，y = 0x3BH，则有如下的关系成立。

> x & y = 01010100B & 00111011B = 00010000B = 0x10H;
> x | y = 01010100B | 00111011B = 01111111B = 0x7FH;
> x ^ y = 01010100B ^ 00111011B = 10010000B = 0x90H;

$\sim x = \sim 01010100B = 10101011B = 0xABH;$

2. 移位运算

移位运算包括左移位和右移位运算，如表 3.9 所示。

表 3.9　位逻辑运算符

运算符	意义	说明
<<	左移位	将一个变量的各个位全部左移，空出来的位补 0，被移出变量的位则舍弃不要
>>	右移位	操作方式和左移位相同，移动方向向右

例 3.14 是移位运算的示例程序，移位运算一般用于简单的乘除法运算。

【例 3.14】移位运算，如果 x = 0xEAH = 11101010B，则有如下关系成立。

　　$x << 2 = 10101000B = 0xA8H;$

　　$x >> 2 = 00111010B = 0x3AH;$

3.1.6　自增减、复合和逗号运算

自增减运算、符合运算和逗号运算是 C 语言的特色，C51 语言继承了 C 语言的这种特色，其中复合运算在 3.1.4 小节赋值运算中曾经有所介绍。

1. 自增减运算

自增减运算分别是使变量的值增加或者减少 1，相当于"变量 = 变量 + 1"或者"变量 = 变量 – 1"操作，使用方法如例 3.15 所示，需要注意的是，运算符号在变量前后的写法的运算结果是不同的。

【例 3.15】自增减预算，如果 unsigned char x = 0x23H，则有如下关系成立。

```
unsigned char y;
y = x++;                    //y = 0x23，x = 0x24
y = ++x;                    //y = 0x24，x = 0x24;
y = x--;                     //y = 0x23，x = 0x22;
y = --x;                    //y = 0x22，y = 0x22;
```

可以看到，在程序中，x++是先赋值，后自加；++x 是先自加，后赋值，自减运算和自加运算相同。

2. 复合运算

复合运算在前面已经介绍过，是将普通运算符和赋值符号结合起来的运算，有两个操作数的运算符都可以写成"变量 运算符 = 变量"的形式，相当于"变量 = 变量 运算符 变量"，如例 3.16 所示。

【例 3.16】复合运算。

```
x += y;    //相当于 x = x + y;
x >> = y;  //相当于 x = x >> y;
```

3. 逗号运算

逗号运算符是 C51 语言的特色运算符，关键字为"，"，用"，"和其他关键字将变量和表达式连接起来可以构成逗号表达式，其一般形式如"表达式 1，表达式 2，……，表达式 n"。逗号表达式按照从左到右的方式运算，整个表达式的值取决于最后一个表达式，如例 3.17 所示。

【例 3.17】逗号运算。

```
unsigned char x = 100;
unsigned char y;
y = (x = x / 10, x / 2);                    //先计算 x / 100 = 10，然后计算 x / 2 = 5，所以 y = 5；
```

> 说明：逗号表达式是可以嵌套的，也就是说，各个表达式也可以是逗号表达式；另外需要注意
> 区别逗号表达式和参数定义中变量之间逗号的区别。

3.1.7 运算符的优先级

运算符的优先级是指当在一个表达式中出现多个运算符时的运算次序，表 3.10 给出了 C51
语言中所有的运算符的优先级说明。

表 3.10   C51 语言运算符优先级

优先级	关键字	说明	运算次序
1	( ) [ ] → .	括号 下标运算，用于数组 指向结构成员，用于结构体 结构成员体，用于结构体	从左到右
2	! ~ ++ .. . （强制类型转换） * & sizeof	逻辑非运算符 按位取反运算符 自增运算符 自减运算符 负号运算符 类型转换运算符 指针运算符 取地址运算符 长度运算符	从右到左
3	* / %	乘法运算符 除法运算符 取余运算符	从左到右
4	+ .	加法运算符 减法运算符	从左到右
5	>> <<	右移运算符 左移运算符	从左到右
6	<, <=, >=, >	关系运算符	从左到右
7	==, ! =	测试等于和不等于运算符	从左到右
8	&	按位与运算符	从左到右
9	^	按位异或运算符	从左到右
10	|	按位或运算符	从左到右
11	&&	逻辑与运算符	从左到右
12	||	逻辑或运算符	从左到右
13	? :	条件运算符	从右到左
14	复合运算符		从右到左
15	,	逗号运算符	从左到右

3.2　C51 语言的结构

为了根据不同的情况做出不同的控制动作，C51 语言提供了控制流语句，通过不同的控制流语句的嵌套和组合可以控制单片机实现复杂的功能，这些控制流语句包括 if、else if、switch、while 等。

C51 语言的程序结构可以分为顺序结构、选择结构和循环结构，这 3 种结构可互相组合和嵌套，组成复杂的程序结构，完成相应的功能。

3.2.1　顺序结构

顺序结构是 C51 语言中最简单和基本的程序结构，代码从程序空间的低地址位向高地址位执行，也即一条条地依次执行，例 3.18 是一个典型顺序结构的代码块示意。

【例 3.18】顺序程序的结构。

```
main()
{
    unsigned char A，B，C；
    A = 0x23；       ◄ 第一条被执行
    B = 0x11；       ◄ 第二条被执行
    C = A + B；      ◄ 第三条被执行
}
```

3.2.2　选择结构

在选择结构中，程序首先测试一个条件语句，如果条件为"真"时执行某些语句，如果条件为"假"时执行另外一些语句。选择语句可以分为单分支结构以及多分支结构，多分支结构又包括串行多分支结构和并行多分支结构，图 3.3 所示是串行多分支结构的示意，串行多分支结构以单选择结构的某一个分支作为分支判断，最终程序需要在很多选择之中选择出若干程序代码来执行，这些可供选择的程序代码块都要从一个公共的出口退出。

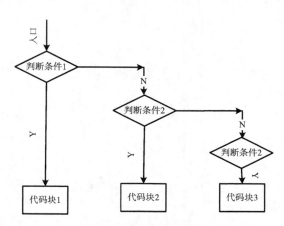

图 3.3　串行多分支结构

图 3.4 所示为并行多分支结构的示意，其使用一个"X"值判断条件，根据"X"的不同数值选择不同的代码块执行。最后可以从不同的程序出口退出。

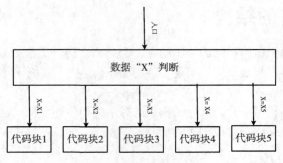

图 3.4 并行多分支结构

选择语句构成了51单片机执行动作的判断和转移的基础,是模块化程序的重要组成部分,C51 语言常用的选择语句有 if 语句和 switch 语句,其中 if 语句又有 if…else、if 和 else if 3 种形式。

1. if 语句

if 语句结构有 3 种,其基本结构如下:

```
if（表达式）
{
    代码块
}
```

当表达式成立,则执行代码块,否则跳过代码块执行下面的语句。

if…else 语句是最基本的 if 语句,其基本结构如例 3.19 所示。

【例 3.19】if…else 语句的结构。

```
if(判断条件)
{
代码块 1;
}
else
{
代码块 2;
}
```

if 语句是 if…else 语句的简要结构,其基本结构如例 3.20 所示。

【例 3.20】if 语句的结构。

```
if(判断条件)
{
代码块语句;
}
```

else if 则语句用于串行多分支判断语句,其基本结构如例 3.21 所示。

【例 3.21】else if 语句的结构

```
if(判断条件 1)
{
代码语句块 1;
}
else if(判断条件 2)
```

```
    {
      代码语句块 2;
    }
    ……
    else
    {
      代码语句块 n
    }
```

> 说明：最后一个 else 语句以及后面的代码块可以省略。

　　if 语句的判断条件通常是逻辑表达式和关系表达式，也可以是其他表达式，甚至是一个变量或宏定义。需要注意的是，如果在 C51 语言中将非 "0" 之外的一切值都当成 "真"，即关系成立。

　　如果代码块只有一条语句时，代码块的大括号可以省略，但是通常不建议这样做。因为这样不利于阅读代码，并且容易导致程序错误。大括号最后不加分号，但是如果省略了大括号使用单条语句时，该语句必须加分号。在有多个 if…else 语句时，else 和最近的一个 if 语句配对。例 3.22 是 if 语句的两个典型应用实例。

　　【例 3.22】判断两个不相等的无符号 char 型变量 A、B 的大小，将较大的一个变量的值送到无符号 char 型变量 C。

```
    if(A > B)                        //如果 A 大于 B
    {
     C = A;                          //将 C 值赋予 A
    }
    else
    {
     C = B;
    }
```

> 注意：该程序也可以写为如下形式，不使用大括号。

```
    if(A > B)
    C = A;
    else
    C = B;
```

2. switch 语句

switch 语句是并行多分支选择结构语句，其基本结构如例 3.23 所示。

【例 3.23】switch 语句的结构。

```
    switch 语句(判断条件)
    {
       case         常量表达式 1：{语句块 1；}      break;
       case         常量表达式 2：{语句块 2；}      break;
       ……
       case         常量表达式 n：{语句块 n；}      break;
       default：{语句块 n+1}      break;
    }
```

进入 switch 语句后，首先依次判断条件的数值和每个 case 后常量表达式的值，如果相同则执行该 case 语句后代码块，然后执行 break 语句退出，如果都不相同则执行 default 之后的代码块后退出判断。这些常量表达式的值必须是不相同的，否则会出混乱；每一个 case 所带的语句块执行完成之后执行 break 语句退出 switch 判断，如果没有 break 语句则会继续执行下面的 case 语句。例 3.24 是一个 switch 语句的应用实例，需要注意的是，在实际应用中常常会去掉 case 5 的判断，写成 default：{Y = 11；}的形式。

【例 3.24】switch 语句应用。

```
switch(X)
{
 case 1：{Y = 2；} break;
 case 2：{Y = 3；} break;
 case 3：{Y = 5；} break;
 case 4：{Y = 7；} break;
 case 5：{Y = 11;} break;
 default：{}
}
```

注意：if 语句和 switch 语句都可以嵌套在它们的某个代码块中使用以增强选择的功能。

3.2.3 循环结构

循环语句用于处理需要重复执行的代码块，在某个条件为"真"时，重复执行某些相同的代码块。循环语句一般由循环体（循环代码）和判定条件组成，C51 常用的循环语句有 while 语句、do while 语句和 for 语句。

1. while 语句

while 语句是预先判断结构的循环语句，其基本结构如例 3.25 所示，当判断条件为"真"成立（不为零）时执行代码块，直到条件不成立。

【例 3.25】while 语句的基本结构。

```
while(判断条件)
{
 代码块；
}
```

while 语句的判断条件在执行代码之前，如果条件不成立时代码块一次也不执行，这个条件可以是表达式，也可以是变量和常量，当这个条件结果不为"0"时，while 语句就会一直执行代码块。和 if 语句类似，当代码块只有一条语句时可以省略大括号，例 3.26 是一个 while 语句使用实例。

【例 3.26】计算 1～100 的和，存放到 sum 中。

```
main()
{
 unsigned char counter;
 int    sum;
 counter = 1;
 sum = 0;                              //初始化
 while(counter < 100)
```

```
        {
            sum = sum + counter;                 //累加
            counter++;
        }
    }
```

2. do while 语句

do while 语句功能和 while 语句类似，它是执行后判断语句，执行一次代码块之后对条件语句进行判断，如果条件成立再一次执行代码块，如果条件不成立则退出循环，例 3.27 是 do while 语句的基本结构。

【例 3.27】do while 语句的基本结构。

```
    do
    {
     代码块;
    }while(判断条件)
```

do while 语句至少执行一次代码块，其判断条件和 while 相同，例 3.28 是使用 do while 语句实现例 3.26 功能的示例。

【例 3.28】do while 语句的应用。

```
    main()
    {
     unsigned char counter;
     int     sum;
     counter = 1;
     sum = 0;                                //初始化
     do{
        sum = sum + counter;                 //累加
        counter++;
        }while(counter <= 100);
    }
```

> 说明：注意条件中判断 counter 的值，由于 do while 语句至少执行一次代码块，所以 counter 的判断值要大 "1"。

3. for 语句

for 语言是循环语句中最灵活和最强大语句，其基本结构如例 3.29 所示。

【例 3.29】for 语句的基本结构。

```
    for(表达式 1；表达式 2；表达式 3)
    {
     代码块;
    }
```

for 语言的执行过程如下：
（1）初始化表达式 1；
（2）执行表达式 2，如果该表达式结果为非 "0" 则执行代码块，否则跳出循环；
（3）执行表达式 3，跳回第（2）步。
例 3.30 是使用 for 语句实现例 3.26 功能的实例。

【例 3.30】for 语句的应用。

```
main()
{
    unsigned char counter;
    int sum;
    sum = 0;                                    //初始化
    for(counter = 0; counter <= 100; counter++)
    {
        sum = sum + counter;                    //累加
    }
}
```

说明：counter 的初始化和自加都在 for 语句结构中完成，不需要在开始代码和代码块中书写。

4. 循环语句使用总结

循环语句和判断语句一样可以互相或者自我嵌套，也可以和判断语句互相嵌套。以下说明循环语句的一些特殊用法。

"死"循环一般用于单片机监控程序，单片机需要等待一个条件的改变，进行无限循环。"死"循环的常用结构如例 3.31 所示。

【例 3.31】"死"循环语句。

```
for(; ; )
{
    代码块;
}                                       //for 语句的"死"循环

while(1)
{
    代码块;
}                                       //while 语句的"死"循环

do
{
    代码块;
}while(1);                              //do while 语句的"死"循环
```

for 语句的表达式结构并不是缺一不可的，例 3.32 是一个省略了表达式 1 和表达式 3 的 for 语句使用实例，该用法把判断条件的修改放在代码块中完成，只需要在循环开始前初始化 counter，则此段代码执行效果和例 3.30 相同。

【例 3.32】省略表达式 1、表达式 3 的 for 语句。

```
for(; counter<=100; )
{
    sum = sum + counter;
    counter++;
}
```

例 3.33 则是一个没有代码块的 for 语句应用实例，其有两种不同的写法，都是用于一定时间的延时，其具体延时长度由单片机执行每一条指令所需要的时间决定。

【例 3.33】没有代码块的 for 语句。

```
for(counter = 0；counter <= 100；counter++)
{
}
for(counter = 0；counter <=100；counter++)；
```

3.2.4　其他结构语句

在循环语句执行过程中，如果需要在满足循环判定条件的情况下跳出代码块，可以使用 break、continue 语句，如果要从任意地方跳到代码的某个地方，可以使用 goto 语句。

1. break 语句

break 语句用于从循环代码中退出，执行循环语句之后的语句，不再进入循环。

2. continue 语句

continue 语句用于退出当前循环，不再执行本轮循环，程序代码从下一轮循环开始执行，直到判断条件不满足，和 break 的区别是该语句不是退出整个循环。

3. goto 语句

goto 语句是一个无条件转移语句，当执行 goto 语句时将程序指针跳转到 goto 给出的下一条代码，基本结构如例 3.34 所示，其中"标号"是用于外加在某条语句之前的一个标志，用于标识该语句。

【例 3.34】goto 语句的基本结构。

```
goto        标号
标号：语句
```

goto 语句的跳转非常灵活，虽然在结构化的程序设计中容易导致程序的混乱，在传统的 C 语言程序中被程序员尽量避免使用，但是 goto 语句在 C51 单片机程序中还是非常有用的，经常用于在监控"死"循环程序中退出循环程序或者跳转去执行某条必须执行的语句。

3.3　C51 语言的函数

C51 语言支持把整个程序划分为若干个功能比较单一的小模块，通过模块之间的嵌套和调用来完成整个功能，这些具有单一功能的小模块称为函数，也可以称为子程序或者过程。

> 注意：C51 语言的程序其实就是由一个个的函数构成的，其从一个主函数（main）开始执行，
> 　　　调用其他函数后返回主函数，进行其他的操作，最后从主函数中退出整个 C51 程序。

3.3.1　C51 语言的函数的分类

C51 语言函数可以从结构上分为主函数 main() 和普通函数，主函数是在程序进入时首先调用的函数，它可以调用普通函数，而普通函数可以调用其他普通函数，但不能调用主函数。

普通函数从用户使用角度分为用户自定义函数和标准库函数两种。用户自定义函数是用户为了实现某些功能自己编写的函数。标准库函数是由 C51 编译器提供的函数库，用户可以通过 #include 对应的头文件调用这些库函数加快自己程序的开发。

从函数定义的形式上，函数可以分为无参数函数、有参数函数。无参数函数是为了完成某

种功能而编写的，没有输入变量也没有返回值，可以使用全局变量或者其他方式完成参数的传递。有参数函数在调用时必须按照形式参数提供对应的实际参数并且提供可能的返回值以供其他函数调用。

3.3.2 函数的定义

1. 函数定义的一般形式

函数按照定义形式可以分为无参数函数和有参数函数，无参数函数的定义格式如例 3.35 所示，其中类型标志符是函数返回值的类型，如果没有返回值则使用 void 标识符。函数名是用户自己定义的标识符，规则和变量相同。函数名后面使用括号定义参数，无参数函数定义中括号内容为空。大括号中的声明语句和代码块是对函数内使用的变量的声明以及函数功能的实现。

【例 3.35】无参数函数的定义格式。

```
类型标识符   函数名()
{
 声明语句和代码块；
}
```

例 3.36 是有参数函数的一般定义，其和无参数函数的区别是在函数名后面的括号里面给出了形式参数列表，参数和参数之间用逗号隔开。

【例 3.36】有参数函数的定义格式。

```
类型标识符   函数名(形式参数列表)
{
 声明语句和代码块；
}
```

例 3.37 是有参数函数和无参数函数的定义实例，在其中分别定义了一个无参数无返回值的函数 Sum 和一个带两个 unsigned char 类型参数，int 类型返回值的函数 Sum。

【例 3.37】函数的定义实例。

```
void Sum()                              //无参数无返回值函数定义
{
}
int Sum(unsigned char A，unsigned char B)    //带参数函数定义，返回值是 int 类型
{
 int temp;                              //存放返回值
……
 return temp;                           /给出实际返回值
}
```

2. 函数的参数

C51 语言的函数采用参数传递方式，使得一个函数可以对不同的变量数据进行功能相同的处理，在调用函数时实际参数被传入被调用函数的形式参数中，在函数执行完成之后使用 return 语句将一个和函数类型相同的返回值返回给调用语句。

函数定义时在函数名称后的括号里列举的变量名称为"形式参数"；在函数被调用时，调用函数语句的函数名称括号后的表达式称为"实际参数"，如例 3.38 所示。

【例 3.38】C51 语言的形式参数和实际参数。

```
int Sum(unsigned char A，unsigned char B)
```

```
{
    int temp;                              //存放返回值
    temp = A + B;
    return temp;                           //给出实际返回值
}
void main()
{
    int RealSum;
    unsigned char X，Y;
    X = 0x23;
    Y = 0x65;                              //实际参数赋值
    RealSum = Sum(X，Y);                    //调用函数，返回值放到 RealSum 中
}
```

在例 3.38 中，函数 Sum 是一个有 2 个形式变量的 int 类型函数，其形式变量为无符号 char 型变量 A、B，函数计算了这两个变量的和，然后通过 return 语句返回。主函数在调用 Sum 函数时将 X、Y 两个实际参数传入 Sum 函数。实际参数和形式参数的类型必须是相同的，数据只能够从实际参数传递给形式参数。在函数被调用之前，形式参数并不占用实际的内存单元，在函数被调用时形式参数分配内存单元并且放入实际参数的数值，此时形式参数和实际参数占用不同的内存单元并且数据相同；函数执行完毕之后释放该内存，但实际参数仍然存在且数值不发生变化，需要注意的是，在实际参数使用之前必须先赋值。

> 说明：在函数执行过程中形式参数的数值可能发生改变，但是实际参数的值并不发生改变，也就是说数据传送的方向是单向的。

3．函数的值

函数的值是指函数执行完成之后通过 return 语句返回给调用函数语句的一个值，返回值的类型和函数的类型相同，函数的返回值只能通过 return 语句返回。在一个函数中可以使用一个以上的 return 语句，但是最终只能执行其中的一个 return 语句。如果函数没有返回值，则使用 void 标志，例 3.39 展示了多个 return 语句的使用方法。

【例 3.39】判断函数参数 X 的输入值，当输入值在 1～5 时，函数次序返回第一个到第 5 个素数中的一个，如果输入值不在其中时，返回 0。

```
unsigned char Gudge(unsigned char X)
{
    switch(X)
    {
        case  1: return 2;  break;
        case  2: return 3;  break;
        case  3: return 5;  break;
        case  4: return 7;  break;
        case  5: return 11; break;
        default:  return 0;
    }
}
```

3.3.3 函数的调用

函数调用的一般形式为"函数名（参数列表）"，如果是有参数函数，则每个参数之间用逗号分隔开，如果是无参数函数则参数列表可以省略，但是空括号必须存在。

1. 函数调用的方法

一般而言，函数有 3 种调用方法，分别如下。

- 使用函数名调用。
- 函数结果参与运算。
- 函数结果作为另外一个函数的实际参数。

例 3.40 给出了 3 种不同方法进行函数调用的实例。

【例 3.40】 函数的调用方法。

```
Sum( );      //使用函数名调用，此时函数没有返回值，只是做某些具体的操作
RealSum = Sum(X，Y) + 1；
                    //函数使用 return 语句返回一个数据，然后参与表达式运算
m = Max(RealSum(X，Y)，RealSum(Z，T))；
                    //函数 Max(A，B)使用函数 RealSum( )作为参数
```

2. 函数的声明

除了主函数 main()之外的所有函数在被调用前必须被声明外，被调用的函数还必须是已经存在的函数，包括库函数和用户自定义函数。在使用库函数时或者使用的函数和调用语句不在一个文件中时，需要调用语句程序开始的时候使用#include 语句将所用的函数信息头文件包含到程序中，例如，使用"#include math.h"可以把数学库函数引入程序，在程序编译时编译器会自动引入这些函数。如果调用函数的语句和函数在一个文件内则可以分为以下两种情况。

（1）如果被调用函数的定义出现在调用语句之后，则需要在调用语句所在的函数中，在调用语句之前对被调用函数做出格式为"返回值类型说明符 被调用函数名称( )"的声明；

（2）如果被调用函数的定义出现在调用语句之前，则不需要声明，可以直接调用。

例 3.41 和例 3.42 分别是两种情况下进行函数调用的实例。

【例 3.41】 函数定义在后，需要预先说明。

```
main( )
{
 int minData；
 unsigned char realX，realY；
 int min( )；                       //不需要列举参数，预先说明
 ……
 minData = min(realX，realY)；      //调用函数
}
 int min(unsigned char X，unsigned char Y )
 {
 ……
 }
```

【例 3.42】 函数定义在前，不需要预先说明。

```
int min(unsigned char X， unsigned char Y )
{
```

```
    ……
    }
main( )
{
 int minData;
 unsigned char realX，realY;
 ……
 minData = min(realX，realY);              //调用函数
 }
```

3. 函数的递归调用

函数的递归调用是指在调用一个函数的过程中直接或者间接地调用函数本身。递归调用通常用于把一个复杂问题的解决方法分解为自己的子集的场合。递归调用分为直接调用和间接调用，直接调用是函数直接调用本身，而间接调用是指函数 1 调用函数 2，然后函数 2 又调用函数 1 的情形，例 3.43 和例 3.44 分别给出了这两种递归调用的示例。

【例 3.43】直接递归调用。

```
long Fun1( int X)
{
 long  Y;
 int   Z;
 ……
 Y = 2 * Fun1(Z);                        //直接递归调用
 ……
 return Y;
}
```

【例 3.44】间接递归调用。

```
main( )
{
……
}
int    Fun1(int X1)                      //子程序 1
{
 int   Y1，Z1;
 ……
 Y1 = Fun2(Z1);                          //调用子程序 2
 ……
 return Y1;
}
int    Fun2(int   X2)                    //子程序 2
{
 int   Y2，Z2;
 ……
 Y2 = Fun1(Z2);                          //调用子程序 1
 ……
 return   Y2;
}
```

> 说明：和循环结构类似，为了防止函数递归调用形成死循环，必须在函数内加上终止递归调用的语句，一般使用条件判断，当条件判断满足之后就不再进行递归调用，逐次返回。

4. 函数的嵌套调用

在 C51 语言中，函数的定义是相互独立的，在一个函数的定义中不能包含另外一个函数。虽然函数不能嵌套定义，但是和递归调用一样，函数也可以嵌套调用，在被调用的函数中又可以调用其他的函数。

> 注意：C51 编译器对函数的嵌套调用有一定的规定，函数的嵌套调用应该控制在 4.5 层之内。这是因为 MCS51 单片机内部程序存储器空间有限，而每次嵌套调用函数时都需要使用堆栈进行相关参数的传送，所以必须控制函数嵌套调用的深度。

3.3.4 内部函数和外部函数

如果 C51 语言的应用程序都在同一个 .c 文件中，则所有的函数都是全局函数，可以在该文件的任意的一个函数中调用，如果 C51 语言的应用程序在多个文件（这些文件可以是 .h 文件或者 .c 文件），则函数分为内部函数和外部函数。

1. 内部函数

内部函数只能被该源文件中的其他函数调用，内部函数又被称为静态函数，例 3.45 是使用 static 定义内部函数的实例。

【例 3.45】内部函数的定义方法。

```
static unsigned char Fun1(int a);
```

2. 外部函数

相对内部函数而言，外部函数是可以被其他源文件调用的函数，使用 extern 关键字进行说明，例 3.46 给出了外部函数的定义示例。

【例 3.46】外部函数的定义方法。

```
extern unsigned char Fun1(int a);
```

> 说明：如果要在一个源文件中调用另外一个源文件中的外部函数，必须在第一个源文件中使用类似"extern 返回类型 函数名(参数 1，参数 2…)"的声明，对这个外部函数进行声明之后才能对其进行调用。

3.3.5 变量类型以及存储方式

在 C51 语言的应用代码中，某些变量在程序运行过程中是始终存在的，某些变量只在进入某个函数时才开始存在。从变量的作用范围来看，变量可以被分为全局变量和局部变量；如果从变量存在的时间来看，又可以分为静态变量和动态变量。

51 单片机的存储区间可以分为程序区、静态存储区和动态存储区 3 个部分。数据被存放在静态存储区或者动态存储区，其中全局变量存放在静态存储区，在程序开始运行时候给这些变量分配存储空间；局部变量存放在动态存储区，在进入拥有该变量的函数时候给这些变量分配存储空间。

1. 局部变量

局部变量是在某个函数中有效的变量，也可以称为内部变量，它只在该函数内部有效。局部变量可以分为动态局部变量和静态局部变量，可以使用关键字 auto 来定义动态局部变量，使用关键字 static 来定义静态局部变量，例 3.47 给出了动态局部变量和静态局部变量的定义方法。

【例 3.47】局部变量定义。

```
auto int a;
static unsigned char j;
```

注意：auto 关键字可以省略，而 static 则不可以。

动态局部变量在程序执行完成之后其存储空间被释放，而静态局部变量在程序执行完成之后该存储空间并不释放，而且其值保持不变，如果该函数再次被调用，则该变量初始化后该变量的初始化值为上次的数值。

动态局部变量和静态局部变量的区别如下。

- 动态局部变量在函数被调用时候分配存储空间和初始化，每次函数调用时都需要初始化一次；静态局部变量在程序编译时分配存储空间和初始化，仅仅初始化一次。
- 动态局部变量存放在动态存储区，在每次所属函数退出时释放；静态局部变量存放在静态存储区，每次调用函数释放之后不释放，保持函数执行完毕之后的数值到下一次调用。
- 动态局部变量如果在建立时候不初始化则为一个不确定的数；静态局部变量在建立时候如果不初始化则为"0"或者空字符。

需要注意的是，虽然静态局部变量在函数执行完成之后不被释放，但是该变量不能被其他函数所访问，例 3.48 是一个使用静态局部变量和动态局部变量的实例。

【3.48】静态局部变量和动态局部变量使用实例。

```
main( )
{
unsigned char A，j，Result;
A = 2;
……
for(j = 0；j <= 2 ；j++)              //连续 3 次调用该函数
{
      Result = Fun(A);
}
……
}
Fun(unsigned char X)
{
unsigned Y，Sum;                    //动态局部变量 Y，Sum，省略 auto 关键字
static unsigned Z = 1;              //静态局部变量 Z
Y = 0;                             //初始化局部变量
Y = Y + 1;
Z = Z + 1;
Sum = Y + Z + X;
return(Sum);                        //计算 X、Y、Z 和之后返回
}
```

动态局部变量可被分配在寄存器中，此时又称为寄存器变量，使用 register 关键字调用。这样由于访问变量的速度快，可以大大加快程序的执行，但是这种变量只能是动态局部变量，不能是静态局部变量或者全局变量，另外，由于 51 单片机的寄存器数目有限，所以能定义的寄存器变量的数量也是有限的，例 3.49 是寄存器变量的定义方法。

【例 3.49】寄存器变量的定义方法。

```
register unsigned char X;
```

2. 全局变量

全局变量是在整个 C51 语言程序运行中都存在的变量，又称为外部变量。全局变量的有效区间是从定义点开始到源文件结束，其间的所有函数都可以直接访问该变量，如果定义点之前的函数需要访问该变量则需要使用 extern 关键字对该变量进行声明，如果全局变量声明文件之外的源文件需要访问该变量也需要使用 extern 关键字进行声明。

全局变量有以下特点。

全局变量是整个文件都可以访问的变量，可以用于在函数之间共享大量的数据，存在周期长，在程序编译时就存在，如果两个函数需要在不互相调用时候共享数据，则可以使用全局变量进行参数传递。

- C51 程序的函数只支持一个函数返回值，如果一个函数需要返回多个值，除了使用指针之外，还可以使用全局变量。
- 使用全局变量进行参数传递可以减少由于从实际参数向形式参数传递时所必需的堆栈操作。
- 在一个文件中，如果某个函数的局部变量和全局变量同名，则在这个局部变量的作用范围内局部变量不起作用，全局变量起作用。
- 全局变量一直存在，占用了大量的内存单元，并且加大了程序的耦合性，不利于程序的移植或者复用。

全局变量可以使用 static 关键字进行定义，这样该变量只能在变量定义的源文件之内使用，不能被其他源文件引用，这种全局变量称为静态全局变量。如果一个非本文件的非静态全局变量需要被本文件引用，则需要在本文件调用前使用 extern 关键字对该变量进行声明。

全局变量和静态局部变量都存放在静态存储区，但是两者有较大的区别，如下所述。

- 静态局部变量的作用范围仅仅是在定义的函数内，不能被其他的函数访问；全局变量的作用范围在整个程序，静态全局变量作用范围是该变量定义的文件。
- 静态局部变量在其函数内部定义，全局变量在所有函数外定义。
- 静态局部变量仅仅在第一次调用时候被初始化，再次调用时使用上次调用结束时的数值；全局变量在程序运行时候建立，值为最近一条访问其的语句执行的结果。

3.4　C51 语言的数组和指针

在 C51 语言中，指针和数组是紧密联系着的，在不少地方它们可以相互替换使用。灵活运用数组和指针，尤其是作为 C 语言精华部分的指针，对于程序开发来说是至关重要的。本节将详细介绍数组、指针、两者的异同点及它们与函数的关系。

3.4.1　数组

数组是一组由若干个具有相同类型的变量所组成的有序集合。一般它被存放在内存中一块连续的存储空间，数组中每一个元素都相继占有相同大小的存储单元。数组的每一个元素都有一个唯一的下标，通过数组名和下标可以访问数组的元素。构成数组的变量类型可以是基本的数据类型，也可以是下一节中讲到的用户自定义的结构、联合等类型。由整型变量组成的数组称为整型数组，字符型变量组成的数组称为字符型数组，同理还有浮点型数组和结构型数组等。数组可以是一维的、二维的和多维的。

1.　一维数组

具有一个下标变量的数组称为一维数组。一维数组的定义方式如下。

> 类型　数组名[size]

其中，类型可以是基本数据类型，也可以是自定义类型，数组名的命名规则与变量相同。size 用于指定数组的元素个数，只能为正整数。数组的下标范围为 0 ~ (size-1)，即最小下标为 0，最大下标为(size-1)，例 3.50 是几个不同类型数组的定义实例。

【例 3.50】不同类型数组的定义实例。

```
char c_Name[10];          //定义一个含 10 个元素的字符型数组
unsigned int i_Val[100];  //定义一个含 100 个元素的无符号整型数组
float f_Result[4];        //定义一个含 4 个元素的浮点型数组
struct time st_Bus[5];    //定义一个含 5 个元素的结构型数组
```

> 注意：在 Keil C 编译器中位数组是不合法的。如 bit b_array[10]; 试图定义一个含 10 个元素的位变量型数组，这将导致编译错误。

数组在定义之后可以被赋值，赋值时可以单独为某个或某些元素赋值也可以在定义的同时被初始化，例 3.51 是对数组进行初始化和赋值操作的实例。

【例 3.51】数组的赋值和初始化。

```
i_Val[0]=5; i_Val[99]=12;
//把 5 赋给整型数组 i_Val 的第一个元素，把 12 赋给最后一个元素
float f_Val[3]={4.672,.2.70,130.2}   //定义 f_Val 为含 3 个元素的浮点型数组并赋以初值
int i_Temp[]={15,22,38,0,.11}
//定义 i_Temp 为整型数组并赋以初值，数组大小由赋值数据个数
//来确定，这里数组元素个数为 5
```

2.　二维数组

C51 语言允许使用多维数组，最简单的多维数组是二维数组。实际上，二维数组是以一维数组为元素构成的数组，二维数组的定义方式如下。

> 类型　数组名[sizeA][sizeB]

如：

```
int a[3][4]
```

它定义了一个 3 行 4 列的整型二维数组 a。

对于二维数组的初始化有两种方法，第一种是分行给二维数组的元素赋初值，如例 3.52 所示，这种赋值方法很直观，把第一行大括号里的数据赋给第一行元素，第二个大括号里的数据赋给第二行元素，第三个大括号里的数据赋给第三行元素。

【例 3.52】分行给二维数组的元素赋初值。

```
int a[3][4]={{1,2,3,4},{5,6,7,8},{9,10,11,12}};
```

第二种是将所有赋值数据写在一个大括号里，按数组的排列顺序对各元素赋初值，如例 3.53 所示。

【例 3.53】不分行给二维数组的元素赋初值。

```
int a[3][4]={1,2,3,4,5,6,7,8,9,10,11,12}
```

以上两种赋值方法虽然写法不同，但结果都一样，都把二维数组 a 初始化成如下结构。

$$\begin{bmatrix} 1 & 2 & 3 & 4 \\ 5 & 6 & 7 & 8 \\ 9 & 10 & 11 & 12 \end{bmatrix}$$

3. 字符数组

类型为字符型的数组称为字符数组。字符数组可以方便地存储字符串，每一个元素对应一个字符，其结构如下。

```
char c_Name[10]
```

它定义了一个共有 10 个字符的一维字符数组，需要注意的是，C51 语言支持的字符数组的长度可以在初始化中完成，所以可以有如下的定义（没有预先声明长度）。

```
char c_Name[]
```

对字符数组的初始化可以用字符的形式给每一个元素赋初值，也可以用字符串的形式给其赋初值，如例 3.54 所示。

【例 3.54】字符数组的初始化。

```
char ch1[ ]={ 'J' , 'a' , 'c' , 'k' , ',X' , 'u' };
//定义字符数组 ch1 并以字符的形式给每个元素赋初值
char ch2[ ]= "Jack Xu" ;
//定义字符数组 ch1 并以字符串的形式赋初值
```

以上两个数组由于赋初值的方式不同，其大小也不同，数组 ch1 长度为 7 个字节（Byte），而数组 ch2 长度为 8 个字节。这是因为 C51 编译器会自动在字符串的末尾加上一个空字符 "\0" 作为字符串结束标志，所以其长度是 8 个字节。

在实际应用中有时需要声明多个字符串，这时可以把这些字符串定义在一个二维字符数组里。这个二维字符数组的第一个下标是字符串的个数，第二个下标是每个字符串的长度，如例 3.55 所示。

【例 3.55】二维字符数组的定义和初始化。

```
char ch1[5][20];
//定义了一个二维字符数组，它可容纳 5 个字符串，每串最长 20 个字符（含空格符 '\0'）
char name[ ][10]={ "Andy" , "Bob" , "Robert" , "William" };
//定义了一个二维字符数组，它含有 4 个字符串，每个字符串的长度为 10。
```

> 注意：数组的第一个下标可由初始化数据自动得到，而第二个下标必须给定，因为它不能从初始化数据中得到。

4.　数组的存储方式

当创建一个数组的同时，C51 编译器会在存储空间里开辟一个连续的区域用于存放该数组的内容。对于一维数组来讲，会根据数组的类型在内存中连续开辟一块大小等于数组长度乘以数组类型长度（即类型占有的字节数）的区域。

数组 char str[ ]＝"Good" 在内存中的存储形式如表 3.11 所示。

表 3.11　数组 str 在内存中的存储形式（假设起始地址为 0x0030）

地址	0x0030	0x0031	0x0032	0x0033	0x0034
数组元素	Str[0]	Str[1]	Str[2]	Str[3]	Str[4]
值	'G'	'o'	'o'	'd'	'\0'

数组 unsigned int val[5]＝{10,20,30,40,50}在内存中的存储形式如表 3.12 所示。

表 3.12　数组 val 在内存中的存储形式（假设起始地址为 0x0030）

地址	0x0030	0x0032	0x0034	0x0036	0x0038
数组元素	val[0]	val[1]	val[2]	val[3]	val[4]
值	10	20	30	40	50

对于二维数组 a[m][n]而言，其存储顺序是按行存储，先存第零行元素的第 0 列，第 1 列，第 2 列，……，第 $n-1$ 列，然后返回到第一行再存第一行元素的第 0 列，第 1 列，第 2 列，……，第 $n-1$ 列，……，如此顺序下去直到第 $m-1$ 行的第 $n-1$ 列。对于二维数组 a[3][5]，其存储方式如图 3.5 所示。

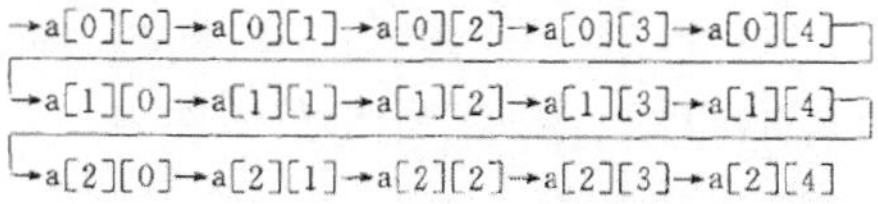

```
→a[0][0]→a[0][1]→a[0][2]→a[0][3]→a[0][4]
→a[1][0]→a[1][1]→a[1][2]→a[1][3]→a[1][4]
→a[2][0]→a[2][1]→a[2][2]→a[2][3]→a[2][4]
```

图 3.5　二维数组 a[3][5]的存储方式

51 单片机的存储器可以分为片内数据存储器、片外数据存储器、片内程序存储器和片外程序存储器，C51 编译器允许用户使用相关关键字将变量存放到指定的存储空间中，同变量一样，数组也可以使用相关关键字将其存放到指定的存储空间中，而数组的存储顺序不变，例 3.56 是一个使用关键字对数组的存储空间进行定义的实例。

【例 3.56】使用关键字定义数组将其存放到指定的存储空间中。

```
unsigned char idata str[10];   //将无符号字符型数组 str 定义到内部存储器的间接寻址空间
float xdata f[8];              //将浮点型数组 f 定义到片外存储器空间
int code table[100];           //将整型数组 table 定义到程序存储器空间
```

> 注意：将一般数据量比较大的查表数据（如液晶显示的字库、音乐码等）放到程序存储器空间是通用的做法，因为这些数据在程序运行中不需要改变而数量又不小，放在数量有限的片内数据存储区有些奢侈了，而一般程序存储区都会有一定数量的剩余空间。

3.4.2　指针

指针是 C51 语言中的一个非常重要的概念，也是 C51 语言的精华所在，使用指针可以灵活、高效地进行程序设计。

1．指针和指针变量

在 C51 语言的程序中定义一个变量后编译器就会给该变量在内存中分配相应的存储空间，例如，对于字符型（char）变量就会在内存中分配一个字节的内存单元，而对于一个整型（int）变量则会分配两个字节的内存单元。

假设程序中定义了 3 个整型变量 i、j、k，它们的值分别是 1、3，5，如果编译器将地址为 1000 和 1001 的两字节内存单元分配给了变量 i，将地址为 1002 和 1003 的两字节内存单元分配给了变量 j，将地址为 1004 和 1005 的两字节内存单元分配给了变量 k，则变量 i、j、k 在内存中的对应关系如图 3.6 所示。

在内存中变量名 i、j、k 是不存在的，对变量的存取都是通过地址进行的。而存取的方式又分为两种：一种是直接存取方式，如 int x=i*3，这时读取变量 i 的值是直接找到变量 i 在内存中的位置，即地址 1000，然后从 1000 开始的两个字节中读取变量 i 的值再乘以 3 作为结果赋给变量 x；另一种方式是间接存取方式，在这种方式下变量 i 的地址 1000 已经存在了某个地址如 2000 中，这时当要存取变量 i 的值时，可以先从地址 2000 处读出变量 i 的地址 1000，然后再到 1000 开始的两个字节中读取变量 i 的值。其实在这种方式下就使用了指针的概念。

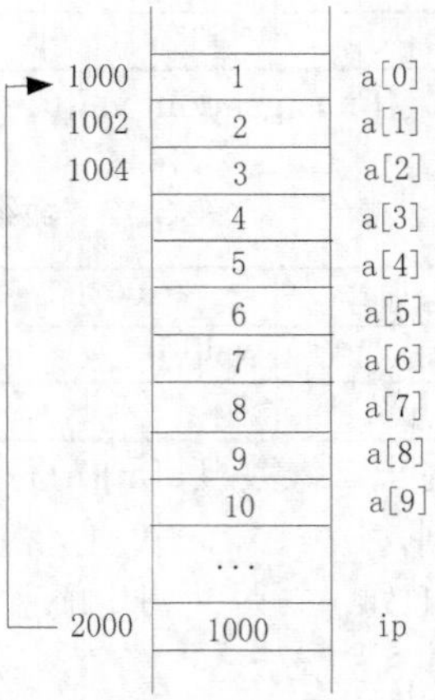

关于指针有两个重要的概念：变量的指针和指向变量的指针变量。

图 3.6　变量和内存地址的对应关系

- 变量的指针：变量的指针即变量在内存中地址，在上面的例子中变量 i 的指针就是地址 1000。
- 指向变量的指针变量：在上例中如果把用来存放变量 i 的地址的内存单元 2000 和一个变量关联，就像变量 i 关联地址单元 1000 一样，那么这个变量就称为指向变量 i 的指针变量，显然指针变量的值是指针（变量的地址）。

2．指针变量的定义

同一般的变量一样，指针变量在使用之前也需要定义。指针定义的一般形式为

> 类型　*　变量名

这里 "*" 表示此变量为指针变量，变量名的命名规则同一般变量规则。

例 3.57 是指针变量的定义实例，在其中定义了 3 个指针变量 ptr1、ptr2、ptr3，ptr1 指向一个整型变量，ptr2 指向一个浮点型变量，ptr3 指向一个字符型变量，也就是说，ptr1、ptr2、ptr3 可以分别存放整型变量的地址、浮点型变量的地址、字符型变量的地址。

【例 3.57】指针变量的定义。

```
int *ptr1;
float *ptr2;
char *ptr3;
```

3. 指针变量的引用

在例 3.57 中定义了指针变量之后就可以将其指向具体的变量了，这就需要执行指针变量的引用操作。指针变量的引用是通过取地址运算符 "&" 来实现的，引用操作的实例如 3.58 所示。

【例 3.58】指针变量的引用。

```
int a=10;        //定义一个整型变量 a 并赋以初值 10
int *p=&a;       //定义一个整型指针变量 p 并通过引用操作将其指向整型变量 a
```

可以通过指针运算符 "*" 来对 51 单片机的内存进行间接访问，其应用格式如下：

```
    *指针变量
```

其含义是指针变量所指向的变量的值，此时如果要将变量 a 的值赋给整型变量 x 就可以使用如下两种访问方式了。

● 直接访问方式：x=a。

● 使用指针变量 p 进行间接访问：x=*p，此时程序先从指针变量 p 中读出变量 a 的指针（地址），然后从此地址的内存中读出变量 a 的值再赋给 x。

> 注意： "*" 在指针变量定义是和运算时的意义是不同的。在定义时是指明此变量为指针变量；而在指针运算时它是指针运算符。

4. C51 的指针类型

C51 编译器支持定义指针并支持标准 C 中所有指针可执行的操作。但由于 51 单片机的独特结构，C51 支持两种不同类型的指针：普通指针和存储器特殊指针。

普通指针的说明和标准 C 指针相同，在 C51 编译器中普通指针总是使用 3 个字节进行保存：第一个字节用于保存存储器类型，第二个字节用于保存地址的高字节，第三个字节用于保存地址的低字节。普通指针可以访问 51 单片机存储空间中任何位置的变量，因此许多库程序使用此类型的指针，使用这种普通隐式指针可访问数据而不用考虑数据在存储器中的位置，如例 3.59 所示。

【例 3.59】C51 中普通指针的定义。

```
char *s;         //定义一个字符型指针
int *val;        //定义一个无符号整型指针
long *counter;   //定义一个长整型指针
```

存储器特殊指针总是包含存储器类型的指定，并总是指向一个特定的存储器区域，存储器类型在编译时指定，因此普通指针需要保存存储器类型字节，而存储器特殊指针则不需要。存储器特殊指针可用一个字节（用 idata,data,bdata 或 pdata 声明的存储器特殊指针）或两个字节（用 code 或 xdata 声明的存储器特殊指针）存储，如例 3.60 所示。

【例 3.60】C51 中存储器特殊指针的定义。

```
int data *ip;              //在片内直接寻址数据寄存器中定义一个整型指针
unsigned long idata *lp;   //在片内间接寻址存储区定义一个无符号长整型指针
unsigned char code *ptr;   //在程序存储区定义一个无符号字符型指针
```

3.4.3　数组和指针

在 C51 语言中，指针和数组的关系十分密切，任何能由数组下标完成的操作也都可用指针来实现，而且程序中使用指针可使代码更紧凑、更灵活。

1．指针与一维数组的转换

首先定义一个整型数组和一个指向整型数组的指针变量。

```
int a[10]= {1,2,3,4,5,6,7,8,9,10};

int *ip;
```

因为在 C51 语言中约定数组名代表数组的首地址，所以数组名 a 就代表数组 a[10]的首地址了，而 a+i 就代表 a[i]的地址了。所以可以使用如下两种方法让指针变量 ip 指向数组 a[10]：

```
ip = &a[0];      //通过地址运算符&来把数组首地址赋给指针变量 ip

ip = a;          //通过数组名来把数组首地址赋给指针变量 ip
```

此时指针与数组的对应关系如图 3.7 所示。此时就可以通过指针变量 ip 的运算来引用数组元素了。如*ip 就代表 a[0]，而*(ip+1)就代表 a[1]，这样对指针 ip 的操作就相当于对数组 a 的操作了。

下面用指针给出数组元素的地址和内容的几种表示形式。

- ip+i 和 a+i 均表示 a[i]的地址，其均指向 a[i]。
- *(ip+i)和*(a+i)都表示 ip+i 和 a+i 所指对象的内容，即均为 a[i]。
- 指向数组元素的指针，也可以表示成数组的形式，也就是说它允许指针变量带下标，如 ip[i]与*(ip+i)等价。

例 3.61 是一个数组和指针关系的应用实例，其使用 4 种方法将一个整型数组的全部元素输出。

图 3.7　指针 ip 与数组 a 的对应关系

【例 3.61】数组和指针的关系。

方法一：不用指针而直接利用数组下标。

```
main()
{
    int a[10]={1,2,3,4,5,6,7,8,9,10};
    for(int i=0;i<10;i++)
    {
        printf("%d ",a[i]);
    }
}
```

方法二：直接利用数组名作为地址来引用数组元素。

```
main()
{
    int a[10]={1,2,3,4,5,6,7,8,9,10};
    for(int i=0;i<10;i++)
    {
        printf("%d ",*(a+i));
    }
}
```

方法三：采用指针来引用数组元素。

```
main()
```

```
    {
        int a[10]={1,2,3,4,5,6,7,8,9,10};
        int *ip=a;                        //或 int *ip=&a[0];
        for(int i=0;i<10;i++)
        {
            printf("%d ",*(ip+i));
        }
    }
```

方法四：采用指针并利用其运算来引用数组元素。

```
    main()
    {
        int a[10]={1,2,3,4,5,6,7,8,9,10};
        int *ip;
        for(ip=a;ip<(a+10);ip++)
        {
            printf("%d ",*ip);
        }
    }
```

以上 4 种方法的输出结果都是 1 2 3 4 5 6 7 8 9 10

2. 指针与二维数组

由于二维数组在内存中也是连续存放的，所以也可以定义一个指向它的指针变量，并通过这个指针变量对此二维数组很方便地进行操作，在 C51 编译器中二维数组的数组名也代表这个数组的首地址。

例 3.62 是一个通过直接采用数组下标和采用指针方式来输出一个整型二维数组的全部元素的实例。

【例 3.62】指针和二维数组的关系。

```
    main()
    {
        int a[2][3]={1,2,3,4,5,6};
        int *ip=a;     //或 int *ip=&a[0][0];
        for(int i=0;i<2;i++)
        {
            for(int j=0;j<3;j++)
            {
                printf( "%d ",a[i][j]);        //直接采用数组下标
                printf( "%d ",*ip++);          //指针方式
            }
        }
    }
```

程序的输出结果为 1 1 2 2 3 3 4 4 5 5 6 6，表明两种方法的效果相同。

3.4.4 字符串和指针

在 C51 语言中，字符串通常都保存在对应的字符数组中，所以其和指针也可以相互转换。

1. 字符串的表达形式

在 C51 语言对字符串的操作的方法有两种。第一种方法是把字符串常量存放在一个一维字符数组之中，如：

```
char str[]="Great Wall";
```

此时数组 str 共由 11 个元素所组成，其中 str[10]中的内容是 C51 编译器自动给该字符串的末尾加上的空字符"\0"，此时可以通过字符数组来操作字符串，有 str[0]='G'，str[6]='W'。

第二种方法是用字符指针指向字符串,然后通过字符指针来访问字符串存贮区域，如定义一字符指针 cp：

```
char *cp;
```

此时可以进行如下操作使 cp 指向字符串常量中的第一个字符"G"，此时 51 单片机的内存和对应字符关系如图 3.8 所示。

```
cp="Great Wall";
```

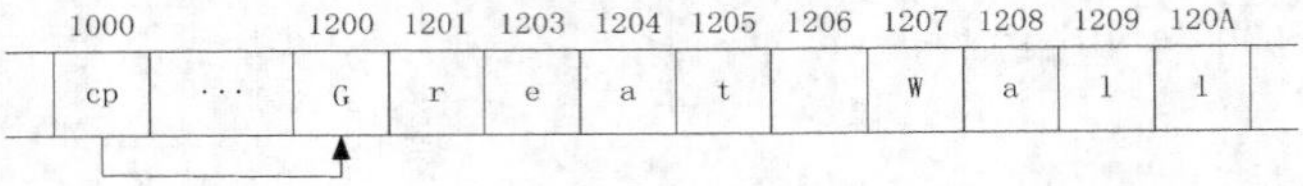

图 3.8   用指针 cp 指向字符串 str

此时就可通过指针 cp 对这一存储区域进行访问和操作，*cp 或 cp[0]对应字符'T'。而 cp[i]或*(cp+i)就相当于字符串的第 *i* 个字符。

2. 字符串指针变量和字符数组的区别

以上所介绍的字符数组 str 的内容可以改变，如 str[1]='F'，但是不能通过字符串指针变量 cp 来修改字符串常量，这是因为字符串常量位于内容不可改变的静态存储区；而字符数组只是把字符串常量"Great Wall"的内容拷贝到了自己的存储区，这样当然可以修改字符数组的内容了，如例 3.63 所示。

【例 3.63】字符串指针变量和字符数组的区别示例。

```
char str[] = "Lake";
str[0] = 'T';              //没问题，操作正确
char *cp = "Lake";         //注意 cp 指向常量字符串
cp[0] = 'T';               //编译器不能发现该错误
```

3.4.5　数组、指针和函数的联系

在 3.4 节中介绍的函数的参数不仅仅可以是变量，还可以是数组、数组元素和指针；并且函数不仅可以返回一个变量值，还可以返回一个指针。另外，因为函数在编译时也是存放在内存的一块区域中，所以指针不仅可以指向变量，而且还可以指向一个函数，这时的指针变量叫做函数指针变量。

注意：函数指针变量和其他一些概念在本书暂不做讨论，有兴趣的读者可以参考相关 C 语言书籍。

1. 数组作为函数的参数

在某些函数中可能需要传递不止一个变量，例如，在一个对整型数组求和的函数中需要把整个数组作为参数传递给函数，此时可以使用数组作为函数的参数。

数组作为形式参数的函数的应用格式如下，其中"size"为数组的维数，可以省略。

    返回类型   函数名（数组类型   数组名[size]）

> 注意：同普通变量作为函数的参数一样，数组作为函数的参数也需要形式参数与实际参数类型相同。C51 编译器对行参数组的大小不做检查，只是将数组的地址传递给函数，所以形参和实参数组的大小可以不一致，但程序设计时一定要注意行参不能大于实参的大小，否则将产生不可预测的结果。

2. 指针作为函数参数

当需要把参数传递给函数时，不仅可以将变量的值作为实际参数传递给函数，而且还可以使用指针作为参数将变量的地址传递给函数，指针作为形式参数的函数一般定义形式如下：

> 返回类型　函数名（指针类型　*指针名）

其中"指针名"可以省略，用指针作为形式参数大大增加了函数传递参数的灵活性。

> 注意：用指针作为形参不仅可以传递一般变量和数组，还可以传递几乎任何类型的数据结构，甚至函数。

3. 返回指针的函数

函数的返回值不仅可以是整型、字符型等基本数据类型，还可以返回一个数据结构或一个指针，返回指针的函数的定义格式为

> 返回值类型　*函数名（参数列表）

如：

> char *strsch(char *str, char c);

3.4.6　指针数组和指向指针的指针

不仅一般变量可以组成数组，指针也可以组成数组，由指针组成的数组叫做指针数组，它的每一个元素都是指针，指针数组通常用于处理字符串，它的通常的定义形式如下：

> 类型　*数组名[size];

如：

> int *ip[5];　　　//定义了一个含 5 个整型指针的整型指针数组
> char *name[3]={"Tom", "Jacky", "Andy"};
> 　//定义了一个含 3 个字符型指针的字符型指针数组并进行了初始化。

假设上述字符串存放在 1000 开始的内存区域中，而上述字符型指针数组 name 的首地址为 1600，则数组 name 的各元素与其内容（指针）和字符串的关系如图 3.9 所示。

同普通数组一样，也可以用一个指针来指向一个指针数组，这时因为指针数组的所有元素都是指针，所以该指向指针数组的指针变量是一个指向指针的指针变量。

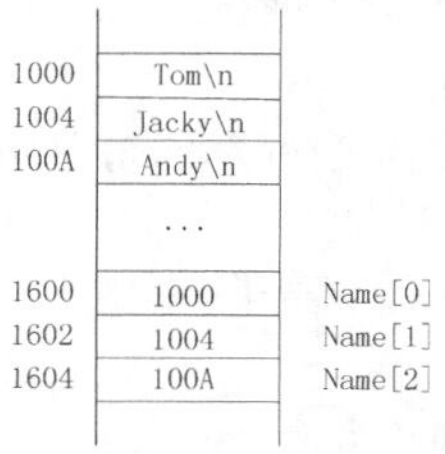

图 3.9　数组 name 的各元素与其内容（指针）和字符串的关系

指向指针的指针变量的定义形式如下：

> 类型　**指针变量名

要获取指针变量指向的指针用如下表达式：

> *指针变量

要获取指针变量指向的指针的内容用如下表达式：

> **指针变量

如：

```
int i=5;
int *p=&i;
int **dp=&p;
```

则此 3 个变量(i,p,dp)在内存中的关系如图 3.10 所示。

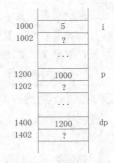

图 3.10　3 个变量(i,p,dp)
在内存中的关系

3.5　C51 语言的自构造类型

能自行构造数据类型是 C51 语言的重要特点之一，结构、联合和枚举类型就是 C51 语言能够构造出来的新的数据类型。

3.5.1　结构体

结构体是一种或者多种类型变量的结合，这些变量可以是字符型、整型等，还可以是另外一个结构体，统称为结构体的成员。结构体是一种构造出来的数据类型，在使用之前必须先定义。

1．结构体和结构体变量的定义

结构体的定义方法有 3 种：

- 先定义结构体类型，再定义结构体类型变量。
- 定义结构体类型同时定义结构体类型变量。
- 直接定义结构体类型变量 3 种。

例 3.64 给出了结构体的标准定义格式示例。

【例 3.64】结构体的标准定义格式。

```
struct  结构名
{
类型说明符　成员 1；
类型说明符　成员 2；
……
类型说明符　成员 n
}
结构名  变量名 1，变量名 2 ……；

struct  结构名
{
类型说明符　成员 1；
类型说明符　成员 2；
……
类型说明符　成员 n
}变量名 1，变量名 2 ……；

struct
{
类型说明符　成员 1；
```

```
    类型说明符    成员 2;
    ……
    类型说明符    成员 n
    }变量名 1，变量名 2 ……;
```

结构体是一种数据类型，定义为这种数据类型的变量被称为结构体变量。例 3.65 使用 3 种不同方式定义了一个结构，其中 member 为一个结构体，而 flashman 是一个使用 member 结构体定义的结构体变量，结构体定义中的成员名称可以和程序中其他变量相同。

【例 3.65】结构体变量的定义。

```
struct    member
{
 unsigned int Num;
 unsigned char Name[20];
 bit Sex;
 unsigned char Age;
 float Slaray;
};
member    flashman;

struct    member
{
 unsigned int Num;
 unsigned char Name[20];
 bit Sex;
 unsigned char Age;
 float Slaray;
}flashman;

struct
{
 unsigned int Num;
 unsigned char Name[20];
 bit Sex;
 unsigned char Age;
 float Slaray;
}flashman;
```

2．结构体变量的引用

结构体能够被引用的是结构体变量，可以对结构体变量进行操作，C51 编译器只对具体的结构体变量分配内存空间，结构体变量引用需要注意的事项如下。

- 结构体变量不能作为一个整体参与赋值等操作，也不能整体作为函数的参数或者函数的返回值，但是可以在定义时候整体初始化。
- 对结构体变量只能使用"&"取变量地址或对结构体变量的成员进行操作。
- 结构体变量的成员和普通变量操作方法相同。
- 如果结构体成员自身是一个结构体，则只能引用这个结构体成员的某一个成员。

例如，在例 3.65 中，可以引用结构体变量 flashman 的成员 flashman.age 而不能直接引用该结构体变量。

3．结构体变量的初始化和赋值

结构体变量可以在变量定义时候就进行初始化，也可以在之后进行单独的初始化。单独初始化的方法和赋值相同，都是对单个结构体变量成员使用，例 3.66 是对结构体变量进行了初始化和赋值的实例。

【例 3.66】结构体变量初始化和赋值。

```
struct
{
 unsigned int Num;
 unsigned char Name[20];
 bit Sex;
 unsigned char Age;
 float Slaray;
}flashman = {34556, "abcde", 1, 20, 6000};


struct
{
 unsigned int Num;
 unsigned char Name[20];
 bit Sex;
 unsigned char Age;
 float Slaray;
}flashman;

flashman.Num = 34556;
flashman.Name = "alloy";
flashman.Sex = 1;
flashman.Age = 20;
flashman. Slaray = 6000;
```

4．结构体变量数组

使用结构体变量作为数组元素的数组称为结构体数组。结构体数组和普通数组在定义上没有什么差别，在存储器中的存储方式类似多维数组，结构体数组的定义和初始化方法如例 3.67 所示。

【例 3.67】结构体数组的定义和初始化。

```
struct date
{
 unsigned char Year;
 unsigned char Month;
 unsigned char Day;
 unsigned char Hour;
};
struct date Error_Time[20];
```

```
//初始化
Error_Time[0].Year = 99;
Error_Time[0].Month = 8;
Error_Time[0].Day = 2;
Error_Time[0].Hour = 23;
```

5．指向结构体变量的指针

指向结构体变量的指针是该结构体变量在内部存储器的首地址，如果该指针指向的是一个结构体变量数组，则指针是该结构体变量数组第一个元素在内部存储器的首地址，指向结构体变量的指针定义方法如例 3.68 所示。

【例 3.68】指向结构体变量的指针。

```
struct 结构体名  *指针变量名
struct date *p_Date;                 //定义一个指向结构体 date 类型变量的指针 p_Date
```

需要注意的是，对指向结构体变量的指针赋值时不能把结构体名称赋值给指针，而需要对结构体变量取地址之后赋予指针，引用形式一般为

```
（*结构指针变量名称）.成员名或者是结构指针变量→成员名
```

例 3.69 是指向结构体的指针变量的使用方法

【例 3.69】指向结构体变量的指针变量的使用方法。

```
struct date *p_Date;
p_Date = &Error_Time;
(*p_Date).Year = 99;
 p_Date→Month = 8;
```

> 注意：指向结构体变量的指针可以用来指向结构变量或者结构体数组，但是不可以使用该指针来指向结构体变量的内部成员，也就是说，不能取成员的地址来赋予结构体变量指针。

6．用指向结构体变量的指针变量作为函数的参数

如果需要将一个结构体变量的值传递给一个函数（结构体变量作为函数的参数），可以使用如下两种方式。

- 传递结构体变量的成员，这种方法需要的传送时间和花费的内存空间开销都很大。
- 将指向结构体变量的指针作为参数，由于这种方法只需要传递一个地址，所以是最常用的方法。

3.5.2 联合体（共用体）

联合体又称为共用体，和结构体一样是一种构造类型，该类型用于在一块内存空间中存放不同类型的数据，在该内存空间并不是所有类型数据所占用的内存大小的总和，而是由占用空间最大的变量所需要的空间决定的。

1．联合体变量的定义

联合体的定义方法也有 3 种：

- 先定义联合体类型，再定义联合体类型变量；
- 定义联合体类型同时定义联合体类型变量；
- 直接定义联合体类型变量。

联合体的 3 种定义方法如例 3.70 所示。

【例 3.70】联合体定义。

```
union  结构名
{
类型说明符    成员1；
类型说明符    成员2；
……
类型说明符    成员n
}
结构名 变量名1，变量名2 ……；

union  结构名
{
类型说明符    成员1；
类型说明符    成员2；
……
类型说明符    成员n
}变量名1，变量名2 ……；

union
{
类型说明符    成员1；
类型说明符    成员2；
……
类型说明符    成员n
}变量名1，变量名2 ……；
```

需要注意的是，联合体变量在进行内存分配时候是按照联合体变量成员中需要内存资源最大的变量分配的，在联合体变量占用的内存空间中始终只能保存联合体的一个成员有效数据，但是这个数据可以通过其他成员引用，例3.71是一个是联合体变量的定义实例。

【例3.71】联合体变量定义。

```
union u_Counter
{
 float Error_Counter;                                    //成员1，浮点型变量
 unsigned char Send_Counter[4];                          //成员2，无符号型变量数组
};
 u_Counter Counter;
```

2. 联合体变量的使用

联合体变量的使用和结构体类似，只能对其中单个成员进行赋值和引用，以上提到联合体变量在同一个时间只能保存其中一个成员，如例3.72是一个联合体变量的使用实例，51单片机内部有一个float类型的错误计数器记录当前出现错误的次数，然后将该计数器的值通过串口发送到PC，其中单片机串口发送函数每一次只能发送单字节数据。在这个程序中最主要的难点是如何将float类型的数据拆分为无符号类型数据，通常做法是用0xFF来除取得余数，但是这样做由于使用了浮点乘除法，将大大地增加单片机代码量和计算所需要的时间，此时使用联合体变量来实现拆分功能。

【例3.72】联合体变量的使用。

```
union u_Counter
{
 float Error_Counter;                           //成员 1, 浮点型变量
 unsigned char Send_Counter[4];                 //成员 2, 无符号型变量数组
};
u_Counter Counter;
……
void send(unsigned char Tx_Data);               //串口发送函数
……
if（发生错误）
{
 Counter.Error_Couner++;                        //错误计数器增加
 send(Counter.Send_Counter[0]);
 send(Counter.Send_Counter[1]);
 send(Counter.Send_Counter[2]);
 send(Counter.Send_Counter[3]);                 //发送错误计数器数据
}
……
```

注意：由于联合体变量只有一个内存空间，所以该联合体变量内存空间内两个成员共享这个地址，在上例中两个成员占用的地址空间大小相同，都为 4 字节，所以利用第二个成员来引用第一个成员的数据。

3.5.3　枚举

枚举数据类型同样也是构造类型，是某些整数型常量的集合，枚举类型数据变量的取值只能是这些常量中的一个。

1. 枚举变量的定义

枚举类型变量的取值必须是定义中的整数值，其定义方式和结构体变量类似，如例 3.73 所示。

【例 3.73】枚举类型变量定义。

```
enum   枚举名
{
 枚举值列表；
};
枚举名   变量 1, 变量 2, ……;


enum   枚举名
{
 枚 2 举值列表；
}枚举名   变量 1, 变量 2, ……;
```

例 3.74 是使用枚举变量定义星期类型变量的示例，在枚举结构体定义的枚举值表中，每一个值代表一个整数值，在默认的情况下第一项取值为 0，第二项取值为 1，依次类推；如果不想使用默认值，也可以使用赋值的方式进行初始化需要注意的是，枚举值不是变量，只能在定义

或者初始化时候得到，在引用过程中不能对这些值进行赋值操作。

【例 3.74】枚举变量定义。

```
enum Week{Mon，Tue，Wed，Thu，Fri，Sat，Sun};
Week Day；

enum Week{ Mon = 1，Tue，Wed，Thu，Fri，Sat，Sun }；        //Tue = 2
Week Day；
```

2. 枚举变量的应用

枚举型变量一般用于替代变量的整数赋值，其使用方法如例 3.75 所示。

【例 3.75】枚举变量的使用。

```
enum Week{Mon，Tue，Wed，Thu，Fri，Sat，Sun};
Week Day；
……
通过程序修改 Day 值为 Mon 等其中一个：
……
switch Day
{
 case Mon：{}；break；
 case Tue：{}；break；
 ……
 default：
}
```

3.6   本章小结

本章介绍了 51 单片机的 C51 语言基础，这是 51 单片机应用系统开发的基础，读者可能对 3.4 小节中的指针以及 3.5 小节中介绍的自构造类型掌握起来有一些困难，但是务必要掌握前面 3 个小节中的基础部分，尤其是以下几个方面的内容。

- 位变量的使用方法。
- 最基本的 3 种 C51 程序结构的使用方法：顺序、选择和循环。
- 函数的使用方法。
- 全局变量和局部变量的区别。

PART 4

第 4 章
51 单片机的并行 I/O 端口及其应用

51 单片机有 4 个 8 位的并行 I/O 口，分别为 P0、P1、P2、P3，其中，P0 和 P2 既可以用作普通 I/O 端口也可以当成数据地址端口，P3 口则在作为普通 I/O 端口的同时还都具有其他（第二）功能，只有 P1 才仅仅用作普通 I/O 口。在实际应用中，51 单片机的并行端口通常用于驱动一个逻辑电平的输出或者读取一个逻辑电平的输入，本章将详细介绍 51 单片机的并行端口的基础使用方法。

知识目标

- 51 单片机的并行端口的结构和使用方法。
- 发光二极管的工作原理和使用方法。
- 独立按键的工作原理和使用方法。
- 应用案例 4.1——流水灯的需求分析。

流水灯使用 51 单片机控制 8 个发光二极管（LED）轮流点亮，常常用于指示 51 单片机应用系统的工作进程，或者用于构造特殊效果，例如，用红、绿、黄 3 种颜色来制造舞台效果等。通常来说，51 单片机会使用并行 I/O 端口对 LED 直接进行驱动，应用案例会涉及如下知识点。

- ◆ 如何控制 51 单片机的并行 I/O 端口输出对应的电平。
- ◆ 发光二极管（LED）的基础工作原理和使用方法。
- ◆ "流水"效果的形成。
- 应用案例 4.2——按键指示灯的需求分析。

按键指示灯是使用 K1～K8 共 8 个按键来控制 VD1～VD8 共 8 个 LED 的输出，当对应的按键被按下时，对应的 LED 亮，在实际应用系统中常常用于指示按键状态。通常来说，51 单片机会使用并行 I/O 端口对按键的状态进行读取，然后同样使用并行 I/O 端口对 LED 进行直接驱动，应用案例会涉及如下知识点。

- ◆ 如何控制 51 单片机的并行 I/O 端口输出对应的电平。
- ◆ 如何从 51 单片机的并行 I/O 端口读取外部的电平信息。

4.1　数据地址端口 P0 和 P2

51 单片机的 P0 和 P2 是数据地址端口，可以组合起来构成 16 位地址总线和 8 位数据总线。

P0 端口支持位寻址操作，图 4.1 所示是 P0 的位内部结构图，包括了一个输出锁存器、两个三态输入缓冲器、以及输出的驱动和控制电路。输出驱动电路由两个场效应管构成，它的工作状态受到由一个与门、一个反向器以及一个模拟开关构成的输出控制电路控制。

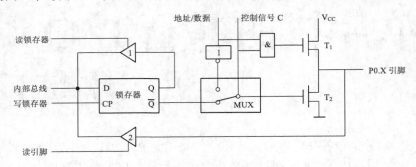

图 4.1　P0 端口的位结构图

P0 可以用作普通 I/O 引脚，也可以用作数据/地址总线引脚。当 P0 用作普通 I/O 引脚时，控制信号 *C*=0，MUX 与锁存器的 Q 端接通，与门输出为 0，T1 截止，输出驱动级工作在需要外接上拉电阻的漏极开路方式。如图 4.1 所示，P0 端口有两个缓冲器 "1" 和 "2"，前者用于锁存器，后者用于引脚，所以当 P0 作为输入口使用时有读锁存器和读引脚两种工作方式。

读锁存器的工作方式用于 51 单片机需要读入并且修改端口数值时，其工作过程如下。

（1）单片机首先读出锁存器的状态。

（2）根据一定的操作结果把一定的状态写到锁存器中。

（3）将状态送到引脚上。

在这个工作过程中，51 单片机不能够直接读引脚缓冲器上的数据，因为当引脚锁存器内部输出状态和引脚上电平不一致的时候，容易错读引脚上的电平信号。例如，当单片机向引脚锁存上写入一个高电平后，由于外部的其他电路作用，引脚上被加上了低电平，如果在这个时候去直接读引脚，那么就会错误地把低电平信号当成单片机的写入数值。

读引脚的工作方式用于 51 单片机执行一般的端口输入指令时，在此工作方式下引脚上的数据经过缓冲器直接送到内部总线上。

当 P0 用作数据/地址总线扩展方式时，MUX 将地址/数据线与 T2 接通，同时与门输出有效。若地址/数据线为 1，则 T1 导通，T2 截止，P0 口输出为 1；反之，T1 截止，T2 导通，P0 口输出为 0。当数据从 P0 口输入时，读引脚使三态缓冲器 2 打开，端口上的数据经缓冲器 2 送到内部总线。P0 用作数据/地址总线的详细方法可以参考第 7 章。

> 注意：P0 口既可作地址/数据总线使用，也可作通用 I/O 口使用。当 P0 口作地址/数据总线使用时，就不能再作通用 I/O 口使用了。P0 口作 I/O 口使用时，输出极属漏极开路，必须外接上拉电阻，才有高电平输出，但是现在的某些 MCS51 单片机中已经内置了这个上拉电阻，此时可以通过查看器件手册以确定。P0 口作输入口读引脚时，应先向锁存器写 1，使 T2 截止，不影响输入电平。

51 单片机的 P2 口可以用作通用 I/O 口或者是地址总线，其一位的内部结构如图 4.2 所示。

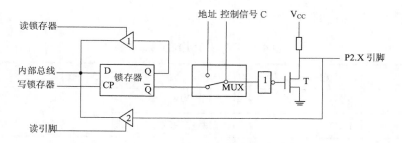

图 4.2　51 单片机的 P2 引脚内部结构

图 4.2 中的控制信号 C 决定转换开关 MUX 的位置，当 C = 0 时，MUX 拨向下方，P2 口为通用 I/O 口；当控制信号 C=1 时，MUX 拨向上方，P2 口作为地址总线高 8 位使用。当 P2 作为通用 I/O 口使用的时候和普通 I/O 端口 P1 完全相同，除此之外，P2 还可以作为地址总线的高 8 位用于扩展外围器件。

4.2　普通 I/O 端口 P1

51 单片机的 P1 口仅能作为普通通用 I/O 口使用，在其输出端接有内部上拉电阻，故可以直接输出而无需外接上拉电阻，同 P0 口一样，当作为输入口时，必须先向锁存器写 "1"，使场效应管 T 截止。和 P0 口的内部结构比起来，P1 中仅仅是少了多路开关，并且有一个场效应管被改为了上拉电阻，其位结构如图 4.3 所示。

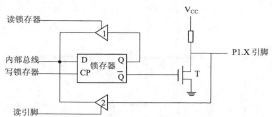

图 4.3　51 单片机的 P1 引脚内部结构

4.3　复用端口 P3

51 单片机的 P3 引脚可以用作普通的 I/O 引脚，但是在实际应用系统中更多是用于第二功能引脚，其位结构如图 4.4 所示，工作原理与 P1 相同。

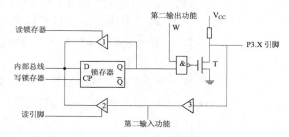

图 4.4　51 单片机的 P3 内部结构

P3 端口引脚的第二功能如表 4.1 所示。

表 4.1 P3 端口引脚的第二功能

引脚号	第二功能	说明
P3.0	RXD	串行口数据接收输入引脚
P3.1	TXD	串行口数据接收输出引脚
P3.2	INT0	外部中断 0 输入引脚
P3.3	INT1	外部中断 1 输入引脚
P3.4	T0	定时/计数器 0 外部输入引脚
P3.5	T1	定时/计数器 1 外部输入引脚
P3.6	WR	片外数据存储器写选通引脚
P3.7	RD	片外数据存储器读选通引脚

4.4　数据—地址总线扩展方法

数据—地址总线扩展方法是使用 51 单片机的数据—地址总线来扩展外围器件，使用这种方法扩展的外围器件作为 51 的外部存储器存在，参与 51 单片机的外部存储器编址。

51 单片机的总线由地址总线（Address Bus，AB）、数据总线（Data Bus，DB）和控制总线（Control Bus.CB）组成，其结构如图 4.5 所示。

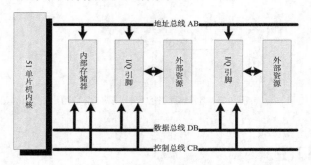

图 4.5　51 单片机的总线结构

地址总线（AB）是用来连接 51 单片机和外部资源地址线的总线，该总线宽度为 16 位，其中高 8 位对应 I/O 引脚 P2.0 ~ P2.7，低 8 位对应 I/O 引脚 P0.0 ~ P0.7。地址总线是单向的，地址数据方向只能从单片机内核流向内部存储器或者外部资源。地址总线能产生 2^{16} 个地址编码，对应 0x0000H ~ 0xFFFF 的地址空间，所以 51 单片机能扩展的存储器单元总数为 2^{16} 个，而外部资源的的地址线具体设置由外部资源件自身决定。

数据总线（DB）是用来在 51 单片机和外部资源之间进行数据交换的总线，51 单片机的数据总线宽度为 8 位，对应 I/O 引脚 P0.0 ~ P0.7。数据总线是双向的，数据既可以从 51 单片机流向外部资源，也可以从外部资源流向 51 单片机，外部资源的具体数据宽度由外部资源自身决定。

控制总线（CB）是用来在 51 单片机和外部资源之间传送控制信号的总线，包括读信号、写信号、外部中断信号等。控制总线也是双向的，其中，读写信号由 51 单片机发送给外部资源，而中断、应答等信号则可能是外部资源发送给 51 单片机。控制总线没有具体的宽度，在 51 单片机中对应 I/O 引脚 P3.0～P3.7，也可以用其他引脚代替。

数据—地址总线的扩展方法简单来说就是将 MCS51 的数据总线、地址总线以及可能有的控制总线和外围器件对应连接的扩展方法。该扩展方法中需要解决最大的问题是 51 单片机的低 8 位地址总线和数据总线都是对应于 I/O 引脚 P0.0～P0.7 的，所以需要增加一套地址—数据分离电路将地址信号和数据信号分离开来。P0 端口上输出的地址/数据信号受到 51 单片机的 ALE 引脚控制，在 ALE 信号为高电平的时候，P0 上输出地址信号，否则为数据信号，其时序关系如图 4.6 所示。

图 4.6　ALE 控制的 P0 端口输出时序

从图 4.6 可以看到，在 ALE 高电平到来的时候，I/O 口 P0 上输出了低 8 位地址，但是这个信号需要被保持一段时间以便于和 I/O 口 P2 上的高 8 位地址配合起来对接下来的 I/O 口 P0 上的数据进行读或者写操作，所以需要一个辅助器件即锁存器来完成这项工作，在 51 单片机应用系统中使用最多的锁存器是 74HC373，其典型应用电路如图 4.7 所示。

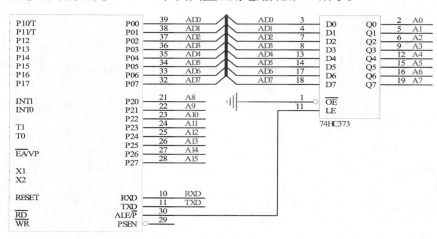

图 4.7　51 单片机和 74HC373 组成的典型

74HC373 的真值表如表 4.2 所示，当 74HC373 的控制引脚 LE 为高电平时其输出引脚 Q 和输入引脚 D 上的值相同，当 LE 为低电平的时候输出端 Q 的值保持不变。所以把 LE 引脚和 51 单片机的 ALE 引脚连接到一起就能构成一个地址—数据分离电路。ALE 引脚在 P0 端口输出地址信号时候输出高电平，74HC373 将该地址信号锁存在输出引脚 Q 上，和 P2 端口上输出高 8 位地址信号一起对外部资源进行寻址，在 ALE 引脚输出低电平的时候则可以使用 P0 端口进行数据通信。

表 4.2　74HC373 的真值表

D	LE	OE	Q
H	H	L	H
L	H	L	L
X	L	L	Q
X	X	H	Z

4.5　应用案例 4.1——流水灯的实现

本节是 51 单片机的并行 I/O 端口应用到流水灯的实现方法。

4.5.1　51 单片机通过并行端口输出电平

51 单片机通过并行端口输出电平的方法非常简单，将需要输出的数据直接写到对应的端口寄存器即可，如例 4.1 所示是分别在 P0 ~ P4 端口输出 0x01、0x02、0xFF 和 0x00 的 C51 语言代码。

【例 4.1】并行端口输出电平。

```
P0 = 0x01;  //P0 端口输出 0x01
P1 = 0x02;  //P1 端口输出 0x02
P2 = 0xFF;  //P2 端口输出 0xFF
P3 = 0x00;  //P3 端口输出 0x00
```

51 单片机的并行 I/O 端口都支持位寻址，所以此时也可以按位对其中的某一位进行操作，在 "AT89X52.h" 头文件中对这些位进行了定义，当引用了该文件之后则可以直接对这些位进行写操作，这些位的引用方式均为 "端口寄存器名_位编码"，如 P0 端口的第 0 位（最低位）对应 "P0_0"，P3 端口的第 7 位（最高位）对应 "P3_7"，需要注意的是，此时输出的是一个位数据 "0" 或者 "1"，如例 4.2 所示。

【例 4.2】并行端口按位输出电平。

```
#include <AT89X52.h>
P0_1 = 1;  //在 P0.1 上输出高电平
P3_5 = 0;  //在 P3.5 上输出低电平
```

由于 51 单片机的 I/O 引脚支持位操作，其自然也支持第 3 章的 3.1.5 小节中介绍的位操作指令，其中最常用的是位取反操作 "~" 和移位操作 ">>" 和 "<<"，前者常常用于将对应引脚上的电平翻转，其使用方法如例 4.3 所示；后者通常用于将端口上的电平移位。

【例 4.3】并行端口的按位操作。

```
#include <AT89X52.h>
P1_1 = ~ P0_1;
/*将 P1.1 上的电平翻转，如果之前输出的是高电平，此时为低电平；
如果之前输出的是低电平，此时为高电平*/
P1 = ~ P1;
/*将 P1 的输出按位取反，如果之前 P1 的输出为 0000 1111，操作后的输出为 1111 0000*/
```

此外，在实际应用中常常会对 51 单片机的某些引脚按位进行命名以方便引用，此时通常会使用"^"和"sbit"关键字（参考第 3 章的 3.1.3 小节），例 4.4 是一个将 P1.0 引脚预定义为"LED"然后对其进行操作的实例。

【例 4.4】并行端口的位定义操作。

```
#include <AT89X52.h>
sbit LED = P1 ^ 0;    //将 P1.0 命名为 LED
LED = 0;     //P1.0 引脚输出低电平
LED = 1;     //P1.0 引脚输出高电平
LED =  ~ LED;   //P1.0 引脚电平翻转
```

除了使用"sbit"和"^"对 51 单片机的 I/O 引脚的某位进行定义之外，还可以使用"define"关键字进行预定义操作，例 4.5 是例 4.4 的另外一种实现方法。

【例 4.5】并行端口的位定义操作。

```
#include <AT89X52.h>
#defineLED = P1_0;    //将 P1.0 命名为 LED
LED = 0;    //P1.0 引脚输出低电平
LED = 1;    //P1.0 引脚输出高电平
LED =  ~ LED;    //P1.0 引脚电平翻转
```

4.5.2 发光二极管（LED）基础

发光二极管（LED）用于显示相应的灯光信息，是流水灯应用系统的核心部件，本小节将详细介绍其基础和使用方法。

LED（发光二极管）是 51 单片机系统中最常见的一种指示型外部设备，是半导体二极管的一种，可以把电能转化成光能。其主要结构是一个 PN 结，具有单向导电性，常常用于指示某个开关量的状态，图 4.8 所示是最常用的双脚直插型的发光二极管实物示意，除了这种类型之外其还有不同大小和不用引脚的封装（如贴片类型）。

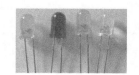

图 4.8 双脚直插型发光二极管

说明：发光二极管有红、黄、绿等多种不同颜色以及不同的大小（直径），还有高亮等型号，它们主要的区别是封装、功率和价格。

发光二极管 LED 和普通二极管一样，具有单向导电性，当加在发光二极管两端的电压超过了它的导通电压（一般为 1.7～1.9V）时就会导通，当流过它的电流超过一定电流时（一般 2～3ms）则会发光，51 单片机系统中发光二极管的典型应用电路如图 4.9 所示。

图 4.9 中 P1 端口上的 LED 驱动方式称为"拉电流"驱动方式，当 51 单片机 I/O 引脚输出高电平的时候，发光二极管导通发光；当 51 单片机 I/O 引脚输出低电平时，发光二极管截止。图 4.9 中 P3 端口上的 LED 驱动方式称为"灌电流"驱动方式，当 MCS51 引脚输出低电平时，发光二极管导通发光；当 51 单片机的引脚输出高电平时，发光二极管截止。

图 4.9 中的电阻均为限流电阻，当电阻值较小时候，电流较大，发光二极管亮度较高；当该电阻值较大时，电流较小，发光二极管亮度较低，一般来说该电阻值选择 1～10kΩ，具体电阻的选择和该型号单片

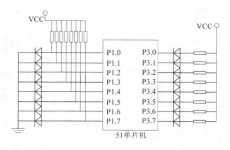

图 4.9 LED 的典型应用电路图

机的 I/O 口驱动能力、LED 的型号以及系统的功耗有关。

> 说明：P1 端口不直接用 I/O 引脚驱动 LED 而是外加了 VCC 的原因是 51 单片机 I/O 口的驱动能
> 力有限；同理，P3 中的电阻值不宜过小，因为 51 单片机 I/O 口的吸收电流能力也有限，
> 过大的电流容易烧毁单片机。

4.5.3　流水灯的硬件电路

图 4.10 所示是流水灯应用系统的电路图，8 个 LED 使用灌电流的驱动方式连接在 51 单片机的 P1 端口上，表 4.3 所示是应用系统使用的典型器件说明。

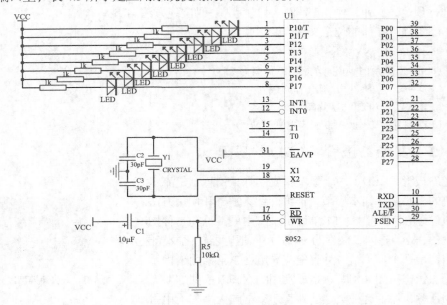

图 4.10　LED 闪烁实例电路图

表 4.3　流水灯应用系统器件列表

器件	说明
发光二极管（LED）	显示 LED 状态
限流电阻	对通过 LED 的电流大小进行限制
晶体	51 单片机工作的振荡源
电容	51 单片机复位和振荡源工作的辅助器件

4.5.4　流水灯的应用代码

例 4.6 是流水灯应用系统的 C51 语言应用代码，其使用了两个嵌套的 for 循环语句来进行软件延时，当延时完成之后使用 "<<" 移位语句将当前输出高电平的 P1 端口引脚向高位移动一位，由于 "<<" 语句不带进位功能（即到达最高位之后不会自动循环到最低位），所以需要使用一个判断语句来将点亮端口位移动到最低位。

【例 4.6】流水灯的 C51 语言代码。

```
#include <AT89X52.h>          //头文件
main()
{
    unsigned char i,j;
    unsigned char LED;
    LED = 0x01;                                      //最低位 LED 点亮
    P1 =  ~ LED;                                      //灌电流驱动
    while(1)
    {
        for(i=0;i<250;i++)                           //软件延时
        {
            for(j=0;j<250;j++);
        }
        if(LED == 0x80)
            /*判断是否到最高位，如果流水灯已经显示到头，
        则折返到最低位点亮*/
        {
            LED = 0x01;
        }
        else
        {
            LED = LED << 1;                          //移位，形成流水
        }
        P1 =  ~ LED;
    }
}
```

除了使用移位操作指令之外，也可以使用 C51 语言的内部函数_crol_函数来实现流水灯效果，_crol_函数其实质上是 51 单片机的移位指令，但是其增加了移动的位数参数，可以一次性移动多位，并且自带循环，_cirol_函数的说明如表 4.4 所示。

表 4.4　_crol_函数说明

函数原型	unsigned char _cror_ (unsigned char c, unsigned char b);
函数参数	c：字符；b：旋的位数
函数功能	将字符 c 按位向右旋转 b 位
函数返回值	旋转操作之后的字符 c

例 4.7 是使用_crol_函数实现流水效果的 C51 语言代码，其使用 _crol_函数对 0x01 进行依次移位，然后将这个值从 P1 端口输出，此时可以看到 P1 的 8 个 LED 发光二极管循环点亮，形成流水灯效果。

【例 4.7】用内部函数实现的流水灯。

```
#include <AT89X52.h>
#include <INTRINS.H>
```

```
//毫秒级别软件延时函数
void DelayMS(unsigned int uiMs)
{
 unsigned int i,j;
 for( i=0;i<uiMs;i++)
        for(j=0;j<1141;j++);
}
//主函数
main()
{
  unsigned char temp;
  temp = 0xFE;                          //设置 temp 的初始化值
  while(1)
  {
    DelayMS(100);                       //延迟 100ms
    temp = _crol_(temp,0x01);           //将 0xFE 向左移动 1 位
    P1 = temp;                          //通过 P1 口输出控制 LED
  }
}
```

说明：在内部函数中，还有_cror_、_irol_、_lror_这些函数，分别用于对整型、长整型等类型的数据进行向左或者向右移位操作。

4.6　应用案例 4.2——按键指示灯的实现

本节是 51 单片机的并行 I/O 端口应用到按键指示灯的实现方法。

4.6.1　51 单片机通过并行端口读入电平

51 单片机通过并行端口读入电平的方法很简单，首先向对应的端口写入一个高电平，然后读取该端口寄存器的值即可，如例 4.8，分别是读取 P0～P1 端口的 C51 语言代码。

【例 4.8】51 单片机的并行端口数据读取。

```
unsigned char temp;      //临时变量，用于存放读取的端口值
P0 = 0xFF;               //端口送出高电平
temp = P0;               //读取 P0 端口的值
P1 = 0xFF;               //端口送出高电平
temp = P1;               //读取 P1 端口的值
P2 = 0xFF;               //端口送出高电平
temp = P2;               //读取 P2 端口的值
P3 = 0xFF;               //端口送出高电平
temp = P3;               //读取 P3 端口的值
```

和控制 51 单片机某位输出电平电压类似，51 单片机的 I/O 端口同样可以读取某一位的值，如例 4.9 所示。

【例 4.9】51 单片机的并行端口位数据读取。

```
bit temp;                //bit 类型临时变量，用于存放读取的端口某位值
sbit LED = P1 ^ 0;       //给 P1.0 赋别值
LED = 1;                 //输出高电平
temp = LED;              //读取 P1.0 的值
P1_0 = 1;
temp = P1_0;            //和以上写法等价
```

4.6.2　独立按键基础

在 51 单片机的实际应用中，常常需要用户输入一些参数，例如，启动设备、选择设备的运行速度等，此时可以使用独立按键。

独立按键的工作基本原理是被按下时候按键接通两个点，放开时则断开这两个点。按照结构可以把按键分为两类：触点式开关按键，如机械式开关、导电橡胶式开关等；无触点开关按键，如电气式按键、磁感应按键等。前者造价低手感好，后者寿命长，在 51 单片机应用系统中最常用的是触点式开关按键，常见的独立按键如图 4.11 所示。

图 4.11　常见的独立按键实物

独立按键在 51 单片机系统中的典型应用结构是将按键的一个点连接到高电平（逻辑"1"）上，另外一个点连接到低电平（逻辑"0"）上，然后把其中一个点连接到 51 单片机的 I/O 引脚上，此时当按键释放和被按下的时候单片机引脚上的电平将发生变化，这个电平变化过程如图 4.12 所示。

图 4.12 的电平变化有一个抖动过程，这是由按键的机械特性所决定的，抖动时间一般为 10ms 左右，可能有多次抖动。如果 51 单片机不对按键抖动做任何处理而直接读取，由于单片机在抖动时间内可能进行了多次读取，则会把每一次抖动都看做一次按键事件而产生错误，所以在对按键事件进行处理的时候必须在硬件上使用消抖电路或者软件上使用消抖函数。消抖电路一般使用一个电容或者低通滤波器，依靠其积分原理来消除这个抖动信号，消抖函数则采用读取后延时后再次读取的方法两次做比较看读取的值是否相同的方法，虽然浪费了一段时间，但是由于相对整体来说非常短，所以不会对整体系统造成大的影响。图 4.13 所示是 51 单片机使用 I/O 口扩展按键的典型应用电路图。

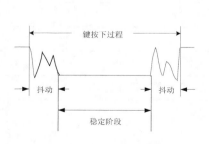

图 4.12　按键电平变化过程

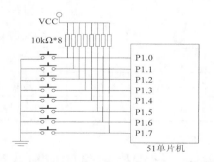

图 4.13　I/O 扩展按钮的典型应用地电路

图 4.13 中的 8 个按键，其中一端连接到了地，另一端和 51 单片机的 P1 口连接并且通过电阻上拉到了 VCC，当按键不被按下的时候，P1 引脚上为高电平；当有按键被按下的时候该引脚被连接到地，P1 引脚上为低电平。可以使用查询端口的方式来获取按键的状态，也可以利用外部中断的方式来获得按键的状态。

4.6.3 按键指示灯的硬件电路

图 4.14 所示是按键指示灯应用系统的电路图，8 个按键一端连接在单片机的 P1 引脚上，另一端连接在 GND 上，当按键没有被按下时，P1 端口通过上拉电阻连接到 VCC，为高电平；当按键被按下时，P1 被连接到 GND，为低电平。8 个 LED 使用"灌电流"的方式连接到 P0，由于 P0 是开漏输出，所以使用了一个上拉电阻，表 4.5 所示是实例涉及的主要器件列表。

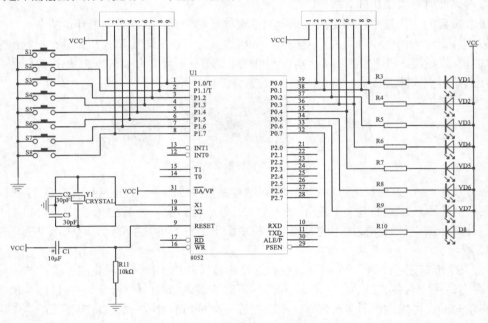

图 4.14　按键指示灯实例电路图

表 4.5　按键指示灯实例器件列表

器件	说明
按键	按下和不按下时具有不同的状态
LED	指示按键状态
电阻	上拉和限流
晶体	51 单片机工作的振荡源
电容	51 单片机复位和振荡源工作的辅助器件

4.6.4 按键指示灯的应用代码

按键指示灯的 C51 语言应用代码如例 4.10 所示，P1 上读入的数据则为对应的按键编码，如果对应位为“0”，则表明有键被按下，延时 10ms 后再次读取，以消除抖动，如果两次读取的状态相同，则证明不是抖动，将 P1 状态从 P0 口输出，否则清除。

【例 4.10】按键指示灯的应用代码。

```
#include <AT89X52.h>
//延时 ms 函数
void Delayms(unsigned int MS)
{
 unsigned int i,j;
 for( i=0;i<MS;i++)
        for(j=0;j<1141;j++);
}
//主函数
main()
{
  unsigned char KeyNum,temp;
 KeyNum = P1;                          //读取 KeyNum 数值
 if(KeyNum != 0xFF)                    //如果有按键被按下
 {
        Delayms(10);                   //延迟 10ms
        temp = P1;                     //再次读取 KeyNum
        if(KeyNum == temp)
        {
            KeyNum = KeyNum;           //没有误动作
         P0 = KeyNum;                  //将 LED 状态输出
        }
        else
        {
        KeyNum = 0x00;                 //有抖动延时，被清除
        }
 }
}
```

4.7　本章总结

本章介绍了 51 单片机的并行 I/O 端口的使用方法，读者应该熟练掌握如下内容。

- 51 单片机的并行 I/O 端口的组成。
- 如何使用 51 单片机的并行 I/O 端口输出一个固定电平以及如何从 51 单片机的并行 I/O 端口读取一个外部电平状态。
- 如何在 51 单片机应用系统中使用发光二极管和独立按键。

PART 5

第 5 章
51 单片机的中断系统和外部中断

51 单片机内部提供了一个包括了外部中断、定时计数器中断、串行模块中断等中断的中断系统,这个中断系统对于外部事件有非常快的响应速度,通常在 51 单片机应用系统中用于对需要较快处理的事件进行处理。本章将详细介绍 51 单片机的中断系统组成和外部中断的使用方法,关于定时计数器和串行模块中断则会分别在第 6 章和第 7 章中进行介绍。

知识目标

- 51 单片机的中断系统的结构和组成。
- 51 单片机对于中断事件的处理过程。
- 中断服务程序的设计方法。
- 51 单片机外部中断的使用方法。
- 单位数码管和三极管的使用方法。
- 应用案例——外部中断计数系统的需求分析。

外部中断计数系统是一个使用 51 单片机的外部中断来对按键进行计数操作的应用系统,当用户按下该按键之后,51 单片机对按键事件进行处理后将当前计数值加 1 并且在 3 位数码管上显示出来,如果当计数到达 "999" 或者被清零之后则从 "0" 开始重新计数。使用外部中断计数的优点是响应时间足够快。

5.1 51 单片机的中断系统

中断是 51 单片机处理外部突发事件的一个重要技术,其能使单片机在运行过程中对外部事件发出的中断请求及时地进行处理,当处理完成后又会立即返回断点,继续进行单片机之前的工作。

引起中断的原因或者说发出中断请求的来源叫做中断源,根据中断源的不同,可以把中断分为硬件中断和软件中断两大类;而硬件中断又可以分为外部中断和内部中断两类,包括了定时计数器的溢出中断和串行口的发送、接收中断。对于 51 单片机而言,通常不涉及软件中断,所有中断都是硬件中断。

中断装置和中断处理程序统称为中断系统,前者通常包括了 51 单片机的外部引脚和内部寄存器(主要是一些控制位和标志位),后者则由用户编写的 C51 语言单片机程序组成。

5.1.1　51 单片机的中断源

51 单片机的中断源是指能向单片机发出中断请求，引起中断的设备或事件，通常来说，51 单片机一般有 6~7 个中断源，分为两个中断优先级，每个中断源都有自己对应的中断向量地址和中断标志位，其中定时计数器和外部中断还有自己的中断引脚。

- 外部中断 0。
- 定时计数器 0。
- 外部中断 1。
- 定时计数器 1。
- 串行发送和接收（这两个中断源共用一个中断向量）。
- 定时计数器 2（在 52 系列单片机中存在）。

5.1.2　51 单片机的中断引脚

51 单片机的中断引脚由外部中断的中断引脚 0（对应 P3.2 引脚）和中断引脚 1（对应 P3.3 引脚）组成，如图 5.1 所示。

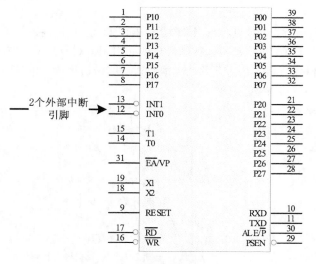

图 5.1　51 单片机的中断引脚

5.1.3　51 单片机的中断相关控制寄存器

51 单片机的中断相关控制寄存器包括了中断控制寄存器（Interrupt Enable Register，IE）和中断优先级控制寄存器（Interrupt Priority Register，IP），前者用于对 51 单片机的中断工作状态进行控制，后者用于对 51 单片机的中断优先级进行控制。

1.　中断控制寄存器（IE）

表 5.1 所示是 51 单片机的中断控制寄存器 IE 的内部结构，这个寄存器可以位寻址，可以对该寄存器相应位进行置"1"或清"0"来对相应的中断进行操作。

表 5.1　中断控制寄存器

位序号	位名称	描述
7	EA	单片机中断允许控制位，当 $EA=0$，单片机禁止所有的中断；当 $EA=1$，单片机使能中断，但是各个中断是否使能还需要看其相应的中断控制位的状态
6 ~ 5	—	—
4	ES	串行中断允许控制位，当 $ES=0$，禁止串行中断；当 $ES=1$，使能串行中断
3	ET1	定时计数器 1 中断允许位，当 $ET1=0$，禁止定时计数器 1 溢出中断；当 $ET1=1$，使能定时计数器 1 溢出中断
2	EX1	外部中断 1 允许位，当 $EX1=0$，禁止外部中断 1；当 $EX1=1$，使能外部中断 1
1	ET0	定时计数器 0 中断允许位，使用方法同 ET1
0	EX0	外部中断 0 允许为，使用方法同 EX1

注：表 5.1 中加深的部分是外部中断 0 和外部中断 1 对应的控制位。

从表 5.1 中可以看到，如果要使能外部中断，则需要让 IE 寄存器的 EA 位和 EX1/EX0 位都被置"1"，IE 寄存器的这些位都可以按位寻址，在引用了对应头文件"AT89X52.h"之后可以对这些位进行直接操作，例 5.1 是使用 C51 语言对这些位进行操作的实例。

【例 5.1】中断控制寄存器的操作。

```
#include   <AT89X52.h>
#define ON   1              //定义 1 为使能对应的中断
#define OFF   0             //定义 0 为关闭对应的中断
ES = ON;                    //开启串口中断
EX0 = ON;                   //开启外部中断 0
ET0 = ON;                   //开启定时计数器 T0
EX1 = ON;                   //开启外部中断 1
ET1 = ON;                   //开启定时计数器 T1
EA = ON;                    //开启中断总开关，必须有
ES = OFF;                   //关闭串口中断
EX0 = OFF;                  //关闭外部中断 0
ET0 = OFF;                  //关闭定时计数器 T0
EX1 = OFF;                  //关闭外部中断 1
ET1 = OFF;                  //关闭定时计数器 T1
EA = OFF;                   //关闭中断总开关，必须有
```

2.　中断优先级控制寄存器（IP）

在 51 单片机中的运行中，常常会出现几个中断同时产生的情况，此时需要使用 51 单片机的中断优先级判断系统来决定先对哪一个中断事件进行响应，51 单片机的中断默认优先级如图 5.2 所示。

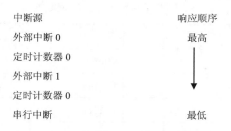

中断源	响应顺序
外部中断 0	最高
定时计数器 0	
外部中断 1	
定时计数器 0	
串行中断	最低

图 5.2　51 单片机中断默认优先级别

在单片机对中断优先级别的处理过程中，单片机遵循以下两条原则。

● 高优先级别的中断可以中断低优先级别所请求的中断，反之不能。

● 同一级别的中断一旦得到响应后随即屏蔽同级的中断，也就是说，相同优先级的中断不能够再次引发中断。

可以使用中断优先级控制寄存器 IP 来提高某个中断的优先级别，从而达到在多个中断同时发生时先处理该中断的目的，表 5.2 所示是中断优先级控制寄存器内部结构，该寄存器可以位寻址，如果中断源对应的控制位被置位为 1，则该中断源被置位为高优先级，否则为低优先级别。

表 5.2　中断优先级控制寄存器

位序号	位名称	描述
7～5	—	—
4	PS	串行口中断优先级控制位
3	PT1	定时计数器 1 中断优先级控制位
2	PX1	外部中断 1 中断优先级控制位
1	PT0	定时计数器 0 中断优先级控制位
0	PX0	外部中断 0 中断优先级控制位

注：表 5.2 中加深的部分是外部中断 0 和外部中断 1 对应的优先级控制位。

中断优先级控制寄存器 IP 也可以按位寻址，用户使用 C51 语言中断优先级控制寄存器的操作可以参考对中断控制寄存器的操作。

5.1.4　中断向量地址和中断标志位

51 单片机的中断向量地址位于程序存储器中，每当单片机检测到一个中断事件之后，程序指针（PC）就会自动地跳转到该地址。一般来说，是在该地址放入一个跳转指令，以便于使得程序指针再次跳转到对应的中断服务子程序入口。表 5.3 列出了 51 单片机的 6 个中断源的中断向量地址。

表 5.3　51 单片机的中断向量地址

中断源	中断向量入口地址
外部中断 0	0003H
定时计数器 0	000BH
外部中断 1	0013H
定时计数器 1	001BH
串行发送和接收	0023H

> 注意：某些 51 单片机可能有更多的中断，从而也有更多的中断向量地址，但是使用方法都是和基本中断源相同的。

51 单片机的每一个中断源，都对应一个中断请求标志位，这些标志位位于特殊功能寄存器 TCON 和 SCON 中。

1．TCON（Timer/Counter Control Register）

TCON 是定时计数器的控制寄存器，其提供了定时计数器 0、定时计数器 1、外部中断 0 和外部中断 1 的中断触发标志位 TF1、TF0、IE1 和 IE0，中断触发标志具体说明如表 5.4 的阴影部分所示。

表 5.4　TCON 寄存器

位序号	位名称	说明
7	TF1	定时计数器 1 溢出标志位，其功能和 TF0 相同
6	TR1	定时计数器 1 启动控制位，其功能和 TR0 相同
5	TF0	定时计数器 0 溢出标志位，该位被置位则说明单片机检测到了定时计数器 0 的溢出，并且 PC 自动跳转到该中断向量入口，当单片机响应中断后该位被硬件自动清除
4	TR0	定时计数器 0 启动控制位，当该位被置位时启动定时计数器 0
3	IE1	外部中断 1 触发标志位，其功能和 IE0 相同
2	IT1	外部中断 1 触发方式控制位，其功能和 IT0 相同
1	IE0	外部中断 0 触发标志位，该位被置位则说明单片机检测到了外部中断 0，并且 PC 自动跳转到外部中断 0 中断向量入口，当单片机响应中断后该位被硬件自动清除
0	IT0	外部中断 0 触发方式控制位，置位时为下降沿触发方式，清除时为低电平触发方式

2. SCON（Serial Control Register）

SCON 为串行通信口控制寄存器，其中的两位 RI 和 TI 为串行发送、接收中断的标志位，表 5.5 中阴影部分给出了 SCON 寄存器中该两位的功能说明。

表 5.5　SCON 寄存器的串行发送、接收中断标志位

位序号	位名称	描述
7～2	—	—
1	TI	串行发送中断标志位，当串行口完成一次发送任务后将该位置位。该位不能够被硬件自动清除，必须由用户在程序中清除
0	RI	串行接收中断标志为，当串行口完成一次接收任务后将该位置位。该位也不能够被硬件自动清除，必须由用户在程序中清除

5.2　51 单片机的中断处理过程

51 单片机的中断处理过程包括中断初始化和中断服务程序两个部分，前者用于对单片机的中断系统进行初始化，包括打开和关闭中断，设定中断优先级等，后者则用于在单片机检测到中断之后响应中断事件。

51 单片机中断系统的初始化应该包括以下几个步骤。

（1）初始化堆栈指针 SP。

（2）设置中断源的触发方式。

（3）设置中断源的优先级别。

（4）使能相应中断源。

> 注意：在 C51 语言编写的代码中，第一步会由编译器自动完成。

51 单片机的中断服务程序应该包括以下内容。

● 在中断向量入口放置一条跳转指令，让程序从中断向量入口跳转到其实际代码的起始位置。

● 保存当前寄存器的内容。

● 清除中断标志位。

● 处理中断事件。

● 恢复寄存器内容。

● 返回到原来主程序的执行处。

> 注意：单片机在接收到中断后将程序指针 PC 指向中断向量入口地址、把当前的 PC 内容压入堆栈以及在中断服务程序返回时候的恢复 PC 内容都是由硬件自动完成的，用户不需要自己管理，但是用户需要详细规划对现场的保护，例如，对相应的寄存器或者是内存地址的使用。常用的方法是在进入中断服务程序时把这些数据压入堆栈中，在中断程序返回前将它们退栈，在这种情况下用户必须准确地设计堆栈空间的大小，以免单片机由于堆栈的溢出产生错误。

51 单片机在每个机器周期中都会去查询中断，所查询到的中断是上一个机器周期中被置位的中断请求标志位，但是单片机不会保存没有能够及时响应的中断请求标志位。51 单片机的中断处理流程如下，如图 5.3 所示。

（1）屏蔽同级和低级别的中断。

（2）把当前程序指针 PC 的内容保存到堆栈中。

（3）根据中断标志位，把相应的中断源对应的中断向量入口地址装入 PC 中。

（4）从中断向量入口地址跳转到对应的中断服务程序中。

（5）执行中断服务。

（6）中断服务执行完成之后打开被屏蔽的中断，然后从堆栈中取出原先保存的 PC 内容，使得程序可以从原先的 PC 地址继续运行。

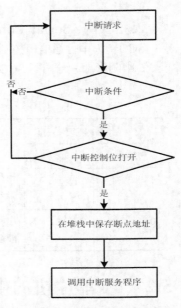

图 5.3　51 单片机的中断处理流程

5.3　51 单片机的中断服务程序设计

C51 语言的中断服务函数需要使用关键字 interrupt 来进行定义，interrupt 后面的参数 0～4 表明了中断源，在实际使用中常常使用 using 来定义在中断服务函数中使用的寄存器组，其参数可以为 0～3，分别对应通用工作寄存器组 0～组 3，这样定义的好处是可以减少压入堆栈的变量内容，从而简化中断服务函数的内容，以加快程序执行的速度，例 5.2 是中断服务函数的标准结构。

【例 5.2】中断服务函数的标准结构。

```
void  函数名(void) interrupt  中断标号  using  寄存器编号
{
    中断函数代码;
}
```

51 单片机的中断服务函数将自动完成以下功能。

- 将 ACC、B、DPH、DPL 和 PSW 等寄存器的内容保存到堆栈中。
- 如果没有使用 using 关键字来切换工作寄存器组，将自动把在中断服务函数中使用到的工作寄存器保存到堆栈中。
- 在中断服务函数的最后，恢复堆栈中保存相关寄存器的内容。
- 生成 RETI 指令返回到主程序。

在 C51 语言中，51 系列单片机中断源对应的中断号按照内部优先级从高到低的顺序分配为 0～4，也即外部中断 0 对应的中断号是 0，串行中断对应的中断号是 4，参考图 5.2。对于一些高级的 51 系列单片机，其中断源多于 5 个，其中断向量的个数和中断源相同。C51 语言最多可以支持 32 个中断源，这些中断源对应的中断号为 0～31，每个中断号分配的中断向量入口地址如表 5.6 所示。

表 5.6　C51 语言中断号对应的中断向量入口地址

中断号	中断向量入口地址	中断号	中断向量入口地址
0	0003H	16	0083H
1	000BH	17	008BH
2	0013H	18	0093H
3	001BH	19	009BH
4	0023H	20	00A3H
5	002BH	21	00ABH
6	0033H	22	00B3H
7	003BH	23	00BBH
8	0043H	24	00C3H
9	004BH	25	00CBH
10	0053H	26	00D3H
11	005BH	27	00DBH
12	0063H	28	00E3H
13	006BH	29	00EBH
14	0073H	30	00F3H
15	007BH	31	00FBH

在编写中断服务函数的时候要注意以下问题。

- 中断服务函数不能定义任何的参变量和返回值。
- 不要主动调用中断服务函数。
- 如果在中断服务函数中使用 using 来指定了寄存器组，则在这个函数中需要一直使用这个寄存器组。
- 中断服务函数中的执行内容尽可能得少，执行时间尽可能得短。

5.4　51 单片机的外部中断

　　51 系列单片机有两个外部中断，这两个外部中断都支持外部中断引脚上的负脉冲触发和低电平触发两种方式，其中外部中断 0 引脚是 P3.2，外部中断 1 引脚是 P3.3。

5.4.1　外部中断的控制

　　外部中断的控制通过对寄存器 TCON 的操作完成，其详细定义参看表 5.4。当 TCON 中的 IT0 和 IT1 位被置位后，外部中断进入负跳变触发方式，该位被复位后，外部中断进入低电平触发方式。

5.4.2　外部中断的检测和响应

在负跳变触发方式下，连续两个的机器周期中如果在外部中断引脚上检测到由高到低的电平跳变时，TCON 中的标志位 IE0（IE1）被置位，并且在 51 单片机开启中断的时候申请对应的外部中断。在低电平触发方式下，51 单片机将在每一个指令周期（12 个机器周期）去检测外部中断引脚上的电平，当检测到该引脚上的电平为低时，置位标志位并且引发中断。由于 51 单片机需要一定的时间来判断外部引脚上的电平信号，所以加在外部引脚上的电平必须要维持一段时间。在负跳变触发方式下，需要检测一个有效的高电平和一个有效的低电平，而这个检测是每个指令周期内进行一次，所有这个有效的低电平必须维持至少一个指令周期。在低电平触发方式下，这个低电平的维持时间也必须维持至少一个指令周期。

51 单片机响应外部中断后将由硬件将对应的 IE0 和 IE1 标志位置清除，但是在低电压触发方式下，如果外部引脚上的电压一直维持在低电平，就会反复地触发中断。所以，如果出现这种情况，最好使用负跳变触发方式。总体说来，边沿触发方式适用于中断请求信号不需要进行软件清除的场合，如双机通信时候的握手信号。当中断要求很频繁的时候，低电平触发方式就比较好，尤其是后面即将谈到的多个中断共用一个中断入口的情况。

5.4.3　多个外部中断信号的处理

假如有两个外围信号都需要通过外部中断申请中断，可以把这两个信号通过与门连接到外部中断引脚上，同时把这两个信号都连接到 51 单片机的某个 I/O 口上。此时外部中断采用低电平触发方式，当其中一个信号为低电平时候，这两个信号的输出信号在外部中断引脚上就会变成低电平，51 单片机就会检测到这个中断信号，然后通过对 I/O 的判断来确定哪一个外围信号要申请中断。对于多于两个的外围信号也可以采用类似的方式。

需要注意的是，在这种情况下必须采用低电平触发的方式，因为此时在第一个信号产生的中断申请后单片机将进入中断服务子程序，如果该信号的低电平保持不变，第二个信号上的低电平信号跳变就会被第一个信号上的低电平所屏蔽，如果采用负跳变触发的中断申请方式，那么 51 单片机就不会检测到这个中断申请；当采用电平触发的方式时，由于单片机不会自动屏蔽已经响应的中断，那么在每一个指令周期之中都会因为外部中断引脚上的低电平而响应外部中断，并在这个外部中断服务子程序中去检测这两个外围信号，就能够判断是否有第二个中断申请产生，在这种情况下，单片机必须注意清除已经响应过的中断信号，不要重复引发中断。

联合中断申请的最大缺点是会使得中断服务子程序变大，使得中断响应时间变慢甚至会屏蔽其他的一些中断，所以在这种情况下一般使用外部中断 1 作为联合申请的中断入口。例 5.2 是一个有 4 个外围信号共用一个中断引脚的实例，其电路如图 5.4 所示，4 个由按键和上拉电阻构造的低电平事件信号通过 74LS21 四输入与门连接到单片机的外部中断引脚 INT0（P3.2）上，然后 4 个信号分别连接到单片机的 P1.0 ～ P1.3 引脚上，实例中涉及的典型器件如表 5.7 所示。

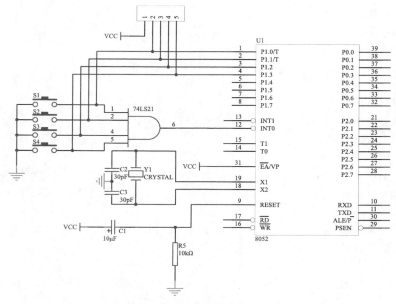

图 5.4　联合中断申请实例电路图

表 5.7　联合中断申请实例器件列表

器件	说明
按键	用于制造电平中断事件
72LS21	四输入与门，用于给外部中断 0 提供电平中断事件
电阻	上拉
晶体	51 单片机工作的振荡源
电容	51 单片机复位和振荡源工作的辅助器件

　　例 5.3 是实例的应用代码，当 4 个外部中断事件中有一个变为低电平之后，四输入与门的输出为低电平，触发外部中断 0 中断事件，程序进入 EX_Int0 函数，然后对 P1.0～P1.3 的引脚电平进行判断，从而确定是哪一个外部中断事件触发了中断事件。

　　【例 5.3】多个外部中断信号的处理。

```
#include <AT89X52.h>
#define TRUE    1
#define FALSE 0
sbit PINT1 = P1 ^ 0;
sbit PINT2 = P1 ^ 1;
sbit PINT3 = P1 ^ 2;
sbit PINT4 = P1 ^ 3;                              //外围引脚信号定义
bit Int1_Flg;
//1 号信号中断标志，置位则申请中断
bit Int2_Flg;
```

```c
bit Int3_Flg;
bit Int4_Flg;                                      //对应中断标志定义
bit S1_Status;
bit S2_Status;
bit S3_Status;
bit S4_Status;
//对应信号状态, 其状态由对应的信号电平决定, 如果电平信号为高, 该变量则为 1, 否则为 0
void EX_Int0(void) interrupt 0 using 1             //外部中断 0 服务子程序
{
 P1 = 0xff;                                        //准备读取 P1 口相关引脚信号
 if(PINT1 == 0)                                    //如果信号 1 为低电平
 {
     if(S1_Status == 1)
    //如果该引脚上一个状态为高电平, 则检测到一个中断信号
      {
          Int1_Flg = TRUE;                         //置位 1 号中断标志
          S1_Status = 0;                           //改写引脚状态位
     }
     }
     //如果检测到 1 号信号为高电平, 则改写引脚状态为 1;
     else
     {
          S1_Status = 1;
     }
     //2 号信号中断申请
     if(PINT2 == 0)
     {
          if(S2_Status == 1)
          {
                Int2_Flg = TRUE;
          S2_Status = 0;
        }
     }
     else
     {
          S2_Status = 1;
     }
     //检测 3 号信号中断
     if(PINT3 == 0)
     {
          if(S3_Status == 1)
       {
                   Int3_Flg = TRUE;
               S3_Status = 0;
```

```
                }
            }
        else
        {
                S3_Status = 1;
        }
    //检测 4 号信号中断
    if(PINT4 == 0)
    {
            if(S4_Status == 1)
            {
                    Int4_Flg = TRUE;
                S4_Status = 0;
            }
    }
    else
    {
            S4_Status = 1;
    }
}
main()
{
    EX0 = 1;                                    //使用电平触发方式
    IT0 = 0;                                    //使能外部中断 0
    EA = 1;                                     //使能总中断
    Int1_Flg = FALSE;
    Int2_Flg = FALSE;
    Int3_Flg = FALSE;
    Int4_Flg = FALSE;
    S1_Status = 1;
    S2_Status = 1;
    S3_Status = 1;
    S4_Status = 1;                              //初始变量
    while(1)
    {
    }
}
```

5.5　应用案例——外部中断计数系统的实现

本节是使用 51 单片机的外部中断来实现外部中断计数系统的方法。

5.5.1　51 单片机使用外部中断

51 单片机的外部中断使用方法可以总结为如下步骤。

（1）确定外部中断信号的触发模式是低电平还是负脉冲。

（2）设置 IT0 或者 IT1 寄存器位以确定外部中断的触发方法。

（3）置位（设置为 1）EX0 或者 EX1 寄存器位以使能外部中断。

（4）置位 EA 寄存器位以打开 51 单片机的中断总开关。

（5）进入对应的中断服务程序对中断信号进行处理，如果是电平触发方式则需要关闭中断以防止多次触发。

如例 5.4 所示是以上操作对应的 C51 语言代码（以外部中断 0 为例）。

【例 5.4】外部中断操作的 C51 语言代码。

```
//外部中断 0 的初始化函数
void EX_Deal()
{
    IT0 = 1;        //外部中断 0 设置为负脉冲触发方式
    EX0 = 1;        //使能外部中断 0
    EA = 1;         //打开全局中断
}
//外部中断 0 服务函数
void EX_INT0() interrupt 0    using 1
{
    //外部中断 0 事件的处理函数
}
```

5.5.2 单位数码管基础

数码管是一种半导体发光器件，其基本单元是发光二极管，是 MCS51 单片机系统中用得非常多一种输出通道设备。常见的数码管可以按照段数分为七段数码管、八段数码管和异型数码管，按能显示多少个"8"可以分为单位、两位等"X"位数码管，按照发光二极管的连接方式可以分为共阴极数码管和共阳极数码管，常见的单位数码管实体如图 5.5 所示。

图 5.5　常见的单位数码管

1．单位数码管的内部结构

51 单片机系统中最常使用的八段数码管的内部结构如图 5.6 所示，其是由 8 个发光二极管（字段）构成，通过不同的组合可用来显示数字 0、9，字符 A、F、H、L、P、R、U、Y，符号"-"及小数点"."。

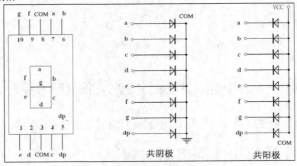

图 5.6　八段数码管的内部结构

共阳极数码管的 8 个发光二极管的阳极（正极）连接在一起接高电平（一般接电源），其他引脚接各段驱动电路输出端。当某段的输出端为低电平时，则该段所连接的发光二极管导通并点亮，根据发光字段的不同组合可显示出各种数字或字符。共阴极数码管的 8 个发光二极管的阴极（负极）连接在一起接低电平（一般接地），其他引脚接各段驱动电路输出端。当某段的输出端为高电平时，则该端所连接的发光二极管导通并点亮，根据发光字段的不同组合可显示出各种数字或字符。和 LED 类似，当通过数码管的电流较大时，LED 的亮度较高，反之较低，通常使用限流电阻来决定数码管的亮度。

在 51 单片机系统中扩展数码管一般采用软件译码或者硬件译码两种方式。软件译码是指通过软件控制 I/O 输出从而达到控制数码管显示的方式，硬件译码则是指使用专门的译码驱动硬件来控制数码管显示的方式，前者的硬件成本较低，但是占用单片机更多的 I/O 引脚，软件较为复杂；后者硬件成本较高，但是程序设计简单，只占用较少的 I/O 引脚。

2. 单位数码管的软件译码方式

根据共阳极数码管的显示原理，要使数码管显示出相应的字符必须使单片机 I/O 口输出的数据，即输入到数码管每个字段发光二极管的电平符合想要显示的字符要求。这个从目标输出字符反推出数码管各段应该输入数据的过程称之为字形编码，八位数码管字形编码如表 5.8 所示。

表 5.8　八段数码管的字形编码

显示字符	共阳极数码管									共阴极数码管								
	dp	g	f	e	d	c	b	a	代码	dp	g	f	e	d	c	b	a	代码
0	1	1	0	0	0	0	0	0	C0H	0	0	1	1	1	1	1	1	3FH
1	1	1	1	1	1	0	0	1	F9H	0	0	0	0	0	1	1	0	06H
2	1	0	1	0	0	1	0	0	A4H	0	1	0	1	1	0	1	1	5BH
3	1	0	1	1	0	0	0	0	B0H	0	1	0	0	1	1	1	1	4FH
4	1	0	0	1	1	0	0	1	99H	0	1	1	0	0	1	1	0	66H
5	1	0	0	1	0	0	1	0	92H	0	1	1	0	1	1	0	1	6DH
6	1	0	0	0	0	0	1	0	82H	0	1	1	1	1	1	0	1	7DH
7	1	1	1	1	1	0	0	0	F8H	0	0	0	0	0	1	1	1	07H
8	1	0	0	0	0	0	0	0	80H	0	1	1	1	1	1	1	1	7FH
9	1	0	0	1	0	0	0	0	90H	0	1	1	0	1	1	1	1	6FH
A	1	0	0	0	1	0	0	0	88H	0	1	1	1	0	1	1	1	77H
B	1	0	0	0	0	0	1	1	83H	0	1	1	1	1	1	0	0	7CH

显示字符	共阳极数码管									共阴极数码管								
	dp	g	f	e	d	c	b	a	代码	dp	g	f	e	d	c	b	a	代码
C	1	1	0	0	0	1	1	0	C6H	0	0	1	1	1	0	0	1	39H
D	1	0	1	0	0	0	0	1	A1H	0	1	0	1	1	1	1	0	5EH
E	1	0	0	0	0	1	1	0	86H	0	1	1	1	1	0	0	1	79H
F	1	0	0	0	1	1	1	0	8EH	0	1	1	1	0	0	0	1	71H
H	1	0	0	0	1	0	0	1	89H	0	1	1	1	0	1	1	0	76H
L	1	1	0	0	0	1	1	1	C7H	0	0	1	1	1	0	0	0	38H
P	1	0	0	0	1	1	0	0	8CH	0	1	1	1	0	0	1	1	73H
R	1	1	0	0	1	1	1	0	CEH	0	0	1	1	0	0	0	1	31H
U	1	1	0	0	0	0	0	1	C1H	0	0	1	1	1	1	1	0	3EH
Y	1	0	0	1	0	0	0	1	91H	0	1	1	0	1	1	1	0	6EH
–	1	0	1	1	1	1	1	1	BFH	0	1	0	0	0	0	0	0	40H
.	0	1	1	1	1	1	1	1	7FH	1	0	0	0	0	0	0	0	80H
无	1	1	1	1	1	1	1	1	FFH	0	0	0	0	0	0	0	0	00H

51 单片机通过 I/O 引脚使用软件译码方式扩展单位数码管的操作步骤如下。

（1）按照待输出的数据查找在表中对应的编码。

（2）将编码通过端口输出。

例 5.5 是 51 单片机使用软件译码方式驱动单位数码管的 C51 语言代码，在其中分别定义了共阳极和共阴极数码管所对应的字符编码表，然后在需要输出字符进行查找输出；在应用代码中还定义了数码管的驱动引脚，在实际使用中只需要修改对应的头文件定义即可。

【例 5.5】单位数码管的驱动函数。

```
#include <AT89X52.h>
#define SEGPORT P1              //定义数码管的驱动端口
//共阳极的对应编码
unsigned char code SEGYtable[ ]={
0xc0,0xf9,0xa4,0xb0,0x99,0x92,0x82,0xf8,
0x80,0x90,0x88,0x83,0xC6,0xA1,0x86,0x8E
};
//共阴极的对应编码
unsigned char code YSEGtable[ ]={
```

```
0xc0,0xf9,0xa4,0xb0,0x99,0x92,0x82,0xf8,
0x80,0x90,0x88,0x83,0xC6,0xA1,0x86,0x8E
};
void SegView(unsigned char viewdata,unsigned char a)
{
  if(a==0)                            //如果是共阳极
  {
     SEGPORT = SEGYtable[viewdata];   //输出字符
  }
  Else                               //如果是共阴极
  {
     SEGPORT = YSEGtable[viewdata];
  }
}
```

3．单位数码管的硬件译码方式

51 单片机的硬件译码扩展方式是指使用专门的译码驱动硬件电路或芯片来控制数码管显示所需的字符，最常见的扩展芯片是 74LS47，它是一款常用的共阳极数码管专用译码芯片，能实现 BCD 码到七段数码管的译码和驱动，其引脚封装如图 5.7 所示。

把 74LS47 的"a"～"g"引脚连接到七段数码管对应引脚上，然后 RBI、BI/RBO 和 LT 引脚外加高电平，当"ABCD"引脚加上输入"0～15"对应的十六进制编码后，数码管的显示如图 5.8 所示。

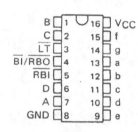

图 5.7　74LS47 的引脚图

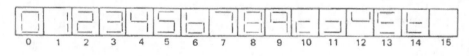

图 5.8　74LS47 的显示驱动

5.5.3　三极管基础

在使用 51 单片机的 I/O 引脚驱动单位数码管时，如果数码管体积比较大，则其内部对应的发光二极管也越大，点亮其所需要的电流也越大，需要使用一些外部功率驱动器件对数码管进行驱动，此时可以使用三极管。

三极管是一种用电流来控制电流的半导体器件，是 51 单片机系统中最常用的功率驱动器件，其作用是把微弱信号放大成幅值较大的电信号，也常常用作无触点开关，如用作多位数码管的选择控制器件。

1．三极管的封装和功能

三极管按材料可以分为锗管和硅管，而每一种按照电流结构又有 NPN 和 PNP 两种形式，但使用最多的是硅 NPN 管和锗 PNP 管两种。

可以把三极管看做一个电子开关，其中基极是电子开关的控制端，当基极输出高电平的时候，三极管导通，在被控物体两端形成电压差；当控制端输出低电平的时候，被控物体两端的电压差消失。控制端上的电阻必须选取合适，因为较小的电流将不足以使三极管导通。

常用的三极管有多种封装形式，如图 5.9 所示。

三极管有多种型号，但是都有 3 个引脚，分别为为发射极（emitter/E）、基极（base/B）和集电极（collector/C），其电路符号如图 5.10 所示。

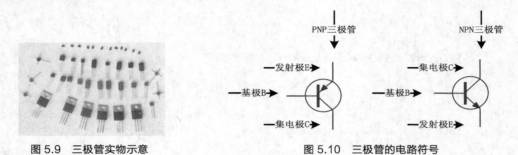

图 5.9 三极管实物示意   图 5.10 三极管的电路符号

三极管有非常多的型号，最常用的是 9013 和 8550，前者为 NPN 型三极管，后者为 PNP 型三极管。

2．三极管的使用

51 单片机驱动三极管的典型应用电路如图 5.11 所示，51 单片机的 P2.7 引脚通过一个 1kΩ 的电阻 R5 连接到 NPN 三极管的 E 引脚上作为控制端，三极管的发射极驱动一个大功率灯泡 LAMP1；同理，使用 51 单片机的 P2.6 引脚通过 PNP 引脚驱动了另外一个大功率灯泡 LAMP2。

当控制端 P2.6 和 P2.7 输出高电平时，三极管导通，在大功率灯泡两端形成电压差，大功率灯泡发光；当控制端输出低电平时，大功率灯泡两端没有电压差，大功率灯泡熄灭。需要注意的是，控制端上的电阻必须选取合适。

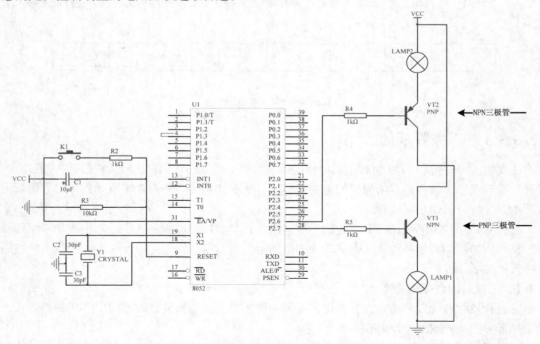

图 5.11 三极管的典型应用电路

三极管的使用非常简单，51 单片机在连接到三极管的引脚上输出所需要的电平即可，只需要注意通过三极管之后的极性是否反相。

5.5.5 外部中断计数系统的电路

外部中断计数系统的电路如图 5.12 所示, 51 单片机的 INT0 引脚上连接了一个按键 S1, 按键的一端连接到地, 另一端通过上拉电阻连接到 INT0, 对该按键被按下的事件计数; 外部引脚 P3.5 (T1) 上连接了按键 S2, 用于清零计数; 同时 51 单片机使用 P1 口驱动了 3 位 8 段共阳极数码管, 使用 P2.0 ~ P2.2 来选择用于显示的数码管。外部中断计数系统涉及的典型器件如表 5.9 所示。

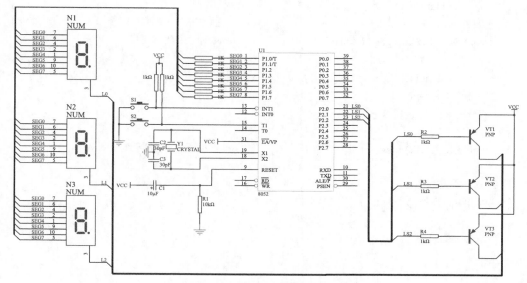

图 5.12　外部中断计数系统的电路

表 5.9　外部中断计数系统器件列表

器件	说明
按键	用于制造中断事件和清零计数
3 位共阳极 8 段数码管	用于显示当前设置的地址码
三极管	用于驱动数码管
电阻	限流
晶体	51 单片机工作的振荡源
电容	51 单片机复位和振荡源工作的辅助器件

5.5.5 外部中断计数系统的应用代码

例 5.6 是外部中断计数系统的应用代码, 51 单片机在初始化的时候使用 $IE = 0x81$ 和 $IT0 = 1$ 使能外部中断并且将中断触发事件设置为脉冲方式, 在中断服务函数 EX_INT0 中对计数器 Counter 加 1, 并且拆分为对应的数字后在主循环中显示。

【例 5.6】外部中断计数系统的应用代码。

```c
#include <AT89X52.h>
unsigned char code DSY_CODE[]=
{
        0xc0,0xf9,0xa4,0xb0,0x99,0x92,0x82,0xf8,0x80,0x90
};
//输出字形编码
unsigned char DSY_Buffer[3]={0,0,0};                //用于存放需要输出的数字
unsigned int Count = 0;                             //计数器
sbit Clear_Key = P3^5;                              //清零按键
void DelayMS(unsigned int ms)                       //ms 延时函数
{
 unsigned int i,j;
 for( i=0;i<ms;i++)
        for(j=0;j<1141;j++);
}
void EX_INT0() interrupt 0    using 1               //外部中断 0 服务函数
{
        Count++;
//当检测到外部中断 0 时,计数器加 1
}
void main()
{
   unsigned char i;
 P1 = 0xff;
 P2 = 0xff;                                         //初始化 I/O 引脚
 IE = 0x81;                                         //开外部中断
 IT0 = 1;                                           //设置外部中断为脉冲计数
 while(1)
 {
     if(Clear_Key == 0)
//如果清零按键被按下,则计数器清零
        {
            Count = 0;
        }
     DSY_Buffer[0] = Count/100;
     DSY_Buffer[1] = Count/10%10;
     DSY_Buffer[2] = Count%10;
//将计数器的值换算得到对应的单个数字
     for(i=0;i<3;i++)
     {
     switch(i)
//根据当前需要显示的数字控制显示的数码管的位
     {
```

```
                case 1: P2 = 0x01; break;
                case 2: P2 = 0x02; break;
                case 3: P2 = 0x04; break;
                default:break;
            }
                P1 = DSY_CODE[DSY_Buffer[i]];
//将当前数字所对应的字形编码通过 P1 送出
                DelayMS(10);
        }
    }
}
```

5.6   一个低电平触发外部中断的实验

51 单片机的应用系统通常会使用下降沿来触发外部中断，但是在某些特定的应用场合也会使用低电平来触发外部中断，例 5.7 提供了一个实验以便于能更好地理解低电平触发方式下的外部中断及其优先级的使用方法。

5.6.1   实验的电路和应用代码

例 5.7 是实验的应用代码，51 单片机使用两个外部中断服务子程序来对外部中断 0 和外部中断 1 的进行处理，在中断服务子程序中只做一件事情，就是控制对应的 LED 翻转。

【例 5.7】低电平触发外部中断实验。

```
#include <AT89X52.h>
#define ON  0
#define OFF 1                             //LED 开、闭定义
sbit LED1 = P1^6;
sbit LED2 = P1^7;                         //LED 驱动引脚定义
//外部中断 0 服务函数
EX_INT0() interrupt 0 using 1
{
  LED1 =  ~ LED1;                         //进入中断之后 LED1 翻转
}
//外部中断 1 服务函数
EX_INT1() interrupt 2 using 2
{
  LED2 =  ~ LED2;                         //进入中断之后 LED2 翻转
}
main()
{
  IT0 = 0;                               //设置外部中断 0 触发方式为低电平
  IT1 = 0;                               //设置外部中断 1 触发方式为低电平
  EX0 = 1;                               //使能外部中断 0
  EX1 = 1;                               //使能外部中断 1
```

```
        EA = 1;                              //使能总中断
        LED1 = OFF;
        LED2 = OFF;
        while(1)
        {
        }
    }
```

实验的电路如图 5.13 所示，51 单片机的 INT0（P3.2）和 INT1（P3.3）的一端通过一个上拉电阻分别连接到开关 S1 和 S2 的一端，S1 和 S2 的另外一端连接到 GND；发光二极管 LED1 和 LED2 使用"灌电流"驱动的方式连接到 P1.6 和 P1.7 引脚，外部电平中断实验实例中涉及的典型器件如表 5.10 所示。

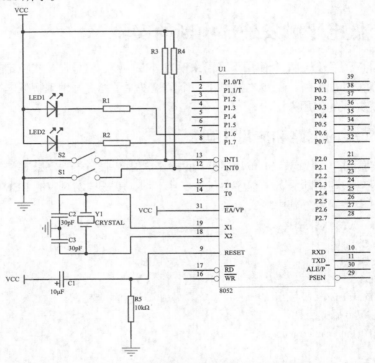

图 5.13   低电平触发外部中断实验电路图

表 5.10   低电平触发外部中断实验器件列表

器件	说明
开关	用于制造电平中断事件
LED	指示中断状态
电阻	限流
晶体	51 单片机工作的振荡源
电容	51 单片机复位和振荡源工作的辅助器件

5.6.2　实验的运行结果分析

实验的运行结果如下：51 单片机配置为外部中断 0、外部中断 1 均为电平触发方式，中断优先级为默认。当 S1 和 S2 单独闭合时，对应的 LED1 和 LED2 闪烁；如果 S1 闭合后 S2 闭合，只有 LED1 闪烁；如果 S2 闭合后 S1 闭合，开始 LED2 闪烁，当 S1 闭合后 LED2 不闪烁，LED1 闪烁；如果 S1 和 S2 同时闭合，LED1 闪烁，当 S1 断开后 LED1 停止闪烁，LED2 开始闪烁。

实验的结果分析如表 5.11 所示，需要注意以下几个方面。

- 在外部中断的电平触发模式下，如果一直保持低电平，则会一直触发中断事件，使得程序反复进入中断服务程序。
- 在中断事件一直保持的时候，程序从中断服务程序退出后最少要执行一条指令之后才会进入下一个中断服务程序，所以如果例 5.6 在主程序的 while 循环中加入 "LED1 = 0" 和 "LED2 = 1"，实验结果就会有不同。
- 当外部中断是设置低电平触发模式且使能中断之后，如果往对应的 I/O 引脚上写一个低电平，也会触发中断事件。

表 5.11　外部电平中断实验结果分析

开关状态	LED 状态	说明
S1 和 S2 单独闭合	LED1 翻转或者 LED2 翻转	当单独闭合时，程序反复进入 EX_INT0() 或者 EX_INT1() 中断，LED0 或者 LED1 持续翻转
S1 和 S2 同时闭合	LED1 翻转，LED2 熄灭	INT0 中断持续进行，程序反复进入 EX_INT0()，LED1 持续翻转，由于 INT0 优先级比 INT1 高，所以 INT1 上的低电平事件不能触发中断，程序不会进入 EX_INT1()，LED2 没有动作
S1 先闭合，S2 后闭合	同上	同上
S2 先闭合，S1 后闭合	LED2 翻转，当 S1 闭合后 LED2 停止翻转，LED1 开始翻转	当 S2 闭合时，INT1 中断持续进行，程序反复进入 EX_INT1()，LED2 持续翻转；当 S1 闭合时，由于 INT0 优先级比 INT1 高，所以 INT1 上的低电平事件不能触发中断，程序不会进入 EX_INT1()，LED2 停止动作，程序持续进入 EX_INT1()，LED1 开始翻转

5.7　本章总结

中断系统是 51 单片机应用中的一个极其重要的概念，也在 51 单片机的应用系统中经常被使用，读者应该深入理解中断这个概念本身以及如何对其进行使用。本章介绍了 51 单片机的外部中断的使用方法，在后续章节中还将介绍定时计数器（第 6 章）和串行通信模块（第 7 章）的中断的使用方法。本章应该着重掌握如下知识点。

- 51 单片机的中断的产生和响应过程。
- 51 单片机的中断源组成。
- 51 单片机的中断处理过程。
- 51 单片机的中断相关寄存器（IE、IP、TCON 和 SCON）的使用方法。
- 51 单片机的 C51 语言中断服务子程序的设计方法。
- 51 单片机的外部中断的使用方法。
- 在 51 单片机应用系统中使用单位数码管和三极管的方法。

PART 6

第 6 章
51 单片机的定时计数器

在 51 单片机应用系统中，常常需要一些定时、延时以及对外部事件的计数操作，此时可以使用单片机的内部定时计数器。

知识目标

- 51 单片机的定时计数器的组成。
- 51 单片机的定时计数器的使用方法。
- PWM 波形的应用范围。
- RC 充放电电路的原理和应用范围。
- 中断服务程序导致的时间误差的计算和解决方法。
- 应用案例 6.1——PWM 波形发生器的需求分析。

PWM 波形发生器是一个使用 51 单片机的内部定时计数器来输出 PWM 波形的应用，其可以用于驱动一些需要特殊控制波形的设备，例如直流电机。

- 应用案例 6.2——呼吸灯的需求分析。

呼吸灯展示的是一种视觉效果，其灯光在 51 单片机的控制之下完成由亮到暗的逐渐变化，感觉像是在呼吸，这种效果广泛被用于数码产品、电脑、音响、汽车等各个领域，能够起到很好的视觉装饰作用。

6.1 51 单片机定时计数器的组成

51 单片机内部提供了两个 16 位可编程控制的定时计数器 T0 和 T1，这两个定时计数器可以独立配置为定时器或者计数器。当被配置为定时器时，将按照预先设置好的长度运行一段时间后产生一个溢出中断；被配置为计数器时，如果单片机的外部中断引脚上检测到一个脉冲信号，该计数器加 1，当达到预先设置好事件数目时，产生一个中断事件。

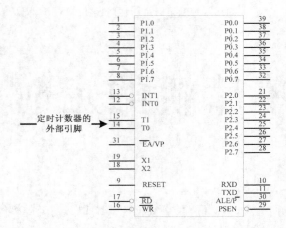

图 6.1 51 单片机定时计数器的外部引脚

51 单片机的定时计数器由内部寄存器和外部引脚组成，如图 6.1 所示，T0（P3.4）引脚和 T1（P3.5）引脚用于接收外部的脉冲信号。

> 注意：51 单片机的 52 子系列还有一个功能和这两个计数器功能差别较大的 16 位定时计数器 T2，T2 的最常用功能是用作串行口的波特率发生器，本书不多做介绍，有兴趣的读者可以参考相应的资料。

6.2 51 单片机定时计数器的寄存器

51 单片机通过对相应寄存器的操作来实现对定时计数器的控制，这些寄存器包括工作方式控制寄存器 TMOD 和控制寄存器 TCON，此外 T0 和 T1 还分别拥有两个 8 位数据寄存器 TH0、TL0 和 TH1、TL1。

6.2.1 工作方式控制寄存器 TMOD

TMOD 是定时计数器的工作方式控制寄存器，通过对该寄存器的操作可以改变 T0 和 T1 的工作方式。该寄存器的内部结构和说明如表 6.1 所示，该寄存器不支持位寻址，单片机复位后被清零。

表 6.1 TMOD 寄存器

位标号	位名称	描述
7	GATE1	定时计数器 1 门控位，当 $GATE1=0$ 时，T1 的运行只受控制寄存器 TCON 中运行控制位 TR1 控制；当 $GATE1=1$ 时候，T1 的运行受到 TR1 和外部中断输入引脚上电平的双重控制
6	C/T1#	定时计数器 1 定时/计数方式选择位，当 $C/T1\# = 0$ 时，T1 工作在计数状态下，此时计数脉冲来自 T1 引脚（P3.5），当引脚上检测到一次负脉冲时候，计数器加 1；当 $C/T1\# = 1$ 时，T1 工作在定时状态下，此时每过一个机器周期，定时器加 1

位标号	位名称	描述		
5	M10	T1 工作方式选择位		
4	M01	M10M01 00 01 10 10	工作方式 0 1 2 3	
3	GATE0	定时计数器 0 门控位，其功能和 GATE1 相同		
2	C/T0#	定时计数器 0 定时/计数选择位，其功能和 C/T1#相同		
1	M10	T0 工作方式选择位，其功能和 M01 相同		
0	M00			

6.2.2 控制寄存器 TCON

TCON 是定时计数器控制寄存器，其内部结构如表 6.2 所示，在 51 单片机复位后初始化值为所有位都被清零。

表 6.2 TCON 寄存器

位序号	位名称	说明
7	TF1	定时计数器 1 溢出标志位，其功能和 TF0 相同
6	TR1	定时计数器 1 启动控制位，其功能和 TR0 相同
5	TF0	定时计数器 0 溢出标志位，该位被置位则说明单片机检测到了定时计数器 0 的溢出，并且 PC 自动跳转到该中断向量入口，当单片机响应中断后该位被硬件自动清除
4	TR0	定时计数器 0 启动控制位，当该位被置位时启动定时计数器 0
3	IE1	外部中断 1 触发标志位，其功能和 IE0 相同
2	IT1	外部中断 1 触发方式控制位，其功能和 IT0 相同
1	IE0	外部中断 0 触发标志位，该位被置位则说明单片机检测到了外部中断 0，并且 PC 自动跳转到外部中断 0 中断向量入口，当单片机响应中断后该位被硬件自动清除
0	IT0	外部中断 0 触发方式控制位，置位时为下降沿触发方式，清除时为低电平触发方式

注：TCON 寄存器中低 4 位见表 6.2 阴影部分和定时计数器无关，和外部中断相关，参考第 2 章。

6.2.3 数据寄存器 TH0、TL0、和 TH1、TL1

TH0、TL0/TH1、TL1 分别是 T0/T1 的数据高位/低位寄存器，均为 8 位。当定时计数器收到一个驱动事件（定时、计数）后，对应的数据寄存器的内容加 1，当数据寄存器的值到达最大时，将产生一个溢出中断，在单片机复位后所有寄存器的值都被初始化为 0x00，这些寄存器都不能位寻址。

6.3　51 单片机定时计数器的工作方式

T0 和 T1 都有 4 种工作方式，由 TMOD 寄存器中间的 M1、M0 这两位的设置来控制。

6.3.1　工作方式 0

当 M1、M0 设定为 "00" 时，T0/T1 工作于方式 0，此时定时计数器的内部结构如图 6.2 所示。在工作方式 0 下，T0/T1 内部计数器为 13 位，由 TH0/TH1 的 8 位和 TL0/TL1 的低 5 位组成；当 TL0/TL1 溢出时将向 TH0/TH1 进位，当 TH0/TH1 溢出后则产生相应的溢出中断。工作方式下的驱动事件来源则由 GATE 位、C/T#位来控制。

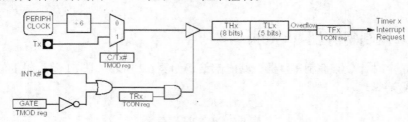

图 6.2　工作方式 0 下的内部结构

6.3.2　工作方式 1

当 M1、M0 设定为 "01" 时，T0/T1 工作于方式 1，此时定时计数器的内部结构如图 6.3 所示。和工作方式 0 比较起来，工作方式 1 的唯一区别在于此时的内部计数器宽度为 16 位，分别由 TH0/TH1 的 8 位和 TL0/TL1 的 8 位组成，其溢出方式和驱动事件的来源和工作方式相同。51 系列单片机的定时计数器采用加 1 计数的方式，即当接收到一个驱动事件时候计数器加 1，当计数器溢出时候则产生相应的中断请求，第一个驱动事件到来时刻中断请求产生。

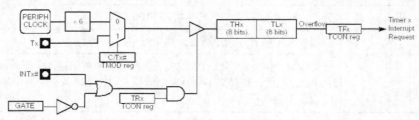

图 6.3　工作方式 1 下的内部结构

51 单片机在接收到一个驱动事件之后计数器加 1，当计数器溢出时候则产生相应的中断请求。在定时的模式下，定时计数器的驱动事件为单片机的机器周期，也就是外部时钟频率的 1/12，可以根据定时器的工作原理计算出工作方式 0 和工作方式 1 下的最长定时长度 T 为

$$T = \frac{2^{13/16} \times 12}{F_{\text{osc}}}$$

通过对定时计数器的数据寄存器赋一个初始化值的方法可以让定时计数器得到 0 到最大定时长度中任意选择的定时长度，初始化值 N 的计算公式如下：

$$N = \frac{T \times F_{osc}}{2^{13/16} \times 12}$$

> 注意：定时计数器的工作方式 0 和工作方式 1 不具备自动重新装入初始化值的功能，所以如果要想循环得到确定的定时长度就必须在每次启动定时器之前重新初始化数据寄存器，通常在中断服务程序里完成这样的工作。

6.3.3 工作方式 2

当 M1、M0 设定为 "10" 时，T0/T1 工作于工作方式 2，此时定时计数器的内部结构如图 6.4 所示。定时计数器的工作方式 2 和前两种工作方式有很大的不同，工作方式 2 下的 8 位计数器的初始化数值可以被自动重新装入。在工作方式 2 下，TL0/TL1 为一个独立的 8 位计数器，而 TH0/TH1 用于存放时间常数，当 T0/T1 产生溢出中断时，TH0/TH1 中的初始化数值被自动地装入 TL0/TL1 中。这种方式可以大大减少程序的工作量，但是其定时长度也大大减少，应用较多的场合是较短的重复定时或用作串行口的波特率发生器。

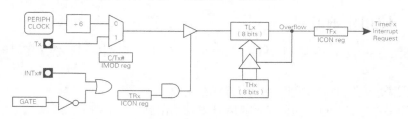

图 6.4 工作方式 2 下的内部结构

6.3.4 工作方式 3

当 M1、M0 设定为 "11" 时，T0 工作于工作方式 3，此时定时计数器的内部结构如图 6.5 所示。在这种工作方式下 T0 被拆分成了两个独立的 8 位计数器 TH0 和 TL0，TL0 使用 T0 本身的控制和中断资源，而 TH0 则占用了 T1 的 TR1 和 TF1 作为启动控制位和溢出标志。在这种情况下，T1 将停止运行并且其数据寄存器将保持其当前数值，所以设置 T0 为工作方式 3 也可以代替复位 TR1 来关闭 T1 定时计数器。

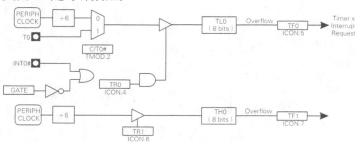

图 6.5 工作方式 3 下的内部结构

6.3.5 定时计数器的中断

当 51 单片机的中断控制寄存器 IE 中的 EA 位和 ET0/ET1 都被置 "1" 时，定时计数器 0/1 的中断被使能，在这种状态下，如果定时计数器 0/1 出现一个计数溢出事件，则会触发定时计数器中断事件。可以通过修改中断优先级寄存器 IP 中的 PT0/PT1 位来提高定时计数器的中断优先级，51 单片机的定时计数器的中断处理函数的结构如下。

```
void 函数名(void) interrupt 1 using 寄存器编号
//这是定时计数器 0 的，如果是定时计数器则把中断标号修改为 3 即可
{
    中断函数代码;
}
```

6.4　51 单片机定时计数器的使用

本节主要介绍 51 单片机的定时计数器的使用方法，包括定时功能、计数功能、门控信号的使用方法以及当前定时计数器值的读取。

6.4.1　使用定时功能

定时功能主要用途是根据基准时钟产生一定确定长度的时间信号，使用定时器的步骤一般如下。

（1）根据需求合理地选择定时器工作方式。

（2）根据工作方式和单片机的工作频率计算初始化值。

（3）初始化定时器控制器 TMOD。

（4）写入初始化值、设置中断系统、启动定时器。

（5）编写合理的中断服务程序，尤其需要注意是否需要重新装入初始化值。

例 6.1 是利用 51 单片机的定时计数器 0 在 P1.1 引脚上产生一个频率为 1Hz 的方波信号的实例，51 单片机的工作频率为 12MHz。定时计数器 0 工作在工作方式 0 下，每隔 1ms 产生一次计时溢出中断，在中断服务子程序中将该引脚上的电平信号进行翻转，本实例的本质是使用定时计数器进行指定时间长度间隔的定时操作。

【例 6.1】定时计数器 0 的定时操作。

```
#include <AT89X52.h>
sbit Signal = P1 ^ 1;
//初始化定时计数器控制寄存器
TMOD = 0x00;
EA = 1;
ET0 = 1;                          //打开定时计数器 0 溢出中断
TH0 = 0x1F;
TL0 = 0x08;                       //装入初始化值
TR0 = 1;
……
//定时器 0 中断服务子程序
void Timer0(void) interrupt 1
```

```
    {
      Signal =  ~ Signal;                        //P1.1 引脚翻转
      TH0 = 0x1F;
      TL0 = 0x08;                                //重装初始化值
    }
```

> 注意：由于定时器 0 在工作方式 0 下为 13 位计数器，由 TH0 的 8 位和 TL0 的低 5 位组成，所以在装入初始化数值的时候应该把该数值的高 8 位装入 TH0，把低 5 位装入 TL0 中。根据公式计算出的初始化数值应该为 0 0010 1010 1000B，所以把高 8 位的 0 0010 101(0x1F) 装入 TH0 中，把低 5 位的 0 1000 装入 TL0 中。

　　例 6.2 是 51 单片机使用定时器 1 在工作方式 1 下实现例 6.1 功能的 C51 语言程序代码，其本质也是使用定时计数器 1 进行一段时间长度的定时操作。

　　【例 6.2】定时计数器 1 的定时操作。

```
      #include <AT89X52.h>
      sbit Signal = P1 ^ 1;
      //初始化定时计数器控制寄存器
      TMOD = 0x10;
      EA = 1;
      ET1 = 1;                                   //打开定时计数器 1 溢出中断
      TH1 = .1000/256;
      TL1 = .1000%256;                           //装入初始化值
      TR1 = 1;
      ……
      //定时器 0 中断服务子程序
      void Timer1(void) interrupt 3
      {
      Signal =  ~ Signal;                        //P1.1 引脚翻转
      TH1 = .1000/256;
      TL1 = .1000%256;                           //重装初始化值
      }
```

> 注意：在程序装入初始化值时使用了一点小技巧。由于工作频率为 12MHz，故需要装入的初始化值应该为（65536.1000），但是可以把这个数值看作是 1000 在模为 65536 时的补数，所以可以通过对 1000 分别除以 256 取整和取余后取补的方式得到 TH1 和 TH0 内应该装入的初始化值。

　　定时计数器的工作方式 2 和工作方式 1、工作方式 0 类似，此时计数器为 8 位，可以自动装入初始化值，例 6.3 的 C51 语言代码描述了利用定时计数器 0 的工作方式 3 来在 P1.1 引脚上每隔 $300\mu s$ 产生一个宽度为 $100\mu s$ 的高电平信号的方法，51 单片机的工作频率为 6MHz。

　　在定时计数器 0 的工作方式 3 下，利用 TH0 定时 400ms，利用 TL0 定时 100ms。首先置位 P1.1，启动 TH0 和 TL0，当 TL0 定时到达时候复位 P1.1，停止 TL0；当 TH0 定时到达时候置位 P1.1，再次启动 TL0，循环即可。

　　【例 6.3】定时计数器 0 的工作方式 3。

```
      #include <AT89X52.h>
```

```
sbit Signal = P1 ^ 1;
//初始控制寄存器
TMOD = 0x03;
EA = 1;
ET0 = 1;
ET1 = 1;
TH0 = 0x38;
TL0 = 0xCE;
Signal = 1;
TR0 = 1;
TR1 = 1;                                          //启动两个定时器
//TL0 中断服务子函数，使用通用工作寄存器组 1
void Timer0(void) interrupt 1 using 1
{
 Signal = 0;
 TR0 = 0;                                         //停止定时器 TL0
 TL0 = 0xCE;
}
//TH0 中断服务子函数，占用定时计数器 1 的中断向量，使用通用工作寄存器组 2
void Timer1(void) interrupt 3 using 2
{
 Signal = 1;
 TR0 = 1;                                         //启动定时器 TL0
 TH0 = 0x38;
}
```

> 注意：定时计数器器 0 的工作方式 3 需要程序装入初始值。定时器中断服务子程序内的操作顺序将影响单片机的定时精度，在程序设计的时候需要加以注意，具体的影响以及如何尽量消除误差的方法将在以后的章节中做详细论述。

6.4.2　使用计数功能

当 51 单片机的定时计数器用于计数时，其计数驱动信号来自外部引脚 T0（P3.4）和 T1（P3.5），当这两个引脚上检查到一个负跳变的时候，其对应的计数寄存器加 1。由于 51 单片机确认一个负跳变需要两个机器周期，所以外部的跳变产生频率不能够高于 51 单片机工作频率的 1/2，否则就会丢失跳变或者检测不到任何跳变。在计数过程中，当前的计数值可以通过读相应的数据寄存器来得到。

例 6.4 是一个利用单片机的定时计数器 0 来对外部脉冲进行计数的实例，外部脉冲加到 51 单片机的 T0 引脚上，51 单片机对这个脉冲进行计数，当达到预先设定的数值（200）时候，输出一个高电平把连接到 P1.1 上的一个 LED 小灯点亮，单片机的工作频率为 12MHz。51 单片机的定时计数器 0 工作在计数方式下，设置计数器初始化值从而使得当计数值达到 200 的时候产生一个计数器中断，在中断服务子程序内把 LED 点亮。

【例 6.4】定时计数器 0 的计数功能。

```
#include <AT89X52.h>
```

```
sbit LED = P1 ^ 1;
//设置定时计数器 0 为计数器，工作方式 1
TMOD = 0x05;
EA = 1;
ET0 = 1;
TH0 = .200/256;
TL0 = .200%256;                        //设置初始化值
TR0 = 1;                               //启动计数器
LED = 0;
//中断服务子程序
void Timer0(void) interrupt 1
{
  LED = 1;                             //点亮 LED
}
```

　　计数器初始化值的计算方法和定时器相同，例 6.4 提供的 C51 程序代码的优点是一旦启动计数器，51 单片机就可以去进行其他操作，只需要等到中断到来即可；缺点是不能够实时的监控计数器的当前值，例 6.5 是一段功能完全相同的 C51 语言代码，在其中变量 Counter 被设置为全局变量，所以其他程序段可以通过读该变量值来获得当前的计数值。

　　定时计数器 0 仍然工作在工作方式 1 下，但是通过设置计数初始化值为 0xff，使得每当 T0 引脚上接收到一个脉冲时候随即产生一个中断，在中断服务子程序中对计数变量进行操作，传递当前计数值，然后通过检查该计数变量的数值来决定是否达到预定值，如果达到，则进行相应操作。

【例 6.5 】定时计数器 0 的计数功能。

```
#include <AT89X52.h>
unsigned char counter;                 //由于预定值为 200，故 char 类型变量足够
sbit LED = P1 ^ 1;
//设置定时计数器 0 为计数器，工作方式 1
TMOD = 0x05;
EA = 1;
ET0 = 1;
TH0 = 0xff;
TL0 = 0xff;                            //设置初始化值
TR0 = 1;                               //启动计数器
counter = 0;                           //计数变量清零
LED = 0;
//中断服务子程序
void Timer0(void) interrupt 1
{
  counter++;                           //计数变量加 1
  if(counter >=200)                    //如果达到设定值
  {
    LED = 1;                           //点亮 LED
  }
}
```

6.4.3　使用门控信号

当定时计数器的控制寄存器 TMOD 中的 GATE0/GATE1 被置位后，定时计数器 T0/T1 受到计数脉冲和单片机外部中断引脚 INT0（P3.2）/INT1（P3.3）上的电平信号的联合控制。只有当外部中断引脚上为高电平并且 TR0/TR1 被启动时，定时计数器才工作。利用这种特性，可以方便地利用定时器来检测加在外部中断引脚上的脉冲宽度，也可以方便地利用计数器来检测在一定电平包络中的脉冲信号，例 6.6 是一个门控信号的应用实例。

一个需要检测的正脉冲加在 51 单片机的 INT0 引脚上，其宽度为 T_p，51 单片机的定时计数器 0 工作于工作方式 1 下，在 INT0 引脚上为低电平时置位 TR0，但是此时定时计数器并不会立刻开始运行，当正跳变来到时，定时计数器开始运行，在负跳变时停止计数，这时候读出该数据寄存器中的数值即可。

【例 6.6】门控信号的使用。

```
#include <AT89X52.h>
sbit INT0= P3 ^ 2;
unsigned char TimeH，TimeL;                    //时间宽度高位、低位
unsigned int Time;
TMOD = 0x09;                                   //初始化定时计数器 0
while(INT0 ==0);                               //等待电平变低
TR0 = 1;                                        //启动定时器
while(INT0 == 1);                              //等待电平变高
TR0 = 0;                                        //停止定时器
TimeH = TH0;
TimeL = TL0;
Time = 256 * TH0 + TL0;                        //取得时间宽度参数
```

定时计数器具有一个最长定时时间（定时计数器的数据寄存器溢出时间），在使用 GATE 信号的时候该最长时间也存在，如果这个脉冲宽度超出了定时计数器的最大定时长度，可以利用软件变量来延长这个时间，但是会带来一定的误差。

在程序设计中利用了"while(变量 == 数值)；"的写法，该语句等价如下：

```
while(变量 == 数值)
{
 空操作;
}
```

这是一条实现有条件等待的语句，当变量值等于该数值时候，while 语句条件成立，51 单片机做空操作，进入一种死循环等待状态；当变量值改变后，while 语句条件不成立，51 单片机进入以后的语句操作。这种设计方法使用非常广泛，常常用于对事件的等待，系统状态的切换中，对多个进程程序设计，尤其是等待中断事件的程序设计有不可取代的功效。例 6.7 是给出了一个利用该设计方法来进行状态转换的算法。

【例 6.7】使用 while 语句进行状态转换的算法。

```
……                                            //状态 1
while(状态 1 完成标志 == false);                //如果状态 1 完成，则进入状态 2，否则等待
```

```
状态 1 完成标志 = false;                    //清除标志
……                                        //状态 2
while(状态 2 完成标志 == false)
状态 2 完成标志 = false;
……
```

在上述代码中，状态完成标志可以在每个状态的执行语句中置位，也可以在中断服务子函数中置位，利用中断事件来驱动系统状态的改变。

6.4.4　定时计数器值的读取

定时计数器在运行过程中，程序可能要求取得当前的定时值，但是由于 TH0/TH1 寄存器和 TL0/TL1 寄存器是分开的，不可能同时读取，这就有可能由于在读取其中一个寄存器时另外一个寄存器正在改变而造成得到一个错误的数据。对于这种情况，在程序设计时可以考虑用小误差来代替大误差的情况，即用定时计数器的数据寄存器低位上的误差来代替高位上的误差。程序应该先读取定时器高 8 位数据寄存器 TH0/TH1，再读取低 8 位数据寄存器 TL0/TL1。还有另外一种情况，即读取 TH0/TH1 后 TL0/TL1 对高位产生了进位，如果出现这种情况，读出的数据同样会存在较大的误差。对于这种情况，可以考虑在读取低位寄存器后再次读取高位寄存器并且和第一次取得的数值进行比较，如果不相同则再次重复操作的方式来避免，例 6.8 给出了这种算法。

【例 6.8】定时计数器的数据寄存器的值读取。

```
unsigned char TimeH, TimeL, Temp;
do
{
TimeH = TH0;                        //读寄存器高位
TimeL = TL0;                        //读寄存器低位
Temp = TH0;                         //再次读寄存器高位
}while(Temp !=TimeH);
//如果两次读到的高位寄存器数值不等，则再次进行读取操作
```

6.5　51 单片机定时计数器的特殊应用

当 51 单片机的两个外部中断不够用时，可以利用定时计数器来扩展外部中断。利用定时计数器中断来扩展外部中断时，把定时计数器设置为计数模式，并且设置为自动重装工作方式（工作方式 2），设置自动重装数值为 0xFF。将需要检测的信号接到定时器的外部引脚上，当这个信号出现一个负跳变的时候，51 单片机将出现一个定时计数器溢出中断，可以在这个中断服务子程序中进行相应的"外部中断"事件的处理。

但是这种方式有一定使用限制：
- 首先，这个信号必须是边沿触发的；
- 其次，在检测到负跳变信号和中断响应之间有一个指令周期的延时，因为只有当定时计数器加 1 之后计数器才会产生一个溢出中断。
- 最后，当这个定时计数器用作外部中断时候，就不能用于定时/计数功能。

例 6.9 是用定时计数器来扩展外部中断方法所对应的 C51 语言代码，其利用 T0 和 T1 来实

现了两个对"外部中断"的处理。

【例 6.9】使用定时计数器来扩展外部中断。

```
TMOD = 0x66;                              //定时计数器工作方式 2
TH0 = 0xFF;
TL0 = 0xFF;
TH1 = 0xFF;
TL1 = 0xFF;                               //设置初始化值
EA = 1;
ET0 = 1;
ET1 = 1;                                  //打开相应中断
TR0 = 1;
TR1 = 1;                                  //启动定时计数器 0 和 1
void Timer0(void) interrupt 1 using 1    //1 号中断处理
{
 1 号外部中断处理;
}
void Timer1(void) interrupt 3            //2 号中断处理
{
 2 号外部中断处理;
}
```

6.6 应用案例 6.1——PWM 波形发生器的实现

本节是使用 51 单片机的定时计数器设计 PWM 波形发生器的实现方法。

6.6.1 PWM 波形基础

PWM 是脉冲宽度调制 Pulse Width Modulation 的缩写,简称脉宽调制,其是一种使用 51 单片机或者其他处理器的数字输出来对模拟电路进行控制的方法,这种方法可以数字方式来控制模拟电路,可以大幅度降低系统的成本和功耗。

在采样控制理论中有一个重要结论:冲量相等而形状不同的窄脉冲加在具有惯性的环节上时,其效果基本相同。PWM 控制技术就是以该结论为理论基础,利用 51 单片机的 I/O 引脚输出一系列幅值相等而宽度不相等的脉冲,用这些脉冲来代替正弦波或其他所需要的波形,按一定的规则对各脉冲的宽度进行调制,其既可改变逆变电路输出电压的大小,也可改变输出频率。

对于 PWM 控制来说,其关键的参数有两个:脉冲的频率和脉冲的宽度,在实际的 51 单片机应用系统中,通常可以使用定时器来实现对这两个参数的控制。

PWM 波形发生器的一个输出波形如图 6.6 所示,这是一个频率为 1Hz,高电平宽度为 125 μs 的 PWM 波形。

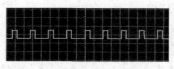

图 6.6 PWM 发生器的一个输出波形

6.6.2 PWM 波形发生器的应用代码

PWM 波形由两个参数决定，一个是频率，也就是多长时间产生一个高脉冲电平；另外一个是高脉冲电平的宽度，也就是每次高脉冲电平的持续时间。在 PWM 波形发生器的应用中定时计数器 T0 和 T1 都使用工作方式 1，T1 用于决定 PWM 的频率，而 T0 用于决定 PWM 的脉冲高电平宽度，在 T1 的中断服务程序中启动 T0，让其输出预置宽度的高电平信号，波形信号从 P1.0 引脚上输出，例 6.10 是 PWM 波形发生器的 C51 语言应用代码。

> 注意：PWM 波形发生器的电路非常简单，即为一个"最小的"51 单片机应用系统即可，所以在此不再赘述。

【例 6.10】PWM 波形发生器的 C51 语言应用代码。

```c
#include <AT89X52.h>
sbit Signal = P1 ^ 7;
//初始控制寄存器
//TL0 中断服务子函数，使用通用工作寄存器组 1
void Timer0(void) interrupt 1 using 1
{
 Signal = 0;
 TR0 = 0;                          //停止定时器 TL0
 TL0 = 0xCE;
}
//TH0 中断服务子函数，占用定时计数器 1 的中断向量，使用通用工作寄存器组 2
void Timer1(void) interrupt 3 using 2
{
 Signal = 1;
 TR0 = 1;                          //启动定时器 TL0
 TH0 = 0x38;
}
main()
{
  TMOD = 0x03;
  EA = 1;
  ET0 = 1;
  ET1 = 1;
  TH0 = 0x38;
  TL0 = 0xCE;
  Signal = 1;
  TR0 = 1;
  TR1 = 1;                              //启动两个定时器
  while(1)
  {
  }
}
```

6.6.3　脉冲宽度可调的 PWM 波形发生器

在 6.6.2 小节中给出了一个 PWM 波形发生器的实例，其中 PWM 的脉冲宽度是固定的，但是在实际的应用中这个值通常是动态更新的，本小节介绍一个 PWM 输出可控制的波形发生器的实现方式。两个连接到 51 单片机外部引脚上的按键 S1 和 S2 用于控制 PWM 信号的脉冲宽度，当按键 S1 被按下时，脉冲宽度减小，当减小到最小值的时候固定不变；当 S2 被按下时脉冲宽度增加，当增加到最大值的时候同样固定不变。

图 6.7 所示是脉冲宽度可调的 PWM 波形发生器的应用电路，两个按键 S1 和 S2 一端连接到地，另外一端通过上拉电阻连接到 51 单片机的 P1.6 和 P1.7 引脚上，PWM 信号从 P2.0 引脚输出，实例涉及的典型器件如表 6.3 所示。

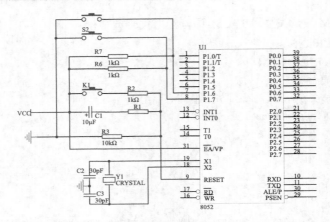

图 6.7　脉冲宽度可调的 PWM 波形发生器应用电路

表 6.3　可控 PWM 输出应用实例器件列表

器件	说明
按键	提供用户输入通道
电阻	限流、上拉
晶体	51 单片机工作的振荡源，12MHz
电容	51 单片机复位和振荡源工作的辅助器件

脉冲宽度可调的 PWM 波形发生器的 C51 语言应用代码如例 6.11 所示，其通过对外部引脚上电平状态的检查来判断两个按键是否被按下，如果被按下，则修改 T1 的预置值，从而达到控制 PWM 输出的脉冲宽度的目的，实例输出的 PWM 波形如图 6.8 和图 6.9 所示。

【例 6.11】脉冲宽度可调的 PWM 波形发生器的 C51 语言应用代码。

```
#include < AT89X52.h >
#include < intrins.h >
sbit    S1 =P1^6 ;                    //PWM 宽度减少键
sbit    S2 =P1^7 ;                    //PWM 宽度增加键
sbit    PWMout = P2^0;               //蜂鸣器波形输出引脚
unsigned char PWM=0x7f ;             //PWM 宽度预置值
```

```
void delayms(unsigned char ms)              //ms 延时函数
{
    unsigned char i ;
    while(ms--)
      {
          for(i = 0 ; i < 120 ; i++) ;
      }
}
void timer0() interrupt 1                   //定时器 0 中断服务程序.
{
    TR1=0 ;
    TH0=0xfc ;
    TL0=0x66 ;
    TH1=PWM ;                               //设置 T1 的预置值
    TR1=1 ;                                 //启动 T1 定时脉冲宽度
    PWMout = 1;                             //启动输出
}
void timer1() interrupt 3                   // 定时器 1 中断服务程序
{
    TR1=0 ;                                 //输出完毕，停止 T1
    PWMout = 0;                             //停止输出
}

void main()
{
    P1=0xff;
    TMOD=0x21 ;
    TH0=0xfc ;                              //PWM 频率为 1000Hz
    TL0=0x66 ;
    TH1=PWM ;                               //脉宽冲宽度预置值
    TL1=0 ;
    ET0=1;
    ET1=1;
    EA=1;                                   //开 T0 和 T1 中断
    TR0=1 ;                                 //启动 T0
    while(1)
    {
     do{
        if(PWM!=0xff)                       //如果 PWM 宽度没有增加到最大
        {
          PWM++;                            //脉冲宽度增加
          delayms(10);
        }
```

```
        else                            //如果 PWM 宽度已经到达最大值
        {

        }
    }while(S1==0);                       //如果 S1 被按下
    do{
        if(PWM!=0x02)                    //如果 PWM 宽度没有减少到最小
        {
          PWM-- ;
          delayms(10);
        }
        Else                            //如果已经减小到最小
        {

        }
    }while(S2==0);
    }
}
```

图 6.8 脉冲宽度最小时的输出波形

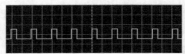

图 6.9 脉冲宽度最大时的输出波形

6.7 应用案例 6.2 ——呼吸灯的实现

本节是使用 51 单片机的定时计数器对 PWM 波形发生器的实现方法。

6.7.1 呼吸灯效果实现原理

对于 51 单片机的应用系统而言，最常用的发光源是发光二极管（LED）。发光二极管的发光强弱和通过其的电流大小相关，当电流越大的时候发光二极管的亮度越大，通过对这个电流大小的控制，即可以实现发光二极管亮度的控制；当这个电流逐步增大的时候灯光变亮，反之灯光变暗。

6.7.2 RCL 电路原理

51 单片机的输出是一个数字信号，只有"0"和"1"两种状态，也就是说只有"大电流"和"小电流"，不能直接对 LED 进行控制，此时需要一个相应的电路来将这个数字信号转化为模拟信号。

RCL 响应电路是一种可以进行储能释放的电路，其电路原理如图 6.10 所示。如果在电容 C1 两端加上一个电源，其将对 C1 进行充电，C1 在两端累积电荷；如果此时电源被撤去，C1 开始通过 R1 和 L1 组成的回路开始放电，但是电感 L1 会产生逆电动势同时继续给

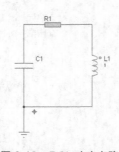

图 6.10 RCL 响应电路

C1 充电，所以此时 C1 处于一个反复的充放电过程，直到其中最开始存储的电能都在电阻 R1 消耗掉。

如果在 RCL 电路的 R1 和 L1 之间串联一个发光二极管，而在电容两端加上高低的数字逻辑电平，则可以实现发光二极管上电流的变化。

> 注意：这个充放电的过程，被称为 RCL 的阶跃响应，其充放电的时间是可以通过相关的公式计算而出的，有兴趣的读者可以自行查阅电路相关书籍。

电阻、电容和电感是构成 RCL 电路的基础，同时也是 51 单片机中最常用的基础元器件。

1．电阻

电阻是用电阻材料制成的、有一定结构形式、能在电路中起限制电流通过作用的二端电子元件，其中阻值不能改变的称为固定电阻器，而阻值可变的称为电位器或可变电阻器。

电阻可限制通过它所连支路的电流大小，如图 6.7 中的 R1 就用于限制发光二极管上的电流大小。

电阻的最主要参数是其电阻值和功率大小。

2．电容

电容是用于存储电荷能量的元件，其最主要的参数是工作电压和其电容值的大小。

3．电感

电感是利用当线圈通过电流后，在线圈中形成磁场感应，感应磁场又会产生感应电流来抵制通过线圈中的电流原理制成的器件，包括自感和互感两种完全不同的效应。

- 自感是指当线圈中有电流通过时，线圈的周围就会产生磁场，当线圈中电流发生变化时，其周围的磁场也产生相应的变化，此变化的磁场可使线圈自身产生感应电动势（感生电动势）的效应。
- 互感是指当两个电感线圈相互靠近时，一个电感线圈的磁场变化将影响另一个电感线圈的效应，互感的大小取决于电感线圈的自感与两个电感线圈耦合的程度，利用此原理制成的元件叫做互感器。

电感最主要的参数是电感值的大小。

6.7.3 呼吸灯的电路

呼吸灯的电路如图 6.11 所示，51 单片机使用 P2.0 引脚驱动了一个由 PNP 和 NPN 三极管构成的三极管开关电路（VT1 和 VT2）；一个 5V 的电源通过这个开关电路给由 L1、C4 和 R1 构成的 RCL 电路供电，在 R1 上串联了一个用于显示的发光二极管 VD1。

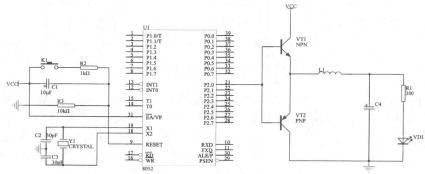

图 6.11 呼吸灯的应用电路

呼吸灯涉及的典型器件说明如表 6.4 所示。

表 6.4　呼吸灯器件列表

器件	说明
晶体	51 单片机的振荡源
51 单片机	51 单片机系统的核心控制器件
电容	滤波、储能器件
电阻	限流、上拉
三极管	开关电路
电感	构成 RCL 电路
发光二极管	发光器件

6.7.4　呼吸灯的应用代码

呼吸灯的软件是系统设计的重点，其主要功能是要输出合适的 PWM 波形来驱动三极管开关以使得 RCL 电路上获得适当的电源，而输出 PWM 波形的重点是对于 51 单片机的定时计数器的控制。

呼吸灯需要输出的 PWM 波形应该是一个脉冲宽度逐步增加，然后逐步减小的脉冲序列，可以使用定时计数器来控制完成，其应用系统软件流程如图 6.12 所示。

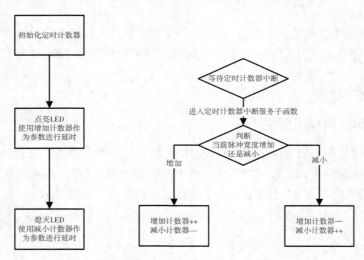

图 6.12　呼吸灯应用系统的软件流程

呼吸灯的 C51 语言代码如例 6.12 所示，应用代码定义了一个标志位 bit ArrorFlg，用于判别计数方向，当到达输出波形的最大宽度或者最小宽度的时候，修改这个标志位，然后在进行相应的计数之前，对该标志位进行判断，以决定增加计数器 upCounter 和减小计数器 downCounter 的计数方向。

【例 6.12】呼吸灯的 C51 语言代码。

```c
#include <AT89X52.h>
#define MAX 0x50                         //定时上限定义
#define MIN 0x00                         //定时下限定义
#define TIMELINE 11                      //时间分频常数
#define TRUE    1
#define FALSE 0                          //标志位常数
unsigned int TimeCounter;
bit ArrowFlg = 0;                        //方向标志位
unsigned char upCounter,downCounter;     //增加计数器和减少计数器
sbit LED=P2^0;
//T0 的中断服务子函数
void T0Deal() interrupt 1 using 0
{
 TH0=0xf1;
 TL0=0xf1;
 TR0=1;
 TimeCounter++;                          //定时计数器增加
 if(TimeCounter == TIMELINE)
 {
     if((upCounter == MAX)&&(downCounter == MIN))       //计数方向标志位切换
   {
     ArrowFlg = FALSE;
   }
     if((upCounter == MIN)&&(downCounter == MAX))
   {
     ArrowFlg= TRUE;
   }
     if(ArrowFlg == 1)                   //如果是增加计数
   {
     upCounter++;
     downCounter--;
   }
     else                                //如果是减少计数
   {
     upCounter--;
     downCounter++;
   }
     TimeCounter=0;
 }
}
//延时函数
void Delay(unsigned int i)
{
```

```
    unsigned int j;
    while(i--)
    {
        for(j=0;j<32;j++);                          //延时
    }
}
void main()
{
    upCounter = MIN;
    downCounter = MAX;                              //计数器初始化
    TMOD = 0x01;                                    //设置定时器工作方式
    TH0 = 0xF0;
    TL0 = 0xF0 ;                                    //T0 初始化值
    EA = 1;
    ET0 = 1;                                        //开中断
    TR0 = 1;                                        //启动 T0
    while(1)
    {
        LED=0;                                      //输出变化的 PWM 波形
        Delay(downCounter);
        LED=1;
        Delay(upCounter);
    }
}
```

如果在 51 单片机 P2.0 引脚连接一个示波器，可以看到如图 6.13 所示的 PWM 波形，这是一个高电平宽度连续变化的波形，即 PWM 波形的脉冲宽度是一直在变换的。

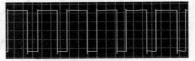

图 6.13　呼吸灯系统的 PWM 驱动波形

总结：在实际应用中，可以通过两种方式来调整呼吸灯的效果变化，第一种是修改 51 单片机输出的 PWM 驱动波形，另外一种是修改 RCL 电路中电阻、电容、电阻的大小，通常来说，前一种方式更加方便一些，所以应用更加广泛。具体到本实例中，只需要修改应用代码中的 MAX 和 MIN 这两个宏定义对应的数值即可。

6.8　中断服务子程序带来的时间误差分析

51 单片机的中断服务子程序自身执行是需要占用一定时间的，这是因为在单片机响应中断进入中断服务子程序之间需要执行一定的语句，需要一定的执行时间。从中断事件发生到要求的中断服务事件被执行之间的时间间隔称为中断服务子程序时间误差。这个误差一般是微秒级的，一般的中断服务事件中可以不考虑这个时间误差，但是在定时计数器中断服务中，尤其是用于精确定时服务的子程序则需要考虑这个问题。

在一个用于精确定时的应用中，51 单片机的工作频率为 12MHz，使用定时计数器 0（51 单片机的定时计数器详细使用方法将在本书的第 7 章中进行详细介绍）分别定时 300μs 和 20ms，由于系统只能使用一个硬件定时器资源，所以必须用软件协助完成该定时，即在程序中使用一个变量用作软件定时器。

应用的 C51 语言代码如例 6.13 所示，其使用程序变量 Timer_300μs 和 Timer_20ms 作为软件计时器，定时计数器 0 工作方式 1，16 位定时器，每一个工作脉冲为一个微秒，定时长度为 100μs，也即 100μs 产生一个定时溢出中断，在中断服务子程序中将两个软件定时器加 1，然后对软件定时器进行判断，对应时长到达后将对应的标志位置位。

【例 6.13】用于精确定时的 C51 语言代码。

```c
#include <AT89X52.h>
unsigned char Timer_300us,Timer_20ms;           //软件定时器
bit Flg_300us,Flg_20ms;                         //标志位
void Timer0(void);
main()
{
 Flg_300us = 0;
 Flg_20ms = 0;
 Timer_300us = 0;
 Timer_20ms = 0;
 TMOD = 0x01;                                    //工作方式 1
 TH0 = -100 / 256;
 TL0 = -100 % 256;                               //定时长度 100μs
 EA = 1;
 ET0 = 1;
 TR0 = 1;                                        //启动定时器 0
 while(1)
 {
      //根据需求进行相应处理
   }
}
//定时器 0 中断服务子程序
void Timer0(void) interrupt 1 using 1
{
 TR0 = 0;                                        //关闭计时器
 TH0 = -100 / 256;
 TL0 = -100 % 256;                               //装入初始化值
 Timer_300us++;
 Timer_20ms++;                                   //软件定时器自加
 if(Timer_300us == 3)                            //如果 300μs 到
 {
      Flg_300us = 1;                             //置位标志位
      Timer_300us = 0;                           //清软件定时器
```

```
    }
    if(Timer_20ms == 200)                              //如果 20μs 到
    {
        Flg_20ms = 1;
        Timer_20ms = 0;                                //清除软件定时器
    }
    TR0 = 1;                                           //启动定时器
}
```

在以上代码的中断服务子程序中，首先关闭了定时计数器 T0，然后进行相应的中断处理，最后再次启动定时计数器。每两次定时计数器 T0 中断之间的时间间隔是 100μs，忽略晶体误差等因素，可以把这个时间看作是准确的；但是在使用软件定时器时候，由于两次定时中断之间有一个中断服务子程序处理，造成实际的时间大于 $2 \times 100μs$，在精确的应用系统定时中，这个误差会随着累计次数增加而不断增大。

在实际的单片机应用系统中可以通过如下 3 个途径来尝试减少中断服务子程序带来的误差。

（1）减少中断服务程序内容，从而缩短处理时间。这是 C51 语言的程序设计的基本思路，也是中断服务子程序设计的基本要求，但是这种方式存在带来丢失有效事件的弊端。例如，在上例中，如果把软件计数器放在中断服务程序之外，当中断事件产生很快时，在主程序中就有可能监测不到这个事件，如果主程序设计采取等待中断事件发生的方式，又使得主程序不能够进行其他的操作。

（2）尽量使用硬件定时器，避免软件定时造成的误差。这是最好的解决方式，但是由于定时计数器位数有限，所以肯定有一个最大的定时时间长度，当超过这个长度时就无法定时，当然，如果硬件资源充裕，可以采用两个定时计数器联合定时的方式，但是这种方式也有最大长度限制，而且如果系统需要的是不仅一个定时长度，而是 2 个、3 个的时候，这种方式也不能够解决。

（3）计算误差，在初始化值设置处做出适当的修改。这种方式比较麻烦，需要根据中断服务子程序的执行时间来修改定时计数器的初始化值，来人为地消除误差；其本质就是在理论上需要的定时长度上减去中断服务程序的执行时间长度，根据这个时间长度来设置初始化值。计算误差的方法需要根据该中断服务程序编译后产生的汇编指令条数和单片机的工作频率来计算中断服务程序的执行时间，在 Keil μVision 可以方便地在该工程的 lst 文件中得到 C51 语言程序对应的汇编代码。例 6.13 对应的 lst 文件如例 6.14 所示。

> 注意：lst 文件的汇编程序部分添加了相应的注释，在指令后面的括号中给出了该指令的周期数，对汇编程序不了解的读者可以自行查阅相应的 51 单片机指令系统介绍文档。

【例 6.14】用于精确定时的 C51 语言代码对应的 lst 文件。

```
    C51 COMPILER V6.06     12_22
10/17/2004 10:43:41 PAGE 1
    C51 COMPILER V6.06, COMPILATION OF MODULE 12_22
    OBJECT MODULE PLACED IN 12-22.OBJ
    COMPILER INVOKED BY: C:\Keil\C51\BIN\C51.EXE 12-22.c BROWSE DEBUG
```

OBJECTEXTEND CODE

//以上是编译器的相关资料

```
stmt  level      source
  1               #include <AT89X52.h>
  2               unsigned char Timer_300us,Timer_20ms;
  3               bit Flg_300us,Flg_20ms;
  4               void Timer0(void);
  5               main()
  6               {
  7     1             Flg_300us = 0;
  8     1             Flg_20ms = 0;
  9     1             Timer_300us = 0;
 10     1             Timer_20ms = 0;
 10     1             TMOD = 0x01;
 12     1             TH0 = -100 / 256;
 13     1             TL0 = -100 % 256;
 14     1             EA = 1;
 15     1             ET0 = 1;
 16     1             TR0 = 1;
 17     1             for(;;)
 18     1             {
 19     2             }
 20     1         }
 21               void Timer0(void) interrupt 1 using 1
 22               {
 23     1             TR0 = 0;
 24     1             TH0 = -100 / 256;
 25     1             TL0 = -100 % 256;
 26     1             Timer_300us++;
 27     1             Timer_20ms++;
 28     1             if(Timer_300us == 3)
 29     1             {
 30     2                 Flg_300us = 1;
 31     2                 Timer_300us = 0;
 32     2             }
 33     1             if(Timer_20ms == 200)
 34     1             {
 35     2                 Flg_20ms = 1;
 36     2                 Timer_20ms = 0;
 37     2             }
 38     1             TR0 = 1;
 39     1         }
 40
```

//以上是 Cx51 的源代码，以下为在当前编译配置下得到的汇编程序

ASSEMBLY LISTING OF GENERATED OBJECT CODE

```
                    ; FUNCTION main (BEGIN)                              //主程序
                                              ; SOURCE LINE # 5    //说明了在 Cx51 程序的
第几行

                                              ; SOURCE LINE # 6
                                              ; SOURCE LINE # 7
0000 C200        R    CLR      Flg_300μs
                                              ; SOURCE LINE # 8
0002 C200        R    CLR      Flg_20ms
                                              ; SOURCE LINE # 9
0004 E4               CLR      A
0005 F500        R    MOV      Timer_300μs,A
                                              ; SOURCE LINE # 10
0007 F500        R    MOV      Timer_20ms,A
                                              ; SOURCE LINE # 10
0009 758901          MOV      TMOD,#01H
                                              ; SOURCE LINE # 12
000C F58C            MOV      TH0,A
                                              ; SOURCE LINE # 13
000E 758A9C          MOV      TL0,#09CH
                                              ; SOURCE LINE # 14
0010 D2AF            SETB     EA
                                              ; SOURCE LINE # 15
0013 D2A9            SETB     ET0
                                              ; SOURCE LINE # 16
0015 D28C            SETB     TR0
                                              ; SOURCE LINE # 17
0017            ?C0001:
                                              ; SOURCE LINE # 18
                                              ; SOURCE LINE # 19
0017 80FE            SJMP     ?C0001
                ; FUNCTION main (END)
                ; FUNCTION Timer0 (BEGIN)              //中断服务程序
0000 C0E0            PUSH     ACC(2)
0002 C0D0            PUSH     PSW(2)                   //压栈，这是中断程序必须的
                                              ; SOURCE LINE # 21
                                              ; SOURCE LINE # 23
0004 C28C            CLR      TR0(1)                   //关定时计数器 0
                                              ; SOURCE LINE # 24
0006 758C00          MOV      TH0,#00H(1)
                                              ; SOURCE LINE # 25
0009 758A9C          MOV      TL0,#09CH(1)    //设置初始化值
```

```
                                                ; SOURCE LINE # 26
000C 0500        R    INC      Timer_300us (1)    //300μs 软件定时器加 1
                                                ; SOURCE LINE # 27
000E 0500        R    INC      Timer_20ms(1)        //20ms 软件定时器加 1
                                                ; SOURCE LINE # 28
0010 E500        R    MOV       A,Timer_300us(1)
0012 B40305           CJNE     A,#03H,?C0004(2)    //判断是否到定时，否则跳转
                                                ; SOURCE LINE # 29
                                                ; SOURCE LINE # 30
0015 D200        R    SETB     Flg_300us(1)         //如果是，置位标志位
                                                ; SOURCE LINE # 31
0017 750000      R    MOV      Timer_300us,#00H(2)  //清除软件定时器
                                                ; SOURCE LINE # 32
001A                  ?C0004:
                                                ; SOURCE LINE # 33
001A E500        R    MOV       A,Timer_20ms(1) //以下为对另外一个软件定时器的处理
001C B4C805           CJNE     A,#0C8H,?C0005(2)
                                                ; SOURCE LINE # 34
                                                ; SOURCE LINE # 35
001F D200        R    SETB     Flg_20ms(1)
                                                ; SOURCE LINE # 36
0021 750000      R    MOV      Timer_20ms,#00H(2)
                                                ; SOURCE LINE # 37
0024                  ?C0005:
                                                ; SOURCE LINE # 38
0024 D28C             SETB     TR0(1)              //启动定时器
                                                ; SOURCE LINE # 39
0026 D0D0             POP      PSW(2)
0028 D0E0             POP      ACC(2)              //退栈
002A 32               RETI(2)                     //中断返回
                 ; FUNCTION Timer0 (END)
```

//以下为其他编译信息

MODULE INFORMATION: STATIC OVERLAYABLE
    CODE SIZE   =   68   ----
    CONSTANT SIZE   =   ----   ----
    XDATA SIZE   =   ----   ----
    PDATA SIZE   =   ----   ----
    DATA SIZE   =   2   ----
    IDATA SIZE   =   ----   ----
    BIT SIZE   =   2   ----
END OF MODULE INFORMATION.

C51 COMPILATION COMPLETE.   0 WARNING(S),   0 ERROR(S)

    从上述 lst 文件中可以看到，整个中断服务程序一共需要执行 28 个指令周期，由于 51 单片机的工作频率为 12MHz，所以每一个指令周期是 1μs（假设为 AT89S52 单片机，指令周期为

12 分频），故整个中断服务子程序需要执行 28 个 μs，所以定时计数器的定时初始值为 72 个微秒即可。此外，由于 51 单片机的 C51 语言执行时间在单片机工作频率固定的前提下是固定的，所以在计算过程中可以看作固定值。

> 注意：其他中断服务子程序带来的时间误差可以用同样的方式计算。

6.9　本章总结

定时计数器是 51 单片机一个重要的内部资源，读者应该重点掌握如下内容。

- 51 单片机的定时计数器的工作方式控制和使用方法，包括定时、计数和门控信号的使用等。
- 使用定时计数器模块来替代外部中断实现对脉冲信号响应的方法。
- PWM 波形的基础以及如何使用 51 单片机的定时计数器产生这种波形。
- 在 51 单片机应用系统中使用电阻、电容和电感的方法。

PART 7

第 7 章
51 单片机的串行通信模块

　　51 单片机内部提供了一个全双工的串行通信模块，该模块可以通过编程控制为异步工作方式或同步工作方式，该模块是 51 单片机最常用和外部设备交互的数据通道，可以用于和其他处理器、操作系统通信、人机交互、驱动外围器件等，是 51 单片机最常用、最重要的模块。

知识目标

- 51 单片机的串行通信模块的组成。
- 51 单片机的串行通信模块的使用方法。
- RS-232 通信协议芯片 MAX232 的使用方法。
- PC 上的串口调试工具的使用。
- 使用 51 单片机实现多点数据采集的方法。
- C51 语言的输入和输出函数使用方法。
- 应用案例 7.1——51 单片机和 PC 通信的需求分析。

　　在 51 单片机应用系统中，51 单片机常常需要和 PC 进行数据交换，本应用就是一个使用 51 单片机和 PC 进行通信的实例。

- 应用案例 7.2——多点数据采集系统的需求分析。

　　在实际应用中常常使用多块单片机组成一个多机通信系统来完成多个点的数据和控制，在这个系统中一般来说有一块作为核心的主机，用于控制和协调整个系统，本应用是一个使用单片机 A 作为轮流从单片机 I、II、III、IV 中取得 4 字节的数据的实例。

7.1　51 单片机串行通信的一些术语

　　在 51 单片机的应用系统中关于串行通信的一些术语说明如下。

- 同步通信方式：一种基于位（bit）数据的通信方式，要求发收双方具有同频同相的同步时钟信号，只需在传送数据的最前面附加特定的同步字符使发收双方建立同步即可在同步时钟的控制下逐位发送/接收，在通信过程中数据的收发必须是连续的。
- 异步通信方式：也是一种基于位（bit）的数据通信方式，不需要收发双方具有相同的时钟信号，但是需要有相同的数据帧结构和波特率，并且在通信过程中数据的收发不需要连续。

- 全双工通信：参与通信的双方可以同时进行数据发送和接收操作的通信方式。
- 半双工通信：参与通信的双方可以切换进行数据发送和接收操作但是不能同时进行的通信方式。
- 单工通信：参与通信的双方只能进行单向数据发送或者接收操作的通信方式。
- 波特率：每秒钟传送的二进制位数，通常用 bit/s 作为单位，其中 b=bit。
- 通信协议：通信双方为了完成通信所必须遵循的规则和约定。

7.2　51 单片机串行通信模块的组成

和定时计数器类似，51 单片机的串行通信模块也由内部寄存器和外部引脚组成，如图 7.1 所示，外部引脚 TXD（P3.1）和 RXD（P3.0）分别用于串行数据的发送和接收。

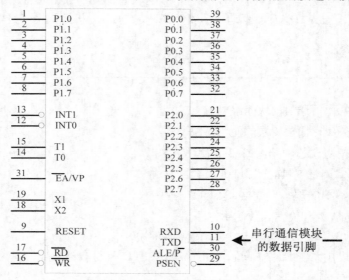

图 7.1　51 单片机串行通信模块的外部引脚

7.3　51 单片机串行通信模块的寄存器

51 单片机的串行通信模块的相关寄存器包括串行通信模块控制寄存器 SCON（Serial Control Register）、串行通信模块数据寄存器 SBUF（Serial Buffer Register）以及电源管理寄存器 PCON（Power Control Register），用户可以通过对这些寄存器的操作来实现对串行通信模块的控制。

7.3.1　串行通信模块控制寄存器（SCON）

串行通信模块的控制寄存器（SCON）用于对串行通信模块进行相应控制，支持位寻址，其内部功能如表 7.1 所示，在 51 单片机复位后该寄存器被清零。

表 7.1　　串行控制寄存器 SCON

位编号	位名称	描述
7	SM0	串行口工作方式选择位
6	SM1	00　　工作方式 0　　　10　　　工作方式 2 01　　工作方式 1　　　10　　　工作方式 3
5	SM2	多机控制通信位，当该位被置 "1" 后启动多机通信模式，当该位被清 "0"后禁止多机通信模式。多机通信模式仅仅在工作方式 2 和工作方式 3 下有效；在使用工作方式 0 时，应该使该位为 0，在工作方式 1 中，通常设置该位为1
4	REN	接收允许位，该位被置 "1" 允许串行口接收，当被清 "0" 时禁止接收
3	TB8	存放在工作方式 2 或者工作方式 3 模式下等待发送的第 9 位数据
2	RB8	存放在工作方式 2 或者工作方式 3 中接收到的第 9 位数据，在工作方式 1 下为接收到的停止位，工作方式 0 中不使用该位
1	TI	发送完成标志位，当 SBUF 中的数据发送完成后由硬件置 "1"，并且当单片硬件中断被使能后触发串行中断事件，该位必须由软件清 "0"，并且只有在该位被清 "0" 后才能够进行下一个字节数据的发送
0	RI	发送完成标志位，当 SBUF 接收到一个字节的数据后由硬件系统置 "1"，并且当单片硬件中断被使能后触发串行中断事件，该位必须由软件清 "0"，并且只有在该位被清 "0" 后才能够进行下一个字节数据的接收

7.3.2　串行通信模块数据寄存器（SBUF）

串行通信模块的数据寄存器 SBUF 用于存放在串行通信中发送和接收的相关数据，其由发送缓冲寄存器和接收缓冲寄存器两部分组成，这两个寄存器占用同一个 51 寄存器地址（0x99），允许同时访问，其中发送缓冲寄存器只能够写入不能够读出，接收缓冲寄存器只能够读出不能够写入，所以这两个寄存器在同时访问过程中并不会发生冲突。

SBUF 寄存器是单字节（Byte）寄存器，当将一个数据写入后，51 单片机立刻根据选择的工作方式和波特率将写入的字节数据进行相应的处理后从 TXD（P3.1）引脚串行发送出去，发送完成后置位相应寄存器里的标志位，只有当相应的标志位被清除之后才能够进行下一次数据的发送。

当 RXD（P3.0）引脚根据工作方式和波特率接收到一个完整的数据字节后 51 单片机将把该数据字节放入接收缓冲寄存器中，并且置位串行通信模块控制寄存器 SCON 中的相应位。由于接收缓冲数据寄存器在物理结构上是双字节的（用户的实际操作还是单字节，其中一个字节的空间仅仅用于存放临时数据，不能被用户访问），这样就可以在 51 单片机读取接收缓冲数据寄存器中的数据时候同时进行下一个字节的数据接收，不会发生前后两个字节的数据冲突。

SUBF 寄存器只能按字节进行读写操作，不能按位访问。

7.3.3　电源管理寄存器（PCON）

PCON 是 51 单片机电源管理的相应寄存器，其中和串口管理相关的只有其中的第 7 位

SMOD，该位参与控制了单片机串行口在工作方式 1、2、3 下的波特率的设置，其具体的设置方法将在 7.4 的相应小节中进行详细介绍，PCON 寄存器不能够按位寻址，在 51 单片机复位后被清零。

7.4 51 单片机串行通信模块的工作方式和使用

51 单片机的串行模块一共有 4 种工作方式，其中工作方式 0 为同步通信方式，其余 3 种为异步通信方式，本小节将介绍如何使用串行通信模块的这些工作方式及其中断。

7.4.1 工作方式 0

当 SM0、SM1 设定为 "00" 时，串行模块使用工作方式 0，其本质是一个移位寄存器，SBUF 寄存器是移位寄存器的输入、输出寄存器，外部引脚 RXD（P3.0）为数据的输入/输出端，外部引脚 TXD（P3.1）则用来提供数据的同步脉冲，该脉冲频率为 51 单片机工作频率的 1/12。

在工作方式 0 下，串行模块不支持全双工，因此在同一时刻只能够进行数据发送或者接收操作，这种工作方式一般用于扩展外部器件或者两块单片机进行高速数据交互，在工作方式 0 下串口模块有着很高的数据通信速率，能够达到 1Mbit/s。

当一个字节的数据写入 SBUF 寄存器之后，51 单片机在下一个机器周期到来时把数据按照从低位到高位的顺序串行发送到外部引脚 RXD 上；同时在外部引脚 TXD 上会给出一个时钟信号，该时钟信号频率为 51 单片机工作频率的 1/12，在机器周期的第 6 节拍起始时变高，在第 3 节拍到来时变低；串行通信模块会在第 6 节拍的后半段进行一次数据移位操作将当前位数据送出，然后切换到下一位数据。当 SBUF 寄存器内的 8 位数据发送完成后，串行口将置位 TI 标志位以申请串行口中断，并且只有在 TI 标志位被软件清 "0" 后才能够进行下一个字节数据的发送。

当 REN 标志位和 RI 标志位同时为零后的下一个机器周期，串行口将一个字节数据 "1010 1010" 写入接收缓冲寄存器，然后准备接收数据。当外部数据引脚 TXD 上时钟信号到来后，串行通信模块在该机器周期的第 5 节拍的后半段对 RXD 上的数据进行一次采集，并且将该数据送入接收缓冲寄存器。当完成一个字节的数据接收后，置位 RI 标志位并且申请一个串行中断，并且只有在 RI 标志位被清 "0" 之后才能够进行下一次接收。

> 说明：在串行通信模块的工作方式 0 下不需要考虑波特率，其通信频率固定为工作频率的 1/12。

串行通信模块的工作方式 0 适用于外扩应用器件或者两片 51 单片机进行高速数据通信的场合，例 7.1 是一个两块 51 单片机使用串行口进行高速数据交换的应用，单片机 A 使用串行模块在工作方式 0 下将 12 字节的数据写入单片机 B 中，然后单片机 B 再将 12 字节的数据写入单片机 A，其应用电路如图 7.2 所示，单片机 A（U1）和单片机 B（U2）的串行模块数据引脚 TXD（P3.1）和 RXD（P3.0）交叉连接，并且 P2.0 引脚都连接到另外一块单片机的外部中断 0 引脚 INT0（P3.2）上，实例中涉及的典型器件说明如表 7.2 所示。

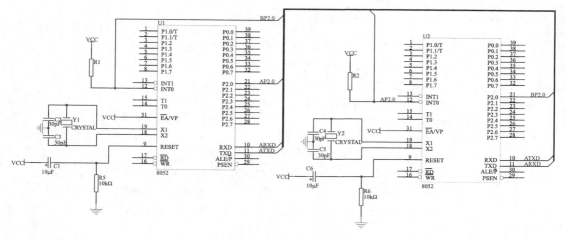

图 7.2　双机高速通信实例的电路

表 7.2　双机高速通信实例器件列表

器件	说明
51 单片机×2	数据通信的发起端和接收端
电阻	限流
晶体	51 单片机工作的振荡源，12M
电容	51 单片机复位和振荡源工作的辅助器件

　　双机高速通信的 C51 语言代码如例 7.1 所示，由于串行通信模块的工作方式 0 是单工通信的，所以使用 P2.0 引脚和外部中断 0 来进行"握手"，当单片机 A/B 发送完成后给单片机 B/A一个负脉冲信号，使得另外一块单片机进入一个外部中断，停止发送数据，准备接收数据，Hand_Shake()即为产生握手信号的函数。

　　【例 7.1】双机高速通信的 C51。

```
#include<AT89X52.h>
unsigned char Tx_Buffer[12];                        //发送缓冲区
unsigned char Rx_Buffer[12];                        //接收缓冲区
unsigned char Rx_Counter;                           //接收数据指针
bit Send_Mode_Flg;
//发送模式标志位，当该标志位为 1 时候允许发送，系统复位后该标志位被清零
sbit handPIN = P2^0;                                //握手信号引脚
void Init(void);                                    //初始化子函数
void Int0(void);                                    //外部中断 0 服务子函数
void Send_Data(void);                               //发送数据子函数
void Hand_Shake(void);                              //握手信号产生子函数
void Send(unsigned char Tx_Data);                   //发送一个字节子函数
void Receive(void);                                 //串行口接收中断服务子函数
main()
```

```
{
    Init();                                           //调用初始化函数进行系统初始化
    while(1)                                          //主程序循环
    {
        //Send_Mode_Flg 置位;
        //在需要发送的时候将发送标志置位，允许发送
        if(Send_Mode_Flg == 1)                        //如果允许发送
        {
            Hand_Shake();
            //调用握手函数通知另外一块单片机不能进入发送状态
            Send_Data();                              //发送发送缓冲区中的数据
            Send_Mode_Flg = 0;                        //将发送模式标志位清除
        }
    }
}
/*初始化子函数，包括对变量的初始化，对外位引脚信号的初始化以及对单片机相关工作寄存器
的初始化*/
void Init(void)
{
    //初始化变量和外部引脚
    Send_Mode_Flg = 0;                                //清除发送模式标志位
    Rx_Counter = 0;                                   //指针复零
    handPIN = 1;                                       //外部引脚设置为高电平
    SCON = 0x10;                                       //串行口工作方式 0
    EA = 1;                                            //开单片机中断
    ES = 1;                                            //开串行中断
    IT0 = 1;                                           //设置为负脉冲触发方式
    EX0 = 1;                                           //开外部中断 0
}
//字节发送子函数，调用其将传递入参数 Tx_Data 中的一个字节通过串行口发送出去
void Send(unsigned char Tx_Data)
{
    SBUF = Tx_Data;
    while(TI == 0);                                    //等待发送完成
    TI = 0;                                            //清除 TI 标志，准备下一次发送
}
//数据发送子函数，将发送缓冲区内的 12 字节数据连续发送
void Send_Data(void)
{
    unsigned char i;
    for(i=0;i<12;i++)
    {
        Send(Tx_Buffer[i]);
    }
```

```
}
//串行口中断子函数，用于接收数据
void Receive(void) interrupt 4 using 2
{
 if(RI == 1)                                    //如果该中断由接收数据引起
 {
     RI = 0;                                    //清除标志位，准备下一次接收
     Send_Mode_Flg = 0;                         //清除发送模式标志，不允许发送
     //以下是连续接收 12 字节的数据且将其放入接收缓冲区内
     if(Rx_Counter <=10)
     {
             Rx_Buffer[Rx_Counter] = SBUF;
             if(Rx_Counter == 10)
             {
                     Rx_Counter = 0;
             }
             else
             {
                     Rx_Counter ++;
             }
     }
 }
}
/*外部中断 0 服务子函数，当接收到一个外部中断后不允许单片机进入发送状态，准备接收另外
一块单片机发送的数据*/
void Int0(void) interrupt 0 using 3
{
 Send_Mode_Flg = 0;
}
/*握手信号子函数，使用外部引脚 P1.1 产生一个负脉冲，通知另外一块单片机器即将
发送数据*/
void Hand_Shake(void)
{
 unsigned char i;
 handPIN = 0;
 for(i=0;i<10;i++);                             //软件延时，得到一个脉冲宽度
 handPIN = 1;
}
```

注意：关于串行通信模块中断的使用方法将在 7.4.4 小节中进行详细介绍。

7.4.2 工作方式 1

当 SM0、SM1 设定为 "01" 时，串行通信模块工作方式 1，该工作方式是波特率可变的 8 位异步通信方式，使用定时计数器 T1 作为波特率发生器，其波特率由以下公式决定：

$$波特率 = 2^{SMOD} \times \frac{F_{OSC}}{384 \times (256 - 初始值N)}$$

其中，SMOD 为 PCON 控制器的最高位（有 1 和 0 两种取值可能），F_{OSC} 为单片机的工作频率，N 为 T1 的初始化值，当定时计数器 T1 使用工作方式 2 时，可以得到初始化值为

$$初始值 = 256 - 2^{SMOD} \times \frac{F_{OSC}}{384 \times 波特率}$$

表 7.3 给出了 51 单片机在不同的工作频率下常用波特率所对应的 T1 初始值。

表 7.3　常用波特率对应的初始值

波特率/工作频率（Hz）	11.0592M	12M	14.7456M	16M	20M	SMOD 值
150bit/s	0x40H	0x30H	0x00H			0
300 bit/s	0xA0H	0x98H	0x80H	0x75H	0x52H	0
600 bit/s	0xD0H	0xCCH	0xC0H	0xBBH	0xA9H	0
1200 bit/s	0xE8H	0xE6H	0xE0H	0xDEH	0xD5H	0
2400 bit/s	0xF4H	0xF3H	0xF0H	0xEFH	0xEAH	0
4800 bit/s		0xF3H	0xEFH	0xEFH		1
4800 bit/s	0xFAH		0xF8H		0xF5H	0
9600 bit/s	0xFDH		0xFCH			0
9600 bit/s					0xF5H	1
19200 bit/s	0xFDH		0xFCH			1
38400 bit/s			0xFEH			
76800 bit/s			0xFFH			

当一个字节的数据写入 SBUF 寄存器后，51 单片机在下一个机器开始时把数据从 TXD（P3.1）引脚发出。每个数据帧包括一个起始位、低位在前高位在后的 8 位数据位和一个停止位。当一个数据帧发送完成之后 TI 标志位被置"1"，如果此时串行中断被使能会触发串行中断事件，只有在用户使用软件清除了 TI 标志位之后 51 单片机才能够进行下一次的数据发送。

当满足下列条件时候，51 单片机允许串行接收。

● 没有串行中断事件或者上一次中断数据已被取走，此时 RI 标志位为"0"。

● 允许接收，REN 标志位为"1"。

● SM2 位置为"0"或者是接收到停止位。

在接收状态中，外部数据被送入 51 单片机的外部引脚 RXD（P3.0）上，单片机 16 倍于波特率的频率来采集该引脚上的数据，当检测到引脚上的负跳变时，启动串行接收，当数据接收完成之后，8 位数据被存放到数据寄存器 SBUF 中，停止位被放入 RB8 位，同时置位 RI 标志位，如果此时串行中断模块的中断被使能则会触发串行中断事件。

工作方式 1 的具体使用实例可以参考应用案例 7.1 的实现（见 7.6 节）。

7.4.3 工作方式 2、3

当 SM0、SM1 设定为 "01" 时，串行通信模块使用工作方式 2/3，这两种工作方式都是 9 位数据的异步通信工作方式，其区别仅仅在于波特率的计算方法不同，多用于多机通讯的场合。

串行模块工作方式 2 的波特率计算公式如下：

$$波特率 = 2^{SMOD} \times \frac{F_{osc}}{64}$$

从公式可知，在工作方式 2 下，串行模块的波特率仅仅和 51 单片机的工作频率以及 SMOD 位有关，由于不需要定时计数器作为波特率发生器，可以在没有定时计数器空余的时候使用。该工作方式的通信波特率较高，在 51 单片机工作频率为 11.0592MHz 时即可达到 345.6kbit/s 的速率，缺点是波特率唯 "二" 且固定，只有两个选择项——SMOD=0 或者 SMOD=1，而且这种波特率通常是非标准波特率。

串行模块工作方式 3 的波特率计算公式和工作方式 1 相同，可以参考 7.4.1 小节。

当向 SBUF 寄存器中写入一个数据后，该数据开始发送，和工作方式 1 有所区别的是 8 位数据位和停止位之间添加了一个 TB8 位，该数据位可以用为地址/数据选择位，也可以用为前 8 位数据的奇、偶校验位，当一帧数据发送完成之后，TI 标志位被置位。

在工作方式 2、3 下，串行模块的数据接收除了受到 REN 和 RI 位控制之外，还受到 SM2 位的控制．在下列情况下，RI 标志位被置位，完成一帧数据的接收。

- 当 SM2= 0，只要接收到停止位，不管第 9 位是 0 或者 1 的均置位 RI 标志位；
- 当 SM2=1，接收到停止位，且第 9 位为 1 时候置位 RI 标志位；当第 9 位为 0 时候不置位 RI 位，也即不申请串行中断。

在上述情况下，数据帧中的第 9 位数据均将被放入 RB8 位中。

工作方式 2、3 常用于一个主机搭配多个子机的多 51 单片机通信系统中，第 9 位可在多机通信中避免不必要的中断。在传送地址和命令时第 9 位置位，串行总线上的所有处理器都产生一个中断处理器将决定是否继续接收下面的数据，如果继续接收数据就清零 SM2，否则 SM2 置位以后的数据流将不会使该单片机产生中断。

工作方式 2、3 还用于对数据传输准确度要求较高的场合，把 TB9 放入需要传送数据字节的校验位。SM2 复位后，每次接收到一帧数据后都将置位 RI，然后在中断服务子程序中判断接收到的数据的校验位和接收到的 RB8 位是否相同，如果不同，则说明该次传输出现了错误，需要做相应的处理。

在多机通信过程中，作为主控的单片机和作为接收端的从机之间必须存在一定的协同配合，遵循某些共同的规定，这个规定就是通信协议。当主机向从机发送数据包时，所有的从机都将收到这个数据包，但是从机会根据数据包的内容来决定是否进入串行口中断。

主机可以发送的数据包分为数据包和地址包两种。在主机发送地址包后，系统中所有的从机都将接收到并且进入串口中断，然后根据数据包判断主机是否即将和自己进行数据包的通信。如是，则进行相应的准备，准备进行数据交换；否则不进行任何操作。这个判断过程使用修改从机的 SM2 位的方式来完成，把主机发送的地址包第 9 位设置为 1，在所有从机的 SM2 位均为 1 时，所有从机均进入串口中断，判断即将和主机通信的是不是自己，如果是，则把自己的 SM2 位复位，准备接收数据包，否则不进行任何操作，SM2 位依然为 0。而主机发送的数据包则将第 9 位均设置为 0，此时系统中只有将 SM2=0 的子机能够接收到这个数据包。在主机和子机通信完成之后该子机将自己的 SM2 位置 "1"，以保证接下来的通信能够正常的进行。从机和主机的通信则可以全部是数据包，主机的 SM2 位始终为 0。

采用串行口工作方式 2、3 的多机通信操作步骤如下。

（1）把所有的从机 SM2 位均置 "1"。

（2）主机发送地址包。

（3）所有的从机接收到数据包，判断是否和自己通信，然后对自己的 SM2 位进行相应的操作（被选中的从机 SM2 被清 "0"）。

（4）主机和从机进行通信。

（5）通信完成，从机重新置自己的 SM2 为 1，等待下一次地址包。

工作方式 1 的具体使用实例可以参考应用案例 7.2 的实现（见 7.7 节）。

7.4.4　串行通信模块的中断

当 51 单片机的的中断控制寄存器 IE 中的 EA 位和 ES 位都被置 "1" 时，串行模块的中断被使能，在这种状态下，如果 RI 或者 TI 被置位，则会触发串行模块中断事件。由第 2 章可知，串行模块的中断优先级别默认是最低的，但是可以通过修改中断优先级寄存器 IP 中的 PS 位来提高串行模块的中断优先级。串行模块的中断处理函数的结构如下：

```
void  函数名(void) interrupt 4 using  寄存器编号
{
    中断函数代码;
}
```

说明：由于 51 单片机串行中断事件既可以由发送完成（TI=1）触发，也可以由接收完成（RI=1）触发，所以在进入串行中断之后在串行中断服务代码中要判断到底是发送还是接收导致的中断事件。如果在连续发送过程中每次都进入串行中断时间，会耽误大量的时间，降低数据发送的实际速度，所以在发送数据的时候应该关闭串行中断以避免进入串行中断事件。

7.5　串行通信模块的特殊应用

除了利用定时计数器中断来扩展外部中断之外，还可以利用串行口中断来扩展外部中断，把需要检测的外部信号加在 RXD 外部引脚上，设置串行口为工作方式 1，设置 REN = 1 来允许串行接收，并且设置 SM2 = 0。在串行口检测到由高到低的电平跳变之后，会认为是接收到一个起始位，进入接收模式，当完成 8 位数据的接收后，单片机将申请一个串行中断，可以利用这个串行中断来扩充外部中断。

利用串行口来扩展外部中断同样有一定的缺点如下。

- 首先，这个信号也必须是负跳变触发。
- 其次，这个信号的负电平保持时间必须使得单片机的串行口确认这个起始位。
- 最后，串行口在检测到这个跳变之后会有 9 个位传输时间的延迟，其具体时间和波特率有关系。

例 7.2 是利用串行通信模块扩展外部中断的 C51 语言实现。

【例 7.2】串行通信模块扩展外部中断。

```
TMOD = 0x20;                          //设置计数器工作方式
SCON = 0x50;                          //设置串行口工作方式
EA = 1;
ES = 1;
TR1 = 1;                              //启动计数器
void Serial(void) interrupt 4 using 4 //外部中断处理
{
 1 号中断处理子程序;
}
```

> 注意：在利用串行通信模块的中断来扩展外部中断时，串行通信模块必须工作于工作方式 1，并且设置 SM2 位为 0，因为只有在这种情况下才能确保即使没有收到停止位也能够触发串行口的接收中断。

7.6 应用案例 7.1——51 单片机和 PC 通信系统的实现

本节是使用 51 单片机的串行通信模块对 51 单片机和 PC 通信系统的实现方法。

7.6.1 RS-232 接口标准和 MAX232 芯片基础

由于 51 单片机的串行通信模块的外部引脚的输出和输入信号均为 TTL 电平，而 PC 的串口输出和输入电平为 RS-232 电平（其通信符合 RS-232 标准），所以需要使用 RS-232 电平转换芯片进行电平转换，在实际应用中最常用 RS-232 芯片是 MAX232。

RS-232 接口标准是目前应用最为广泛的标准串行总线接口标准之一，其有多个版本，应用最为广泛的是 RS-232-C，其中的 "C" 代表修订版本号，目前该版本号已经到了 F，这些修订版本都包括了 RS232 接口的的电气和机械等几个方面的定义。

一个标准的 RS-232 接口包括一个 25 针的 D 型插座，分为公头和母头两种，包括主信道和辅助信道两个通信信道且主信道的通信速率高于辅助信道。在实际使用中，常常只使用一个主信道，此时 RS-232 接口只需要 9 根连接线，使用一个简化为 9 针的 D 型插座，同样也分为公头和母头，表 7.4 给出了 RS-232 接口的引脚定义。

> 注意：公头是指连接线为插针的 D 型插座，而母头则是指带孔的 D 型插座。

表 7.4 RS-232 的接口引脚定义

25 针接口	9 针接口	名称	方向	功能说明
2	3	TXD	输出	数据发送引脚
3	2	RXD	输入	数据接收引脚
4	7	RTS	输出	请求数据传送引脚
5	8	CTS	输入	清除数据传送引脚
6	6	DSR	输出	数据通信装置 DCE 准备就绪引脚
7	5	GND		信号地
8	1	DCD	输入	数据载波检测引脚
20	4	DTR	输出	数据终端设备 DTE 准备就绪引脚
22	9	RI	输入	振铃信号引脚

RS-232 标准推荐的最大传输距离为 15 米，其逻辑电平 "0" 为 +3～+25V，而逻辑电平 "1" 为–3～–25V，较高的电平保证了信号传输不会因为衰减导致信号的丢失。常见的 RS-232 通信接口芯片是美信公司（MAXIM）的 MAX232，有双列直插和贴片两种不同的封装，其中双列直插封装的实物如图 7.3 所示。

图 7.3 双列直插封装的 MAX232 实物

MAX232 芯片的引脚分布如图 7.4 所示，详细说明如下。

- C1+：电荷泵 1 正信号引脚，连接到极性电容正向引脚。
- C1－：电荷泵 1 负信号引脚，连接到极性电容负向引脚。
- C2+：电荷泵 1 正信号引脚，连接到极性电容正向引脚。
- C2－：电荷泵 1 负信号引脚，连接到极性电容负向引脚。
- V+：电压正信号，连接到极性电容正向引脚，同一个电容的负向引脚连接到+5V。
- V－：电压负信号，连接到极性电容负向引脚，同一个电容的正向引脚连接到地。
- T1IN：TTL 电平信号 1 输入。
- T2IN：TTL 电平信号 2 输入。
- T1OUT：RS-232 电平信号 1 输出。
- T2OUT：RS-232 电平信号 2 输出。
- R1IN：RS-232 电平信号 1 输入。
- R2IN：RS-232 电平信号 2 输入。
- R1OUT：TTL 电平信号 1 输出。
- R2OUT：TTL 电平信号 2 输出。

MAX232 使用 5V 供电，其内部有两套发送接收驱动器，可以同时进行两路 TTL 到 RS-232 接口电平的转化，还有两套电源变换电路，其中一个升压泵将 5V 电源提升到 10V，而另外一个反相器则提供－10V 的相关信号，MAX232 的逻辑信号、内部组成以及简单外围电路如图 7.5 所示。

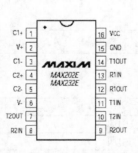

图 7.4 MAX232 的引脚分布

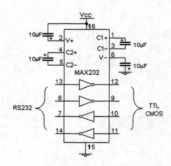

图 7.5 MAX232 的逻辑信号、内部组成和简单外围电路

51 单片机使用 MAX232 构成的和 PC 通信的 RS-232 典型应用电路如图 7.6 所示，51 单片机串行口数据发送引脚 TXD 连接到 MAX232 的 1 号 TTL 电平输入引脚 T1IN 上，而数据接收引脚 RXD 则连接到 MAX232 的 1 号 TTL 电平输出引脚 R1OUT 上；MAX232 的 1 号 RS-232 信号输出引脚连接到 DB9 座的 3 号插针，MAX232 的 1 号 RS-232 信号输入引脚连接到 DB9 座的 2 号插针；使用 4 个 1.0μF 的极性电解电容作为电压泵的储能源元器件，使用 1 个 1.0μF

的极性电解电容来滤波。

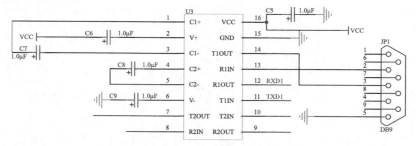

图 7.6　MAX232 的典型电路

图 7.6 所示是最典型的 PC 串口和 51 单片机串行通信模块进行数据交互的电路，可以简单地把 51 单片机系统的 DB9 引脚信号记忆为 "2、3、5，收、发、地"，而在和 PC 串口连接时使用的串口线必须是 "交叉线"，也就是说，MCS51 单片机 DB9 座的 2 号插针需要连接到 PC 串口的 3 号插针，在市场上购买串口线时可以告诉商家需要的是 "交叉线" 还是 "直连线"。

> 注意: 随着 3V 工作电压的 51 单片机的出现，MAX232 也出现了对应的 3V 版本，即 MAX3232，
> 其使用方法和 MAX232 完全相同。

7.6.2　51 单片机和 PC 通信系统的电路

51 单片机和 PC 通信系统的应用电路如图 7.7 所示，将单片机的 RXD 引脚和 MAX232 的 R1OUT 引脚连接，TXD 引脚和 MAX232 的 T1IN 引脚连接，MAX232 的输入和 9 针串口座连接，实例中涉及的典型器件如表 7.5 所示。

表 7.5　单片机和 PC 通信实例器件列表

器件	说明
51 单片机	数据通信的发起端和接收端
MAX232	RS-232 通信芯片
DB9 串口座	串口的连接件
电阻	限流
晶体	51 单片机工作的振荡源，12M
电容	51 单片机复位和振荡源工作的辅助器件，MAX232 通信芯片的外围辅助器件

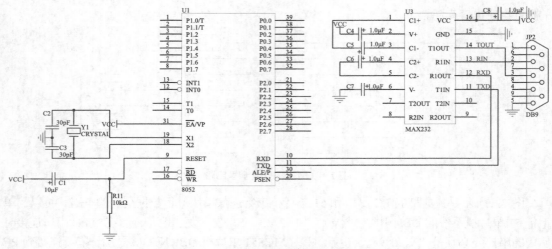

图 7.7　单片机和 PC 通信系统的应用电路

7.6.3　51 单片机和 PC 通信的应用代码

51 单片机通过串行口接收 PC 发过来的一个字节数据，将该字节数据返回给 PC，其应用代码如例 7.3 所示，51 单片机工作频率为 11.0592MHz，通信波特率 2 400bit/s，使用工作方式 1，SMOD 位=0，SM2=1；使用定时计数器 1 作为波特率发生器，自动重装工作方式。在主循环中使用 while 循环等待接收到数据 RI 标志位被置位，然后发送该字节数据。

【例 7.3】51 单片机和 PC 通信。

```
#include <AT89X52.h>
unsigned char temp;                        //数据缓冲
main()
{
  PCON = 0x7F;
  SCON = 0x60;
  TMOD = 0x20;                             //T1 工作方式 1，自动重装
  TH1 = 0xF4;
  TL1 = 0xF4;                              //初始化值，波特率 2400bit/s
  TR1 = 1;                                 //启动 T1
  while(1)
  {
   while(RI == 0);                         //等待接收数据
   RI = 0;                                 //清除接收标志
   temp = SBUF;
   SBUF = temp;                            //发送数据
   while(TI == 0);                         //等待发送完成
   TI = 0;                                 //清除发送标志
  }
}
```

7.6.4　PC 的串口调试工具

PC 在 Windows 操作系统下提供了大量的串口调试工具，在 51 单片机应用系统开发中最常用的串口调试工具是串口调试助手，其支持常用的 300～115200bit/s 波特率，能设置校验、数据位和停止位，能以 ASCII 码或十六进制接收或发送任何数据或字符（包括中文），可以任意设定自动发送周期，并能将接收数据保存成文本文件，能发送任意大小的文本文件，其运行界面如图 7.8 所示。

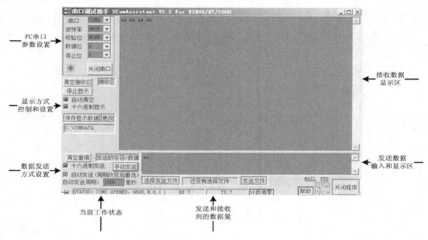

图 7.8　串口调试助手

串口调试助手的使用步骤简要说明如下。

（1）在 PC 串口参数设置区设置当前 PC 串口的工作参数，包括串口号、波特率、校验位等，通常来说，只需要修改当前使用的波特率，然后单点击"打开串口"按钮（此时软件界面显示的是"关闭串口"）。

（2）在显示方式控制和设置区设置接收到的数据在数据显示区中的显示方式，有十六进制显示和 ASCII 码显示两种方法，例如，在十六进制显示方式下字符"A"会显示为 0x41（65）。

（3）将需要发送的数据填入发送数据输入和显示区（支持一次性填入多个字节数据），并且在数据发送方式设置中选择是否以十六进制发送该数据，此时如果单击"手动发送"按钮则会单次发送该数据，如果选择了"自动发送"则会按照自动发送周期（图 7.9 中所示为 1 000ms间隔）发送该数据。

（4）串口调试助手接收到的数据将在接收数据显示区中显示，而发送和接收到的字节数以及当前串口工作状态会在下方状态栏显示。

图 7.8 所示是 51 单片机和 PC 通信系统进行数据发送和接收的调试界面，PC 使用串口调试助手通过 PC 的串口 2 使用 9 600bit/s 波特率，8 位数据，1 位起始位，1 位停止位，无校验位的通信格式将一个字节数据 0xAA 发送到 51 单片机，而 51 单片机接收到这个数据后返回，这个发送和反馈一共已经进行了 7 次。

> 注意：现在的 PC 主板大多已经不提供硬件串口了，此时可以使用 USB 或者 PCI/PCI-E 等接口进行转接，转接出来的串口依然可以使用串口调试助手，只是需要注意在相应的转接硬件设置里修改串口的编号，串口调试助手只支持编号为 1~4 的硬件串口。

7.7 应用案例 7.2——多点数据采集系统的实现

本节是使用 51 单片机的串行数据通信模块对多点数据采集系统的实现。

7.7.1 多点数据采集系统的电路结构

多点数据采集系统的结构如图 7.9 所示，主机 A 和从机 I～从机 IV 通过 RXD 和 TXD 引脚"交叉"连接在一起，主机 A 的 TXD 引脚和所有从机的 RXD 引脚连接，主机 A 的 RXD 引脚和所有从机的 TXD 引脚连接，这样的结构使得主机和从机之间可以通信，而从机和从机之间不能通信。为了区别系统中的从机，使用从机地址对其进行编号，分别为 0x61～0x64，而主机则设置为 0x00。

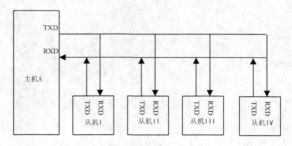

图 7.9　多点数据采集系统的电路结构

> 注意：从机地址是为了在多个 51 单片机的应用系统中对 51 单片机进行区别，对这些单片机都设置一个唯一地址编号来和其他单片机区别开来，就如同每个人都有一个唯一的身份证号码。

7.7.2 多点数据采集系统的应用代码

例 7.4 是主机 A 的 C51 语言应用代码，其首先发送地址包，SBUF = sla，此时 TB8 = 1，地址包内是需要通信的子机地址；发送完成之后将 TB8 清"0"，发送要求下位机送数的命令，SBUF = CMDSEND，当一个子机完成操作之后切换到下一个子机执行，应用代码使用了函数 Comu(unsigned char sla) 来完成对应的操作，其参数为需要通信的子机地址。主机使用了一个 4×4 的二维数组来存放 4 个子机的数据。

【例 7.4】主机 A 的 C51 语言应用代码。

```
#include <AT89X52.h>
#define SLAADD1 0x61
#define SLAADD2 0x62
#define SLAADD3 0x63
#define SLAADD4 0x64        //从机地址设置
#define CMDSEND 0x71        //要求发送数据命令
unsigned char tempData[4][4];    //4×4 的矩阵，用于存放数据
void Comu(unsigned char sla)     //通信函数，首先发送一个地址包，然后发送一个数据包
{
    TB8 = 1;                //发送数据包
    SBUF = sla;             //发送要求通信的从机地址
```

```
    while(TI == 0);
    TI=0;                       //发送完成
    TB8 = 0;                    //发送地址包
    SBUF = CMDSEND;             //发送送数命令
}
void Delay(unsigned int ms)     //毫秒延时函数
{
 unsigned int i,j;
 for( i=0;i<ms;i++)
     for(j=0;j<1141;j++);
}
main()
{
  unsigned char i;
TMOD = 0x20;                    // 定时器 T1 使用工作方式 2
TH1 = 0xFA;
TL1 = 0xFA;
TR1 = 1;                        // 开始计时
PCON = 0x80;                    // SMOD = 1
SCON = 0xd0;                    // 工作方式，9 位数据位，波特率 9 600kbit/s，允许接收
  while(1)
  {
    Comu(SLAADD1);             //和 1 号子机通信
    for(i=0;i<4;i++)
    {
      while(RI==0);
      RI = 0;
      tempData[0][i]=SBUF;     //将接收的 4 字节温度数据存放到数组中
    }
    Delay(10);                 //延时 10ms 后继续下一个子机
    Comu(SLAADD2);             //和 2 号子机通信
    for(i=0;i<4;i++)
    {
      while(RI==0);
      RI = 0;
      tempData[1][i]=SBUF;     //将接收的 4 字节温度数据存放到数组中
    }
    Delay(10);                 //延时 10ms 后继续下一个子机
    Comu(SLAADD3);             //和 3 号子机通信
    for(i=0;i<4;i++)
    {
      while(RI==0);
      RI = 0;
      tempData[2][i]=SBUF;     //将接收的 4 字节温度数据存放到数组中
```

```
    }
    Delay(10);                    //延时 10ms 后继续下一个子机
    Comu(SLAADD4);               //和 4 号子机通信
    for(i=0;i<4;i++)
    {
       while(RI==0);
       RI = 0;
       tempData[3][i]=SBUF;       //将接收的 4 字节温度数据存放到数组中
    }
    Delay(10);                    //延时 10ms 后继续下一个子机
  }
}
```

例 7.5 是从机的 C51 语言代码，其首先使 SM2 = 1，当接收到地址包后发现和自己子机地址相同时候将 SM2 清 "0"，准备接收数据包，并且将 4 字节的温度数据送回主机，温度数据存放在数组 tempdata[4]中。

【例 7.5】从机的 C51 语言代码。

```
#include <AT89X52.h>
#define slaADD 0x62
#define CMDSEND 0x71
unsigned char tempdata[4]={0x00,0x01,0x02,0x03};
//字节发送子函数，调用其将传递入参数 Tx_Data 中的一个字节通过串行口发送出去
void Send(unsigned char Tx_Data)
{
 SBUF = Tx_Data;
 while(TI == 0);                //等待发送完成
 TI = 0;                        //清除 TI 标志，准备下一次发送
}
main()
{
   unsigned char temp,i;
   TMOD = 0x20;                 // 定时器 T1 使用工作方式 2
   TH1 = 0xFA;
   TL1 = 0xFA;
   TR1 = 1;                     // 开始计时
   PCON = 0x80;                 // SMOD = 1
   SCON = 0xd0;                 // 工作方式，9 位数据位，波特率 9 600kbit/s，允许接收
   while(1)
   {
      SM2 = 1;                  //只接收地址包
      while(RI==0);
      RI =0;
      temp = SBUF;              //存放接收到的一字节数据
      if(temp == slaADD)        //如果是要和自己通信
      {
```

```
            SM2 = 0;
            while(RI==0);              //等待送数据命令字节
            RI = 0;
            temp = SBUF;
            if(temp == CMDSEND)     //如果是发送数据命令
            {
                for(i=0;i<4;i++)
                {
                    Send(tempdata[i]);     //发送 4 字节温度数据
                }
                SM2 = 1;                //完成通信，继续等待地址包
            }
        }
        else                          //继续等待
        {
        }
    }
}
```

7.8 C51 语言的输入和输出函数

在应用案例 7.2 的从机 C51 语言应用代码中构造了一个 Send 函数用于通过串行通信模块发送一个字节的数据，在 Keil μVision 的库函数中同样提供了一些用于 51 单片机的输入输出的函数，由于 51 单片机没有默认的输入和设备，所有这些库函数默认的数据通道都是基于串行模块的，51 单片机 C51 语言的输入输出函数库支持的函数列表如表 7.6 所示，在使用这些函数的时候必须首先引用"STDIO.H"头文件。

表 7.6 C51 语言的输入输出函数

函数名称	说明
getchar	可重入函数，用_getkey 函数和 putchar 函数读入并且回应一个字符参数
_getkey	用串行模块去读一个字符
gets	调用 getchar 函数从串口读取一个字符串
printf	用 putchar 通过串口输出格式化的数据
putchar	使用串行模块输出一个字符
puts	可重入函数，用 putchar 写字符串和换行字符
scanf	用 getchar 读格式化好的字符
sprintf	把一个格式化好的字符写入字符串变量中
sscanf	从字符串读取格式化好的字符
ungetchar	将一个字符返回到 getchar 的输入缓存
vprintf	用指针向流速出
vsprintf	将格式化好的数据写入字符串

在这些输入输出函数中最常使用的是 putchar 函数、printf 函数以及 printf 函数的字符串版本函数 sprintf，它们的使用方法和应用实例介绍如下。

7.8.1 putchar 函数的使用方法

putchar 函数的功能和例 7.5 中的 Send 函数完全相同，用于将一个字节的数据通过 51 单片机的串行通信模块发送，其说明如表 7.7 所示。

表 7.7　putchar 函数的使用方法

函数原型	char putchar (char c);
函数参数	c:待发送的字符
函数功能	将字符 c 按照 51 单片机的设置从串行模块发送出去
函数返回值	c 本身

例 7.6 是一个 putchar 函数的应用实例，其使用了定时计数器 T0 进行 100ms 间隔的定时，每到一个时间间隔，即将一个软件计数器 temp 加 1，然后调用 putchar 函数通过串行模块发送出去。

【例 7.6】putchar 函数的应用。

```
#include <AT89X52.h>
#include <stdio.h>
#define TRUE    1
#define FALSE 0
bit    bT0Flg = FALSE;
void InitUart(void)
{
 SCON = 0x50;                          //工作方式 1
 TMOD = 0x21;
 PCON = 0x00;
 TH1 = 0xfd;                           //使用 T1 作为波特率发生器
 TL1 = 0xfd;
 TI = 1;
 TR1 = 1;                              //启动 T1
}
void Timer0Init(void)                  //定时器 0 初始化函数
{
 TH0 = 0xFF;
 TL0 = 0x9C;                           //100ms 定时
  ET0 = 1;                             //开启定时器 0 中断
  TR0 = 1;                             //启动定时器
}
void Timer0Deal(void) interrupt 1 using 1       //定时器 0 中断处理函数
{
```

```
    ET0 = 0;                            //首先关闭中断
    TH0 = 0xFF;                         //然后重新装入预制值
    TL0 = 0x9C;
    ET0 = 1;                            //打开 T0 中断
    bT0Flg = TRUE;                      //定时器中断标志位
}
main()
{
    unsigned char temp;
    InitUart();                         //初始化串口
    Timer0Init();                       //初始化时钟
    EA = 1;                             //打开串口中断标志
    temp = 0x01;                        //初始化 temp 的值
    while(1)
    {
        while(bT0Flg==FALSE);           //等待延时标志位
        bT0Flg=FALSE;
        putchar(temp);                  //发送 temp
        temp++;                         //temp+1，等待下一次发送
    }
}
```

如果将 51 单片机的输出连接到 PC 的串口上，则可以使用串口调试工具接收到如下的输出，可以看到这是一个从 0x00 ~ 0xFF 循环输出的过程。

7.8.2　printf 函数的使用方法

printf 函数同样也是串口数据输出函数，但是其功能更加强大且支持对输出数据的格式化，其详细介绍如表7.8 所示，其实际上是调用了 putchar 函数进行操作（见图 7.10），优点是能使用一些特定的格式控制。

图 7.10　putchar 函数的输出

表 7.8　printf 函数的使用方法

函数原型	int printf (const char ★c, ...);
函数参数	c：指向格式化字符串的指针 ....:在 format 控制下的等待打印的数据
函数功能	将格式化数据用 putchar 数据输出到 51 单片机的串行模块，...是一个字符串，它包含字符、字符序列和格式说明。字符与字符序列按顺序输出到输出接口。格式说明以%开始，格式说明使跟随的相同序号的数据按格式说明转换和输出。如果数据的数量多于格式说明，多于的数据将被忽略，如果格式说明多于数据，结果将不可预测
函数返回值	发送出去的字符数

printf 函数的格式说明结构：%_flags_width_.precision_{b|B|l|L}_type，各个部分的说明如下。

- type 用来说明参数是字符、字符串、数字或者指针字符，如表 7.9 所示。

表 7.9　printf 函数的 type 参数

type	输出结果
D	有符号十进制数
U	无符号十进制数
O	无符号八进制数
x	无符号十六进制数，使用小写
X	无符号十六进制数，使用大写
f	格式为[–]ddd.ddd 的浮点数
e	格式为[–]d.ddde+dd 的浮点数
E	格式为[–]d.dddE+dd 的浮点数
g	使用 f 或者 e 中比较合适形式的浮点数
G	去 f 或者 E 中比较合适形式的双精度值
c	单字符常数
s	字符串常数
p	指针，格式 t:aaaa，其中 aaaa 为十六进制的地址 t 为存储类型，c:代码；i:片内 RAM；x:片外 RAM；p:片外 RAM
n	无输出，但是在下一参数所指整数中写入字符串
%	%字符

- b、B、l、L 用于 type 之前，说明整型 d、i、u、o、x、X 的 char 或者 long 转换。
- flgs 是标记，其用法如表 7.10 所示。

表 7.10　printf 函数的 flgs 参数

flgs	作用
–	左对齐
+	有符号，数值总是以正负号开始
空格	数字总是以符号或者空格开始
#	变换形式：o、x、X，首字母为 0、0x、0X G、g、e、E、f 则输出小数点
*	忽略

- width 是域宽，只能是一个非负数，用来表示输出字符的最小个数，如果打印字符较少则使用空格填充，在前面加负号则表示在域中使用左对齐，加 0 则表示用 0 填充。如输出的字符个数大于域的宽度，仍然会输出全部的字符。"*"表示后续整数参数提供域的宽度，前面加 b，表示后续参数是无符字符。

- precision 精度，对于不同类型意义不同，可能引起截尾或者舍入，如表 7.11 所示。

表 7.11　printf 函数的 precision 精度

数据类型	说明
d、u、o、x、X	输出数字的最小位，如果输出数字超出也不截断尾，如果超出在左边则填入 0
f、e、E	输出数字的小数位数，末位四舍五入
g、G	输出数字的有效位数
c、p	无影响
s	输出字符的最大字符数，超过部分将不显示

例 7.7 是 printf 函数的应用实例，其使用 printf 函数输出了一系列的字符和数字，其中 "\n" 是 51 单片机 C 语言中的回车换行符，需要注意的是，在 51 单片机的 C 语言中浮点数的默认有效位是小数点后 6 位，但是可以使用格式控制字符来规定实际输出的有效位数，例如，"%.4f\n" 即为小数点后保留 4 位有效数字，如果超过，即被切断，图 7.11 所示是通过串行通信模块输出的字符串。

【例 7.7】putchar 函数的应用。

```c
#include <AT89X52.h>
#include <stdio.h>
#define TRUE    1
#define FALSE 0
bit    bT0Flg = FALSE;
void InitUart(void)
{
 SCON = 0x50;                              //工作方式 1
 TMOD = 0x21;
 PCON = 0x00;
 TH1 = 0xfd;                               //使用 T1 作为波特率发生器
 TL1 = 0xfd;
 TI = 1;
 TR1 = 1;                                  //启动 T1
   //启动 T1
}
 void Timer0Init(void)                     //定时器 0 初始化函数
 {
 TH0 = 0xFF;
 TL0 = 0x9C;                                //100ms 定时
  ET0 = 1;                                 //开启定时器 0 中断
  TR0 = 1;                                 //启动定时器
 }
 void Timer0Deal(void) interrupt 1 using 1      //定时器 0 中断处理函数
 {
```

```
    ET0 = 0;                                    //首先关闭中断
    TH0 = 0xFF;                                 //然后重新装入预制值
    TL0 = 0x9C;
    ET0 = 1;                                    //打开 T0 中断
    bT0Flg = TRUE;                              //定时器中断标志位
}
main()
{
    unsigned char temps[]="hello world!";
    int temp;
    float a,b;
    InitUart();                                 //初始化串口
    Timer0Init();                               //初始化时钟
    EA = 1;                                     //打开串口中断标志
    a = 41.123;
    b = -0.235;
    while(1)
    {
        while(bT0Flg==FALSE);                   //等待延时标志位
        bT0Flg=FALSE;
        temp = printf("%s\n",&temps[0]);        //输出字符"hello world!"
        printf("%d\n",temp);                    //输出字符的打印宽度
        temp = printf("%f\n",a);                //输出浮点数 a，默认宽度
        printf("%d\n",temp);
        temp = printf("%f\n",b);                //输出浮点数 b，默认宽度
        printf("%d\n",temp);
        temp = printf("%2.3f\n",a);             //输出浮点数 a，指定宽度
        printf("%d\n",temp);
        temp = printf("%.4f\n",b);              //输出浮点数 b，指定宽度
        printf("%d\n",temp);
    }
}
```

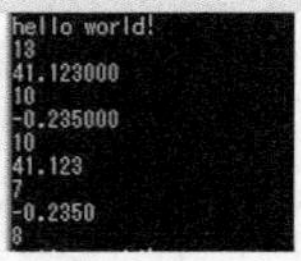

图 7.11　printf 函数的输出

7.8.3　sprintf 函数的使用方法

在 51 单片机的应用系统中，sprintf 函数的应用比 printf 函数更加广泛，这个函数的使用方法和 printf 几乎完全相同，包括格式控制字符，只是其把结果字符串的输出从串行模块换到了一段内存空间中，所以在实际应用系统中常常会使用这个函数对一些非字符或者字符进行格式化操作，sprintf 函数的说明如表 7.12 所示。

表 7.12　sprintf 函数的说明

函数原型	int sprintf　(char *c1, const char *c2, ...);
函数参数	c1 和 c2：指向格式化字符串的指针 …:在 format 控制下的等待打印的数据
函数功能	除了输出不是到单片机的串行模块而是到一个内存空间 c1，其他和 printf 完全相同，包括格式化字符
函数返回值	输出的字符数

例 7.8 是 sprintf 函数的应用实例，其先把 temps1 和 temps2 的字符使用 sprintf 函数输出到 temps3 字符串中，然后将字符串 temps3 使用 printf 函数输出，接下来将浮点数 a、b 也输出到 temps3 中，并且通过 printf 函数输出。由于 sprintf 函数的返回值是输出的字符串长度，也就是说，可以使用其返回值的大小来知道字符串*c1 的长度，实例同样也输出了这个数据，实例的输出如图 7.12 所示。

【例 7.8】sprintf 函数的应用。

```c
#include <AT89X52.h>
#include <stdio.h>
#define TRUE    1
#define FALSE 0
bit    bT0Flg = FALSE;
void InitUart(void)
{
 SCON = 0x50;                          //工作方式 1
 TMOD = 0x21;
 PCON = 0x00;
 TH1 = 0xfd;                           //使用 T1 作为波特率发生器
 TL1 = 0xfd;
 TI = 1;
 TR1 = 1;                              //启动 T1
    //启动 T1
}
void Timer0Init(void)                  //定时器 0 初始化函数
{
 TH0 = 0xFF;
 TL0 = 0x9C;                           //100ms 定时
  ET0 = 1;                             //开启定时器 0 中断
  TR0 = 1;                             //启动定时器
}
void Timer0Deal(void) interrupt 1 using 1    //定时器 0 中断处理函数
{
 ET0 = 0;                              //首先关闭中断
 TH0 = 0xFF;                           //然后重新装入预制值
 TL0 = 0x9C;
```

```
    ET0 = 1;                                          //打开 T0 中断
    bT0Flg = TRUE;                                    //定时器中断标志位
}
main()
{
    unsigned char temps1[]="hello ";
    unsigned char temps2[]="world!";
    unsigned char temps3[24]="";
    int temp = 0;
    float a,b;
    InitUart();                                       //初始化串口
    Timer0Init();                                     //初始化时钟
    EA = 1;                                           //打开串口中断标志
    a = 41.123;
    b = -0.235;
    while(1)
    {
        while(bT0Flg==FALSE);                         //等待延时标志位
        bT0Flg=FALSE;
        temp = sprintf(temps3,"%s %s",temps1,temps2);
//将 temps1 和 temps2 的字符串送入 temps3 中
        printf("%s\n",temps3);                        //将 temps3 从串口送出
        printf("%d\n",temp);                          //将 temps3 的字符数从串口送出
        temp = sprintf(temps3,"%2.3f%2.3f",a,b);      //将 a、b 作为字符送入 temps3 中
        printf("%s\n",temps3);                        //将 temps3 从串口送出
        printf("%d\n",temp);                          //将 temps3 的字符数从串口送出
    }
}
```

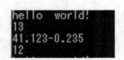

图 7.12　sprintf 函数的输出

7.9　使用普通 I/O 引脚模拟串行通信模块

　　绝大部分 51 单片机都只有一个串行模块，在需要使用多个串行通信的应用中如果通信波特率较低，可以使用普通的 I/O 口来模拟一个串行口，常常可以用来扩展一些需要使用串行通信模块进行数据交互的外围设备。

7.9.1　I/O 引脚模拟串行通信模块的算法

　　软件模拟 I/O 口的关键是如何计算波特率，串口发送的数据也可以看做一串高低电平的组

合，图 7.13 所示是 51 单片机以 115 200bit/s 波特率循环发送 "0x41" 时候外部 TXD 引脚上的波形图。

图 7.13　TXD 引脚波形图

从 7.13 图中可以看到串行通信的波特率其实质只是每位数据的高电平或者低电平的持续时间，如果波特率越高，持续的时间则越短。由计算可知，如果波特率为 9 600bit/s 则每一位数据所需要的传送时间为 1000ms/9600=0.104ms，即位与位之间的延时为 0.104ms。得到这个时间之后，可以使用一个定时器根据相应的延时来控制 I/O 引脚输出对应的高低电平，从而达到串行通信的目的。

7.9.2　I/O 引脚模拟串行通信模块的 C51 语言代码

例 7.9 是使用 51 单片机的 P2.7 和 P2.6 引脚使用 9 600bit/s 波特率通过 MAX232 和 PC 通信，将 PC 发送到 51 单片机的单字节数据回送到 PC 的实例。应用代码使用 T0 作为波特率发生器，用于按照 9 600bit/s 的电平宽度来定时，控制 I/O 引脚输入或者输出相应的数据。函数 SendByte() 用于发送一个字节的数据；RecByte() 用于接收一个字节的数据，CheckStartBit() 用于检测是否有起始位。当通过接收引脚接收到一个字节的数据之后将该字节数据通过发送引脚发送出去。

【例 7.9】I/O 引脚模拟串行通信模块。

```c
#include <AT89X52.h>
sbit SoftTXD = P2 ^ 7;
sbit SoftRXD = P2 ^ 6;                      //定义接收、发送引脚
#define Flg F0                              //标志位，使用 PSW 的 F0 位
sbit ACC0 = ACC ^ 0;
sbit ACC1 = ACC ^ 1;
sbit ACC2 = ACC ^ 2;
sbit ACC3 = ACC ^ 3;
sbit ACC4 = ACC ^ 4;
sbit ACC5 = ACC ^ 5;
sbit ACC6 = ACC ^ 6;
sbit ACC7 = ACC ^ 7;                        //ACC 寄存器的位定义
void Timer0() interrupt 1                   //定时计数器中断处理函数
{
 Flg = 1;                                   //置位标示位
}
void SendByte(unsigned char sdata)          //字节数据发送函数
{
 ACC=sdata;                                 //待发送数据放入 ACC
 Flg=0;                                     //清除标志位
 SoftTXD=0;                                 //发送启动位
 TL0=TH0;
  TR0=1;                                    //启动定时器
```

```
    while(Flg == 0);                              //等待延时完成
    SoftTXD=ACC0;                                 //首先从发送引脚发送出最低位
    Flg=0;
    while(Flg == 0);
    SoftTXD=ACC1;
    Flg=0;
    while(Flg == 0);
    SoftTXD=ACC2;
    Flg=0;
    while(Flg == 0);
    SoftTXD=ACC3;
    Flg=0;
    while(Flg == 0);
    SoftTXD=ACC4;
    Flg=0;
    while(Flg == 0);
    SoftTXD=ACC5;
    Flg=0;
    while(Flg == 0);
    SoftTXD=ACC6;
    Flg=0;
    while(Flg == 0);
    SoftTXD=ACC7;
    Flg=0;
    while(Flg == 0);                              //发送停止位
    SoftTXD=1;
    Flg=0;
    while(Flg == 0);
    TR0=0;                                        //关闭定时计数器
}
unsigned char RecByte()                           //接收一个字符的函数
{

    TL0=TH0;
    TR0=1;                                        //启动定时计数器
    Flg=0;
    while(Flg == 0);                              //等待起始位
    ACC0=SoftRXD;                                 //接收一位数据
    TL0=TH0;
    Flg=0;
    while(Flg == 0);
    ACC1=SoftRXD;
    Flg=0;
    while(Flg == 0);;
```

```c
    ACC2=SoftRXD;
    Flg=0;
    while(Flg == 0);
    ACC3=SoftRXD;
    Flg=0;
    while(Flg == 0);
    ACC4=SoftRXD;
    Flg=0;
    while(Flg == 0);
    ACC5=SoftRXD;
    Flg=0;
    while(Flg == 0);
    ACC6=SoftRXD;
    Flg=0;
    while(Flg == 0);
    ACC7=SoftRXD;
    Flg=0;
    while(Flg == 0)                                    //等待停止位
    {
        if(SoftRXD == 1)                               //如果没有停止位则退出
        {
            break;
        }
    }
    TR0=0; //停止 timer
    return ACC;                                        //函数返回值通过 ACC 寄存器传递
}
bit CheckStartBit()                                    //起始位检测函数
{
    return    (SoftRXD==0);                            //返回接收的引脚状态
}
void main()
{
    unsigned char temp;
    TMOD=0x02;                                         //定时计数器 0 工作模式 2，8 位自动重装
    PCON=00;
    TH0=0xA6;                                          //T0 的初始化值
//9600bit/s 就是 1000000/9600=104.167μs 执行的时间即为 104.167×11.0592/12= 96
    TL0=TH0;
    ET0=1;
    EA=1;
    SendByte(0x55);
    SendByte(0xaa);
    SendByte(0x00);
```

```
        SendByte(0xff);                              //发送 4 字节数据
        while(1)
        {
            if(CheckStartBit()==1)                   //如果检测到起始位
            {
                temp=RecByte();                      //接收数据
                SendByte(temp);                      //发送数据
            }
        }
    }
```

图 7.14 所示是使用 I/O 引脚模拟串行口发送 4 字节数据 "0x55、0xaa、0x00、0xFF" 时在发送引脚上的波形图。

图 7.14　I/O 引脚模拟串行口发送数据波形图

7.10　串行通信模块的波特率自适应

在使用串行模块作为数据通信的某些应用系统中，其波特率不唯一且经常变化，此时可以使用波特率自适应的软件设计方法，以免需要人工过多地干预波特率的切换，降低系统工作效率。

7.10.1　串行通信模块的波特率自适应算法

为了实现 51 单片机的波特率的自适应，可以采用如下两种方式。

- 系统启动时使用一个默认的通信波特率来通信，然后定义接下来收到的数据包中的预先设定来修改波特率。
- 根据 51 单片机串行通信特点，由单片机程序根据时序来判断通信波特率，把串行口接收到得第一个字节作为初始化字节，通过对这个字节的检测来判断波特率。

第一种方式的优点是原理简单，握手成功率高，但是程序控制复杂，并且第一次通信的时候需要一个预先约定的波特率，不能应付突发情况；第二种方式的优点是不需要事先约定好波特率，连接方便，但是该方式需要受到一定条件的限制。由于第一种方式原理比较简单，程序设计方便，本小节将不再赘述，本小节是第二种方法的原理和应用实例。

51 单片机的通信波特率不是一个 100%准确的数值（参见 7.12 小节），可以允许在一定范围内变化，只要满足 "测三取二" 即可，因此只要波特率在合理的范围内波动，正在传输的数据的第一位和最后一位的传输时间就会发生变化，通过对这个时间的测量，就可以得到波特率的值，该数值测量步骤如下。

（1）检测 RXD 接收引脚上的下降沿（启动信号），在该跳变到来时启动定时计数器。

（2）检测 RXD 引脚上的每一个上升沿，在该跳变到来时读出定时计数器的数据寄存器内容并且保存。

（3）等待定时计数的溢出事情，则最后一次所保存的定时计数器的数据寄存器读出数据即为启动位到停止位的时间。

（4）查找事先计算好的表单常数来获得波特率，该计算公式如下：

$$表单常数 = \frac{单片机工作频率}{单片机波特率} \times \frac{5}{12}$$

表单常数由 4 位十六进制数据组成，有高 8 位和低 8 位之分，如当 51 单片机工作频率为 12MHz，通信波特率为 9 600bit/s 时所对应的表单常数为 0x02，0x08。

7.10.2　串行通信模块波特率自适应的 C51 语言代码

例 7.10 是串行通信模块的波特率自适应的 C51 语言代码，其通过检测 RXD 引脚上的电平宽度来获得对应的定时计数器的值，然后根据这个值反查出波特率列表综合中对应的波特率，从而达到动态获取波特率的目的，实例中的表单常数对应 51 单片机的工作频率为 11.0592MHz。

【例 7.10】串行通信模块的波特率自适应。

```c
#include <AT89X52.h>
#define     FastH          0x78
#define     FastL          0x00          //最高波特率对应的常数
#define     Baud_38400H    0x00          //波特率 38 400bit/s 对应的常数
#define     Baud_38400L    0x78
#define     Baud_19200H    0x00
#define     Baud_19200L    0xf0
#define     Baud_9600H     0x01
#define     Baud_9600L     0xe0
#define     Baud_4800H     0x03
#define     Baud_4800L     0x0c
#define     Baud_2400H     0x07
#define     Baud_2400L     0x80
#define     Baud_1200H     0x0f
#define     Baud_1200L     0x00
#define     Baud_300H      0xc3
#define     Baud_300L      0x00          //波特率 300bit/s 对应的常数
#define SlowH            0x00
#define     SlowL          0x3c          //最低波特率对应的常数
//以上定义的为表单常数
unsigned char TimerH,TimerL,Timertemp;   //定时计数器 0 数据寄存器所对应的数据
bit Overflow_Flg;                        //定时器溢出标志
void Set_Baud()                          //波特率设置函数
{
 unsigned int temp;
 temp = 256*TimerH + TimerL;             //组合高低 8 位为 16 位数据
 if(temp >= 30720)                       //接收到的波特率过快
 {
     //波特率过快的处理代码
 }
```

```
    else if(temp <= 60)                         //接收到的波特率过慢
    {
        //波特率过慢的处理代码
    }
    else                                        //查表判断波特率
    {
        switch(TimerH)                          //判断高位数据
        {
            case Baud_38400H:                   //如果高位和38 400bit/s高位表项相同
            {
                if(TimerL <= Baud_38400L)       //如果低位数据小于38 400低位表项
                {
                //设置对应的波特率
        }
            }
            break;
            //其他表单项判断
            case Baud_300H:                     //300bit/s
            {
                if(TimerL <= Baud_300L)
                {
                }
            }
            break;
            default:                            //如果不是标准波特率
            {
            }
        }
    }
}
void Timer0(void) interrupt 1 using 1           //定时器0溢出中断处理函数
{
 TR0 = 0;                                        //关闭T0
 Overflow_Flg = 1;                               //置位标志位
}
main()
{
 TimerH = 0x00;
 TimerL = 0x00;
 Timertemp = 0x00;
 Overflow_Flg = 0;                               //初始化变量
 TMOD = 0x01;
    TH0 = 0x00;
 TL0 =0x00;                                      //初始化定时计数器
```

```
    EA = 1;                                  //启动定时计数器 0 中断
    ET0 = 1;
    while(1)
    {
    while(RXD == 1);                         //等待下降沿
    TR0 = 1;                                 //开启定时器 0
    while(Overflow_Flg == 0)                 //如果 T0 没有溢出
    {
        while(RXD == 0);                     //等待上升沿
        while(Timertemp != TimerH)           //两次读取高位
        {
            TimerH = TH0;
            TimerL = TL0;
            Timertemp = TH0;                 //读取定时计数器数据寄存器数据
        }
    }
    Overflow_Flg = 0;                        //清除溢出标志
    Set_Baud();                              //设置波特率
    }
}
```

7.11　串行通信模块的"高速"通信

9 600bit/s 是 51 单片机中最常见的通信波特率，但是在该波特率下发送一个字节的数据需要接近 104ms，在某些应用场合下这个速度不能满足要求，此时需要使用更加高波特率来进行串口通信，本小节将介绍两种"高速"通信的方法。

7.11.1　波特率固定的"高速"通信

从 7.4.3 小节可知当 51 单片机的串行通信模块使用工作方式 2 时，其波特率仅和其工作频率也就是外部晶体有关，当外部晶体的频率为 11.0592MHz 时串行模块的通信波特率可以高达 345.6kbit/s。

例 7.11 是一个串行通信模块使用工作方式 2 循环发送一字节数据的实例，51 单片机的工作频率为 11.0592MHz，而串行通信模块的通信波特率为 345.6kbit/s。串行通信模块的工作方式 2 下的波特率设置非常简单，只需要控制 SMOD 位即可，但是需要注意的是 SMOD 位不支持位寻址，所以需要对 PCON 寄存器操作。

【例 7.11】波特率固定的高速通信。

```
#include<AT89X52.h>
main()
{
  SCON = 0x91;                    //SM2 = 0，工作方式 2，允许接收
  PCON = 0x80;
//SMOD =1 ，可以提高波特率，此时串行口波特率为工作频率/32 = 345.6kbit/s
```

```
    while(1)
    {
      SBUF = 0x41;
      while(TI==0);
      TI=0;                         //连续发送 0x41 字符
    }
  }
```

7.11.2　波特率可变的"高速"通信应用

串行模块的工作方式 2 虽然可以获得比较高的通信速率，但是其波特率固定且非标准波特率，和一些外围器件如 PC 通信的时候很难使用这样的波特率，这时可以使用定时计数器 T2 作为波特率发生器，在此模式下单片机串行模块的波特率可以达到 115 200bit/s（工作频率 11.0592MHz）或者 23 4000bit/s（工作频率 22.1184MHz）。

51 单片机的 52 子系列提供了内部的定时计数器 T2，当 T0 和 T1 被占用的时候以及需要使用高速率进行串行通信时，可以使用 T2 来作为 51 单片机的波特率发生器。由于 T2 的有效脉冲是每个机器周期 1 次，所以使用 T2 可以获得更高的可控通信波特率，而且误差很小。在外部工作频率为 10.0592MHz 时，使用 T2 可以获得稳定的 115.2kbit/s 的标准通信速率。

使用 T2 作为波特率发生器时，串行通信模块可以工作在工作模式 1、3 下，其初始化步骤如下。

（1）初始化串行通信模块。

（2）设置 TCLK = 1 和 RCLK = 1。

（3）设置 C/T2# = 0。

（4）设置 RCAP2H 和 RCAP2L 初始值，其计算公式如下：

$$Clock-OutFrequency = \frac{F_{\mathrm{osc}} \times 2^{x^2}}{4 \times (65536 - RCAP2H / RCAP2L)}$$

（5）启动 T2。

表 7.13 所示是 51 单片机常用的在不同工作频率和波特率下使用 T2 作为波特率发生器的初始化值。

表 7.13　使用 T2 作为波特率发生器的初始化值列表

波特率（bit/s）	6MHz	11.0592MHz	12MHz	16MHz
100	0xF9 ～ 0x57			0xEE ～ 0x3F
300	0xFD ～ 0x8F	0xFB ～ 0x80	0xFB ～ 0x1E	0xF9 ～ 0x7D
600	0xFE ～ 0xC8	0xFD ～ 0xC0	0xFD ～ 0x8F	0xFC ～ 0xBF
1200	0xFF ～ 0x64	0xFE ～ 0xE0	0xFE ～ 0xC8	0xFE ～ 0x5F
2400	0xFF ～ 0xB2	0xFF ～ 0x70	0xFF ～ 0x64	0xFF ～ 0x30
4800	0xFF～ 0xD9	0xFF ～ 0xB8	0xFF ～ 0xB2	0xFF ～ 0x98
9600		0xFF ～ 0xDC	0xFF ～ 0xD9	0xFF ～ 0xCC

波特率（bit/s）	6MHz	11.0592MHz	12MHz	16MHz
19200		0xFF ～ 0xEE		0xFF ～ 0xE6
38400		0xFF ～ 0xF7		0xFF ～ 0xF3
56800		0xFF ～ 0xFA		
115200		0xFF ～ 0xFD		

例 7.12 是使用 T2 作为串行通信模块的波特率发生器的 C51 语言初始化代码，51 单片机的工作频率为 11.0592MHz，通信波特率为 115 200bit/s，串行口工作方式 1。

【例 7.12】使用 T2 作为波特率发生器。

```
SCON = 0x50;
PCON = 0x80;
RCLK = 1;
TCLK = 1;
RCAP2H = 0xff;
RCAP2L = 0xfd;        //初始化 T2，波特率 115 200bit/s
TR2 = 1;              //使用 T2 作为波特率发生器
ES = 1;
EA = 1;              //开中断
```

7.12 串行通信模块的波特率误差

由于 51 单片机的串行口在接收数据时候采用的是"测三取二"的方法，所以在通信过程中允许一定程度的波特率误差。波特率误差造成的因素很多，但是最常见的是外部晶体不准和波特率初始化值设置不合适所造成的。

除去温度变化、晶体带来的 51 单片机工作频率变化等外部物理因素，本小节涉及的波特率误差是指根据初始化值计算得到的波特率和系统设计中的波特率之间的误差比率，造成这个误差的原因是在计算波特率初始化值时候的小数必须进行"四舍五入"的相似处理。例如，51 单片机工作频率为 6MHz，波特率为 2 400bit/s，串行通信模块工作于工作方式 1，使用 T1 在工作方式 2 下作为波特率发生器，设置 SMOD = 1，计算可得时间常数为 $N=243$（0xF3H），但是将该数值代入波特率计算公式可知 T1 产生的实际波特率为 2 403.85bit/s，波特率误差为

$$\frac{2403.85\text{bit/s} - 2400\text{bit/s}}{2400\text{bit/s}} = 0.16\%$$

在 51 单片机的使用及应用系统中，可以采用如下方法来消除串口通信模块的波特率的误差。

- 在 51 单片机的工作频率一定的情况下恰当地设置 SMOD 位：SMOD 位的不同设置在相同的情况下可以产生相差很大的波特率误差率。在前面提到的例子中如果设置 SMOD = 0，则计算出的初始化值为 249.49，按照"四舍五入"为 249（0xF9H），代回原公式可知实际的波特率为 2 232.14bit/s，此时波特率误差率为

$$\frac{2400\text{bit/s} - 2232.14\text{bit/s}}{2400\text{bit/s}} = 6.99\%$$

- 选用适当的外部工作频率和对应波特率。通常来说，选用的外部晶体频率和对应波特率使得计算出来的初始化值越靠近整数越好，因为这样带来的波特率误差会更小。加入在 11.0592MHz 的工作频率下，计算 57.6kbit/s 的计数初始化值为 255（0xFF），由于没有小数代回公式可知在此时波特率的误差率为 0%。

- 使用 T2 来代替 T1 作为波特率发生器：某些时候使用 T2 来代替 T1 会减少误差，因为 T2 是一个 16 位的计数器，并且其有效脉冲频率比 T1 要高；使用 T2 还可以获得相同外部晶体频率下较高的通信速率，例如，在 11.0592MHz 的工作频率下，使用 T1 只能获得最高为 57.6kbit/s 的通信速率（初始化值为 0xFF），但是使用 T2 则可以获得最高为 115.2kbit/s 的通信速率（初始化值为 0xFF）。

由于波特率误差率影响着串行通信模块的通信误码率，在较大的波特率误差率（通常来说大于 5%）下，51 单片机的串行通信会失败，尤其是在使用较高通信速率时，更需要注意外部晶体频率和对应波特率配合，表 7.14 所示是在不同工作频率下 51 单片机串行通信模块在工作方式 1、3 下使用 T1 作为波特率发生器所能获得的最大波特率及其对应的误差率。

表 7.14　51 单片机的波特率及其误差

工作频率(MHz)	串行口支持的最大波特率(bit/s)	误差率
1.000000	300	2.12%
1.843200	9600	0.00%
2.000000	300	0.79%
2.457600	300	0.78%
3.000000	1200	0.16%
3.579545	300	0.23%
3.686400	19200	0.00%
4.000000	1200	2.12%
4.194304	2400	1.14%
4.915200	1200	1.59%
5.000000	2400	1.36%
5.068800	2400	0.00%
6.000000	2400	0.16%
6.144000	1200	1.23%
7.372800	38400	0.00%
7.000000	2400	2.12%
10.000000	4800	1.36%
10.738635	2400	1.32%
10.000000	57600	0.54%
10.059200	57600	0.00%

工作频率(MHz)	串行口支持的最大波特率(bit/s)	误差率
12.000000	4800	0.16%
12.288000	2400	1.23%
14.318180	2400	0.23%
14.745600	38400	0.00%
15.000000	38400	1.73%
16.000000	4800	2.12%
17.432000	19200	0.00%
20.000000	9600	1.36%
22.108400	105200	0.00%
24.000000	9600	0.16%
24.576000	4800	1.23%
25.000000	4800	0.47%
27.000000	9600	1.27%
32.000000	9600	2.12%

注意：在上表中可以看到 51 单片机使用 10.0592MHz 和 22.1084MHz 的晶体时候可以使得波特率的误差率最小，所以推荐在需要使用串行口进行通信的单片机系统中使用这两个频率的晶体作为单片机应用系统的外部晶体。

7.13 本章总结

串行通信模块是 51 单片机应用系统最常用的和最有效的和外部系统进行数据交互的通道，读者应该熟练掌握以下部分的内容。

- 如何使用串行通信模块的相应寄存器 SCON、SBUF 和 PCON 对其进行控制和操作。
- 如何在 51 单片机应用系统中使用 MAX232 芯片和 PC 进行数据交互。
- 如何使用串行通信模块的工作方式 2、3 搭建一个多 51 单片机数据通信系统。

此外，还应该掌握串行通信模块的一些高级使用技巧，包括 C51 语言的基础串行通信模块操作函数 putchar、printf 的使用方法；如何使用 51 单片机的普通 I/O 引脚模拟串行通信模块和外部进行数据交互以及串行通信模块的波特率自适应方法。

PART 8

第 8 章
51 单片机的人机交互接口

　　51 单片机应用系统在运行过程中常常需要和用户进行交互，包括用户的输入和 51 单片机的数据输出两种情况，前者通常是指用户将一些参数提供给 51 单片机应用系统以供其参考执行；后者则是指 51 单片机将当前的状态和数据提供给用户查看。人机交互接口是用户和 51 单片机应用系统进行交互的通道，常见的人机交互接口输入通道设备有按键、拨码开关、键盘等，常见的输出通道设备有 LED、数码管、液晶模块等，在前面的章节中已经介绍过其中部分设备（按键、LED、单位数码管），本章将介绍一些其他的常用设备。

知识目标

- 多位数码管的基础和使用方法。
- MAX7219 多位数码管驱动芯片的工作原理和使用方法。
- 1602 数字字符液晶模块的工作原理和使用方法。
- 拨码开关的工作原理和使用方法。
- 行列扫描键盘的工作原理和使用方法。
- 蜂鸣器的工作原理和使用方法。
- 使用 51 单片机测量频率信号的原理和实现方法。
- 使用 51 单片机发出乐声的原理和实现方法。
- 应用案例 8.1——简易频率计的需求分析。

　　简易频率计是一种用十进制数字显示被测信号频率的数字测量仪器，其基本功能是对 0 ~ 3kHz 频率范围内幅度为 0 ~ 5V 方波信号的当前频率进行测量并且显示。

- 应用案例 8.2——数字输入模块的需求分析。

　　数字输入模块是用于给需要数字串的应用系统提供输入的扩展模块，其通常用于类似手机、电话、密码门禁系统等应用场合给用户提供相应的输入。

- 应用案例 8.3——简易电子琴的需求分析。

　　简易电子琴是一种简易的演奏乐器，其能在 51 单片机的控制下根据用户的输入发出指定的音乐效果，这种效果可以应用各种提示音、背景音中，可以起到提示或者渲染环境气氛的作用。

8.1 数码管基础和应用

数码管是由多个发光二极管构成的"8 字型"/"米字型"的器件，这些发光二极管引线已在内部连接完成，只需引出它们的各个笔划、公共电源和地信号即可。数码管可用于显示 0~9、"."、A、B、C、D、E、F、H 等常见字符以及其他一些特殊字符。按照显示的字符数目，数码管可以分为单位数码管和多位数码管，其中单位数码管的基础和使用方法已经在前文中进行了介绍，故本小节仅仅介绍多位数码管的基础和使用方法。

8.1.1 多位数码管介绍

在 51 单片机的应用系统中常常需要显示多位的数字或者简单字母等较为复杂的信息，此时可以使用多位数码管。可以使用多个独立的 8 段数码管拼接成多位数码管，其好处是位数不限，布局灵活；也可以直接使用集成好的多位数码管，优点是引线简单（只有一套八段驱动引脚），价格相对来说便宜。

多位数码管可以是一个集成的器件，也可以是将多个单位数码管组织在一起构成的电路系统，它也是 51 单片机应用系统中最常见的显示模块之一。

1. 多位数码管基础

多位数码管按照其公共端的极性可以分为"共阴极"和"共阳极"两种，按照显示的位数可以分为 2 位、4 位、6 位、8 位等；图 8.1 所示是一个 6 位共阳极集成数码管的的结构图，从图中可以看到，6 位数码管的 a、b、c、d、e、f、dp 引脚都集成到了一起，而位选择 1、2、3、4、5、6 引脚则是对应位数码管的阳极端点，用于选择点亮的位。对于共阴极的 6 位集成数码管而言，其外部结构和共阳极的数码管是完全相同的，只是在使用时其选择端连接的电平逻辑有差异。

图 8.1 多位数码管的结构

图 8.2 所示是两个 4 位的多位数码管的实物示意，其对应的电路符号如图 8.3 所示，需要特别指出的是，共阳极和共阴极多位数码管对应的外部结构和电路符号是完全相同的，差别在其内部结构。

图 8.2 多位数码管的实物示意

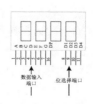

图 8.3 多位数码管的电路符号

此外，多位数码管也有一些异型的，尤其是有一些根据当前应用系统的特殊需求所定制的，其大多数都是多位数码管、发光二极管等多种基础 LED 显示模块的组合。图 8.4 所示是一个燃气热水器的显示模块，其基本使用原理和普通的多位数码管相同，具体使用方法可以参考使用手册。

图 8.4　异型的多位数码管实物示意

2.　多位数码管的电路

多位数码管可以使用 51 单片机多个 I/O 端口驱动，如 P0～P3 分别驱动 4 个数码管，但是这样极大地浪费了 I/O 资源，所以通常在实际使用中使用动态扫描的方法来实现多位数码管的显示。动态扫描是针对静态显示而言的，所谓静态显示是指数码管显示某一字符时，相应的发光二极管恒定导通或恒定截止，这种显示方式的每个数码管相互独立，公共端恒定接地（共阴极）或接电源（共阳极），每个数码管的每个字段分别与一个 I/O 口地址相连或与硬件译码电路相连，这时只要 I/O 口或硬件译码器有所需电平输出，相应字符即显示出来，并保持不变，直到需要更新所显示字符。采用静态显示方式占用单片机时间少，编程简单，但其占用的口线多，硬件电路复杂、成本高，只适合于显示位数较少的场合。而动态扫描则是一个一个地轮流点亮每个数码管，方法是多位数码管的 a～dp 数据段都用相同的 I/O 引脚来驱动，而使用不同的 I/O 引脚来控制位选择引脚。在动态扫描显示时，先选中第一个数码管，把数据送给它显示，一定时间后再选中第二个数码管，把数据送给它显示，一直到最后一个。这样虽然在某一时刻只有一个数码管在显示字符，但是只要扫描的速度足够高（超过人眼的视觉暂留时间），动态显示的效果在人看来就是几个数码管同时显示。采用动态扫描的方式比较节省 I/O 口，硬件电路也较静态显示方式简单，但其亮度不如静态显示方式，而且在显示的数码管较多时，51 单片机要依次扫描，占用了单片机较多的时间。

在动态扫描的电路中，使用不同的 I/O 引脚来进行位选择，此时该 I/O 引脚必须要能完成"点亮"—"熄灭"数码管的的控制功能，该功能一般是通过一个通断电路控制共阳/共阴极端（位选择端）来实现的，当 I/O 引脚控制该电路接通时共阳/共阴极端被连接到 VCC/地，对应的位数码管被选中显示。由于 51 单片机的 I/O 口驱动能力有限，通常很难提供多位数码管导通需要的电流，所以一般会使用一个引脚通过驱动器件（如三极管、达林顿管等）来对数码管的位控制引脚进行控制。

图 8.5 所示是一个 4 位的多位数码管的典型应用电路，其使用 51 单片机的 P1 端口作为多位数码管的数据输入端口；使用之外的 4 个普通 I/O 引脚通过 PNP 三极管来控制需要显示的数码管位，当对应的控制引脚输出高电平时，三极管导通，VCC 被加在对应的数码管公共端（选择端），对应的数码管被选中，按照该数码管的数据输入显示对应的字符或者数字。

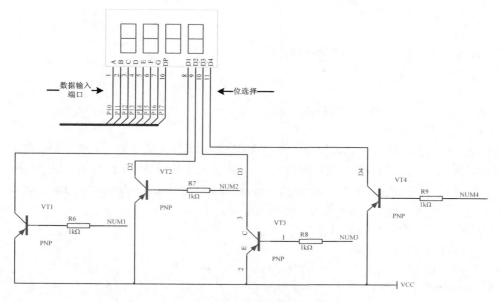

图 8.5　多位数码管的典型应用电路

> 注意：从多位数码管的工作原理可知，图 8.5 中的 4 位数码管可以等效于 4 个把数据端连接到一起的独立七段数码管，所以该电路和图 8.6 所示的电路是等效的。

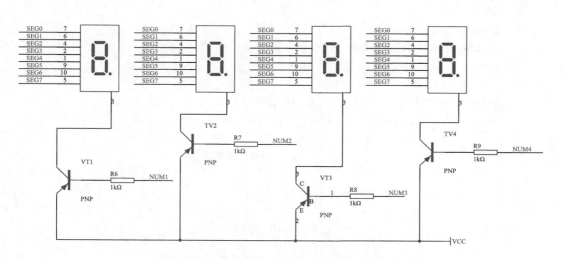

图 8.6　使用多个单位数码管构成多位数码管

3. 多位数码管的操作步骤和驱动函数

使用 51 单片机驱动多位数码管的详细操作步骤如下。

（1）按照待输出的数据查找在表中对应的编码。

（2）选中对应需要显示的数码管位。

（3）将编码通过端口输出。

（4）快速切换到下一个数码管位，循环下去。

或者可以总结为如下步骤。

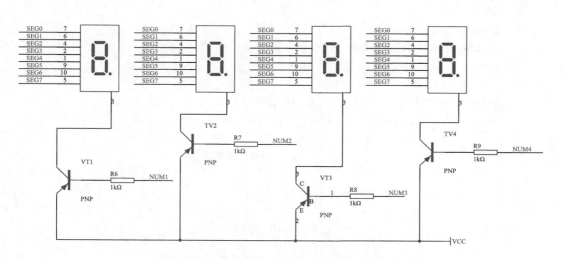

（1）输出第 1 位待显示字符的字形编码。

（2）选中第 1 位。

（3）输出第 2 位待显示字符的字形编码。

（4）选中第 2 位。

……

（N）　输出第 N 位待显示字符的字形编码。

（N+1）　选中第 N 位。

例 8.1 是一个使用 C51 语言构造的多位数码管驱动函数，其首先使用预定义设置好了多位数码管对应 51 单片机的数据和选择端口，然后分别定义了共阳极和共阴极的数码管对应的编码信息，接着提供了库函数 SegView(unsigned char viewdata,unsigned char a,unsigned char div)，其中 div 参数用于选中对应的数码管位，输入值可以为 1 ~ 8。

【例 8.1】多位数码管的驱动函数。

```
#include <AT89X52.h>
#define  SEGPORT  P1  //数据驱动端口
#define  DIVPORT   P2  //位选择端口
//共阳极的对应编码
unsigned char code SEGYtable[ ]={
0xc0,0xf9,0xa4,0xb0,0x99,0x92,0x82,0xf8,
0x80,0x90,0x88,0x83,0xC6,0xA1,0x86,0x8E
};
//共阴极的对应编码
unsigned char code YSEGtable[ ]={
0xc0,0xf9,0xa4,0xb0,0x99,0x92,0x82,0xf8,
0x80,0x90,0x88,0x83,0xC6,0xA1,0x86,0x8E
};
//第一个参数为数据，第二个参数选择共阴极还是阳极，第三个选择第几位
void NSegView(unsigned char viewdata,unsigned char a,unsigned char div)
{
  if(a==0)                               //如果是共阳极
  {
    SEGPORT = SEGYtable[viewdata]; //输出字符
  }
  else                                   //如果是共阴极
  {
    SEGPORT = YSEGtable[viewdata];
  }
  switch(div)//选择使用的位数
  {
    case 1: DIVPORT = 0x01; break;
    case 2: DIVPORT = 0x02; break;
    case 3: DIVPORT = 0x04; break;
    case 4: DIVPORT = 0x08; break;
    case 5: DIVPORT = 0x10; break;
```

```
        case 6: DIVPORT = 0x20; break;
        case 7: DIVPORT = 0x40; break;
        case 8: DIVPORT = 0x80; break;
        default: DIVPORT = 0x00;
    }
}
```

多位数码管的具体使用方法可以参考 8.6 小节介绍的简易频率计的实现方法。

8.1.2 多位数码管驱动芯片 MAX7219

从图 8.5 中可以看到在 51 单片机应用系统中，使用 51 单片机的 I/O 引脚直接驱动多位数码管虽然在软件设计上较为简单，但是在硬件电路设计上较为烦琐，并且会占用较多的 I/O 引脚资源；同时在显示内容较多和较为复杂的时候（多位数码管扫描显示的时候）还会占用大量的软件执行时间，加重 51 单片机的负担。所以在应用系统复杂度比较高的时候，可以使用数码管驱动芯片 MAX7219。

1. MAX7219 基础

MAX7219 有 20 个 I/O 引脚，拥有 DIP（宽）、DIP（窄）、SOP 等多种封装，可以根据实际需求应用于不同的场合，图 8.7 所示是其实物封装示意。

图 8.7 MAX7210 的实物示意

MAX7219 的电路符号如图 8.8 所示，其引脚说明如下。

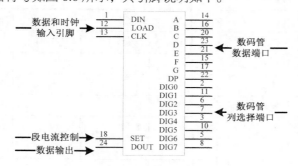

图 8.8 MAX7219 的电路符号

- DIN：串行数据输入引脚。
- DIG0～DIG7：数码管列选择引脚。
- GND：电源地。
- LOAD：数据锁定控制引脚，在 LOAD 的上升沿到来时片内数据被锁定。
- CLK：外部时钟输入引脚。
- SEGa～SEGg：数码管段驱动引脚，当没有输出的时候为低电平。
- dp：数码管驱动引脚，当没有输出的时候为低电平。
- SET：段电流大小控制引脚，可以通过一个电阻连接到 VCC 来增大段电流，使数码管更亮。
- VCC：电源。
- DOUT：串行数据输出引脚，可以用于多片 MAX7219 级联扩展。

MAX7219 内部包含了 BCD 编码器、多路扫描回路、段字驱动器以及一个 8×8 的静态 RAM

用来存储临时数据，还有一个外部寄存器可以用来设置每个段输出的电流大小。

MAX7219 和 51 单片机进行通信时使用 16 位串行数据，其由 4 位无效数据、4 位地址和 8 位数据组成，如表 8.1 所示。

表 8.1　MAX7219 的数据格式

D15	D14	D13	D12	D11	D10	D9	D8
×	×	×	×	地址			
D7	D6	D5	D4	D3	D2	D1	D0
数据							

MAX7219 在 DIN 端口上输入的 16 位数据在每一个 CLK 时钟信号的上升沿被移入内部的移位寄存器，然后在 LOAD 信号的上升沿到来时这些数据被送到数据或者控制寄存器，在发送过程中数据遵循 "高位在前，低位在后" 的原则。

51 单片机通过对 MAX7219 内部寄存器的操作完成对 MAX7219 的控制，MAX7219 内部有 14 个可寻址的数据/控制寄存器，8 字节的数据寄存器在片内是一个 8×8 的内存空间，5 字节的控制寄存器包括编码模式、显示亮度、扫描限制、关闭模式以及显示检测 5 个寄存器，表 8.2 所示是 MAX7219 的内部寄存器分布示意。

表 8.2　MAX7219 的内部寄存器分布

寄存器名称	地址					编码
	D15～D12	D11	D10	D9	D8	
显示段 0	×	0	0	0	1	0x0001
显示段 1	×	0	0	1	0	0x0002
显示段 2	×	0	0	1	1	0x0003
显示段 3	×	0	1	0	0	0x0004
显示段 4	×	0	1	0	1	0x0005
显示段 5	×	0	1	1	0	0x0006
显示段 6	×	0	1	1	1	0x0007
显示段 7	×	1	0	0	0	0x0008
编码模式	×	1	0	0	1	0x0009
显示亮度	×	1	0	1	0	0x000A
扫描限制	×	1	0	1	1	0x000B
关闭模式	×	1	1	0	0	0x000C
显示检测	×	1	1	1	1	0x000F

MAX7219 的模式编码寄存器用于设置对显示内存中的数据进行 BCD 译码或者不进行译码，如表 8.3 所示。

表 8.3　MAX7219 的编码模式寄存器

编码模式	寄存器数据								编码
	D7	D6	D5	D4	D3	D2	D1	D0	
均不编码	0	0	0	0	0	0	0	0	0x00
第 0 位编码, 其他不解码	0	0	0	0	0	0	0	1	0x01
0~3 位编码, 其他不解码	0	0	0	0	1	1	1	1	0x0F
均编码	1	1	1	1	1	1	1	1	0xFF

当 MAX7219 选择了编码模式时, 其内置的译码器只对数据的低 4 位 D3 ~ D0 进行译码, D4 ~ D6 为无效位, D7 位用来设置小数点, 不受译码器的控制且始终为高电平, 表 8.4 所示为译码的输出格式。

表 8.4　MAX7219 的字符编码

七段编码字符	数据寄存器						显示的段=1							
	D7	D6 ~ D4	D3	D2	D1	D0	DP	A	B	C	D	E	F	G
0		×	0	0	0	0	1	1	1	1	1	1	1	0
1		×	0	0	0	1	0	1	1	0	0	0	0	0
2		×	0	0	1	0	1	1	0	1	1	0	1	1
3		×	0	0	1	1	1	1	1	1	0	0	1	1
4		×	0	1	0	0	0	1	1	0	0	1	1	1
5		×	0	1	0	1	1	0	1	1	0	1	1	1
6		×	0	1	1	0	1	0	1	1	1	1	1	1
7		×	0	1	1	1	1	1	1	1	0	0	0	0
8		×	1	0	0	0	1	1	1	1	1	1	1	1
9		×	1	0	0	1	1	1	1	1	0	1	1	1
—		×	1	0	1	0	0	0	0	0	0	0	0	1
E		×	1	0	1	1	1	0	0	1	1	1	1	1
H		×	1	1	0	0	0	0	1	1	0	1	1	1
L		×	1	1	0	1	0	0	0	1	1	1	0	
P		×	1	1	1	0	1	1	1	0	0	1	1	1
无显示		×	1	1	1	1	0	0	0	0	0	0	0	0

如果不使用编码模式的话, 输入 MAX7219 的 8 位数据和 MAX7219 的输出引脚上的电平相符合。

MAX7219 可以通过加在 VCC 引脚和 SET 引脚之间的一个外部电阻来控制数码管的显示亮度, 段驱动电流一般是流入 SET 引脚电流的 100 倍, 这个电阻可以是固定的, 也可以是可变电阻, 其最小值为 8.53kΩ, 此时段电流为 40mA。显示亮度也可以通过亮度寄存器的低 4 位通过脉宽调制器来控制, 该脉宽调制器将段电流平均分为 16 级, 最大值为通过 SET 引脚设置的最大电流的 31/32，最小值为 1/32，如表 8.5 所示，最小熄灭时间为时钟周期的 1/32。

表 8.5　亮度控制寄存器

时钟周期	D7	D6	D5	D4	D3	D2	D1	D0	编码
1/32	×	×	×	×	0	0	0	0	0x00
3/32	×	×	×	×	0	0	0	1	0x01
5/32	×	×	×	×	0	0	1	0	0x02
7/32	×	×	×	×	0	0	1	1	0x03
9/32	×	×	×	×	0	1	0	0	0x04
11/32	×	×	×	×	0	1	0	1	0x05
13/32	×	×	×	×	0	1	1	0	0x06
15/32	×	×	×	×	0	1	1	1	0x07
17/32	×	×	×	×	1	0	0	0	0x08
19/32	×	×	×	×	1	0	0	1	0x09
21/32	×	×	×	×	1	0	1	0	0x0A
23/32	×	×	×	×	1	0	1	1	0x0B
25/32	×	×	×	×	1	1	0	0	0x0C
27/32	×	×	×	×	1	1	0	1	0x0D
29/32	×	×	×	×	1	1	1	0	0x0E
31/32	×	×	×	×	1	1	1	1	0x0F

MAX7219 的扫描控制寄存器用来显示需要的数码管的位数，最多为 8，最少为 1，MAX7219 将以 800Hz 的扫描速率对这些位数码管进行多路扫描显示，如果数据少的话，扫描速率为 $8 \times f_{osc}/N$，N 是指需要扫描数字的个数。扫描数据的位数会影响显示亮度，所以不能将扫描寄存器设置为空扫描，表 8.6 所示是扫描寄存器的内部格式。

表 8.6　MAX7219 的扫描控制寄存器

扫描的位	数据寄存器								编码
	D7	D6	D5	D4	D3	D2	D1	D0	
0	×	×	×	×	×	0	0	0	0x00
0~1	×	×	×	×	×	0	0	1	0x01
0~2	×	×	×	×	×	0	1	0	0x02
0~3	×	×	×	×	×	0	1	1	0x03
0~4	×	×	×	×	×	1	0	0	0x04
0~5	×	×	×	×	×	1	0	1	0x05
0~6	×	×	×	×	×	1	1	0	0x06
0~7	×	×	×	×	×	1	1	1	0x07

如果需要扫描的数码管少于 3 位，个别的数据驱动将损耗过多的功耗，所以 SET 外加的电阻大小必须根据显示数据的个数来确定，从而限制个别数据驱动对功耗的浪费，表 8.7 所示是不同个数字被扫描时所对应的最大需求段电流。

表 8.7 MAX7219 的电流需求

段位数	电流大小
1	10mA
2	20mA
3	30mA

当有多个 MAX7219 被串接使用时可以使用关闭模式寄存器，把所有芯片的 LOAD 端联接在一起，然后把相邻的芯片的 DOUT 和 DIN 连接在一起，DOUT 是一个 CMOS 逻辑电平的输出口，可以很容易地驱动下一级的 DIN 口。例如，当 4 个 MAX7219 被连接起来使用时向第 4 个芯片发送需要使用的 16 位数据，然后后面跟 3 组 NO-OP(0x××0×) 代码，接着使对应的 LOAD 端变为高电平，数据则被载入所有芯片。前 3 个芯片接收到 NO-OP 代码，第 4 个接收到有效数据。

MAX7219 的显示检测寄存器有正常和显示检测两种工作状态，显示检测状态在不改变所有其他控制和数据寄存器（包括关闭寄存器）的情况下将所有 LED 都点亮。在此状态下，8 个位都会被扫描，工作周期为 31/32，表 8.8 所示是显示检测寄存器的内部结构。

表 8.8 显示检测寄存器的内部结构

工作模式	数据寄存器							
	D7	D6	D5	D4	D3	D2	D1	D0
普通工作模式	×	×	×	×	×	×	×	0
显示检测工作模式	×	×	×	×	×	×	×	1

2. MAX7219 的电路

51 单片机可以使用普通 I/O 引脚来和 MAX7219 进行数据通信，使用一个引脚来轮流产生高低电平即可给 MAX7219 提供时钟信号（CLK），使用另外一个引脚在时钟有效的器件输出对应的高电平（数据"1"）或者低电平（数据"0"）则可以将对应的控制信息和数据写入 MAX7219 中。

数码管驱动芯片 MAX7219 的典型应用电路如图 8.9 所示，51 单片机使用 P2.0 ~ P2.2 和 MAX7219 相连接，MAX7219 的段输出和数据输出分别连接到 8 位数码管的对应端口。

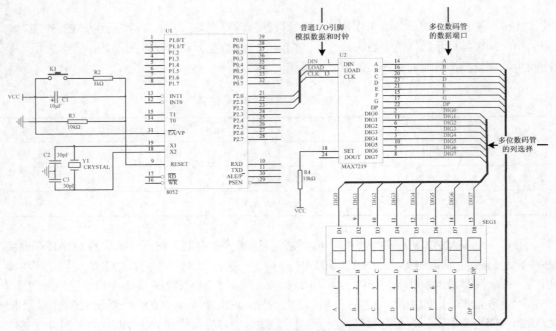

图 8.9　MAX7219 的典型应用电路

3.　MAX7219 的操作步骤和驱动函数

使用 51 单片机扩展 MAX7219 的详细操作步骤如下。

（1）51 单片机使用普通 I/O 引脚来模拟 MAX7219 的数据交换过程。

（2）根据数码管的连接情况设置 MAX7219 的编码模式控制寄存器。

（3）设置 MAX7219 的亮度控制寄存器以设置数码管亮度。

（4）设置 MAX7219 的扫描控制寄存器以确定扫描方法。

（5）关闭模式控制寄存器。

（6）将需要显示的数据写入 MAX7219。

需要注意的是，在对 MAX7219 进行初始化操作的时候需要遵循以下步骤。

（1）设置模式编码寄存器。

（2）设置显示亮度寄存器。

（3）设置扫描控制寄存器。

（4）设置自关闭模式寄存器。

> 注意：MAX7219 只支持驱动共阴极的数码管。

　　例 8.2 是使用 51 单片机的普通 I/O 引脚模拟 MAX7219 的数据和时钟信号的驱动库函数，其提供了两个函数 WriteMAX7219、InitialiseMAX7219 分别用于向 MAX7219 写入数据和对其进行初始化，需要注意的是，例 8.2 中使用了 "#define" 关键字对 MAX7219 的数据端 DIN、控制端 LOAD 和时钟端 CLK 的驱动引脚进行了定义，在调用这两个函数的时候只需要根据 51 单片机应用系统的实际连接情况进行修改即可。

　　【例 8.2】MAX7219 的驱动函数。

```c
#include <intrins.h>
#include <AT89X52.h>
#define sbDIN P2_0                              //定义 MAX7219 的数据引脚
#define sbLOAD P2_1                             //定义 MAX7219 的控制引脚
#define sbCLK P2_2                              //定义 MAX7219 的时钟引脚
//写 MAX7219 函数，Addr 为 MAX7219 的内部寄存器地址，Dat 为待写入的数据
void WriteMAX7219(unsigned char Addr,unsigned char Dat)
{
        unsigned char i;
    sbLOAD = 0;
    for(i=0;i<8;i++)                            //先送出 8 位地址
    {
        sbCLK = 0;                              //时钟拉低
        Addr <<= 1;                             //移位送出地址
        sbDIN      = CY;                        //送出数据
        sbCLK = 1;                              //时钟上升沿
        _nop_();
        _nop_();
        sbCLK = 0;
    }
    for(i=0;i<8;i++)                            //再送出 8 位数据
    {
        sbCLK = 0;
        Dat <<= 1;                              //移位送出数据
        sbDIN      = CY;
        sbCLK = 1;
        _nop_();
        _nop_();
        sbCLK = 0;
    }
    sbLOAD = 1;
}
//MAX7129 的初始化函数，参数分别为编码模式控制寄存器、亮度控制寄存器和扫描控制寄存器
void InitialiseMAX7219(unsigned char mode,unsigned char blink,unsigned char div)
{
        WriteMAX7219(0x09,mode);                //编码模式寄存器
    WriteMAX7219(0x0a,blink);                   //显示亮度控制
    WriteMAX7219(0x0b,div);                     //扫描控制
    WriteMAX7219(0x0c,0x01);                    //关闭模式控制寄存器设置
}
```

8.2 1602 液晶模块基础和应用

数码管只能显示简单的数字和某些特定的部分字符，在 51 单片机的应用系统中，有时需要

显示一些比较复杂的字符串信息，此时可以使用液晶显示模块，在 51 单片机应用系统中最常用的液晶模块是数字字符液晶 1602。

8.2.1 1602 液晶模块基础

数字字符液晶 1602 是一种专门用来显示字母、数字、符号等的点阵型液晶模块，其由若干个 5×7 或者 5×11 等点阵字符位组成，每个点阵字符位都可以显示一个字符，每位之间有一个点距的间隔，每行之间也有间隔，起到了字符间距和行间距的作用，正因为如此它不能很好地显示图形。

数字字符液晶 1602 是字符型液晶的一种，字符型液晶是专门用来显示英文和其他拉丁文字母、数字、符号等的点阵型液晶显示模块，这类模块一般应用于数字寻呼机、数字仪表等电子设备中，其具有比发光二极管、数码管能显示更加复杂内容的优点，驱动电路较为简单，价格较为低廉。1602 液晶模块的主要特点如下。

- 液晶模块由若干个 5×8 点阵块组成的显示字符块组成，每个点阵块为一个字符位，字符间距和行距都为一个点的宽度。
- 主控芯片为 HD44780（HITACHI）或者其他兼容芯片。
- 在内存中提供了 192 种字符的库，方便用户直接调用。
- 具有 64 个字节的自定义字符 RAM，可自定义为 8 个 5×8 字符或 4 个 5×11 字符。
- 具有标准的接口，方便和 51 单片机连接。
- 使用单+5V 电源供电。
- 支持对背光亮度和对比度的控制。

数字字符液晶 1602 是对市场上符合相同/类似规范的产品的总称（类似 51 单片机内核和具体的 51 单片机型号的关系），这些产品都被称为 1602 液晶模块，其实物外形都和图 8.10 所示的类似，但是具体的型号之间会在外部尺寸大小、电路板颜色等方面有一些差异。

数字字符液晶 1602 的电路符号如图 8.11 所示，其具体引脚说明如下。

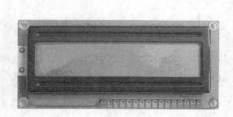

图 8.10　1602 液晶实物示意

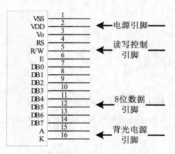

图 8.11　数字字符液晶 1602 的电路符号

- VSS：电源地引脚。
- VDD：供电电源引脚。
- Vo：液晶显示偏压信号引脚，外加 0~5V 电压以调节显示对比度。
- RS：寄存器选择引脚，为高电平时选择数据寄存器；为低电平时选择指令寄存器。
- R/W：读、写操作选择引脚，高电平时为读操作；低电平时为写操作。
- E：使能信号引脚，低电平有效。

- DB0～DB7：数据总线引脚，用于输入驱动 1602 液晶模块显示的数据。
- A：背光 5V 电源引脚。
- K：背光地信号引脚。

51 单片机可以通过向 1602 发送相应的指令以完成对 1602 液晶的控制，这些指令包括清屏命令、复位命令等，如表 8.9～表 8.19 所示。

- 清屏指令：用于清除 DDRAM 和 AC（内存和光标寄存器）的数值，用于将 1602 当前屏幕的显示清空（无显示）。

表 8.9　1602 的清屏指令

RS	RW	D7	D6	D5	D4	D3	D2	D1	D0
0	0	0	0	0	0	0	0	0	1

- 归零指令：将 1602 屏幕的光标（当前字符显示点）回归原点（可以预先设置，通常来说位于左上角）。

表 8.10　1602 的归零指令

RS	RW	D7	D6	D5	D4	D3	D2	D1	D0
0	0	0	0	0	0	0	0	1	★

- 输入方式选择指令：用于设置 1602 的光标和画面移动方式。其中，I/D=1，数据读、写操作后，AC（光标寄存器）自动加一；I/D=0，数据读、写操作后，AC（光标寄存器）自动减一；S=1，数据读、写操作，画面平移；S=0，数据读、写操作，画面保持不变。

表 8.11　1602 的输入方式选择指令

RS	RW	D7	D6	D5	D4	D3	D2	D1	D0
0	0	0	0	0	0	0	1	I/D	S

- 显示开关控制指令：用于设置显示、光标及闪烁开、关。其中，D 表示显示开关：D=1 为开，D=0 为关；C 表示光标开关，C=1 为开，C=0 为关；B 表示闪烁开关，B=1 为开，B=0 为关。

表 8.12　1602 的显示开关控制指令

RS	RW	D7	D6	D5	D4	D3	D2	D1	D0
0	0	0	0	0	0	1	D	C	B

- 光标和画面移动指令：用于在不影响 DDRAM（内存）的情况下使光标、画面移动。其中，S/C=1，画面平移一个字符位；S/C=0，光标平移一个字符位；R/L=1，右移；R/L=0，左移。

表 8.13　1602 的光标和画面移动指令

RS	RW	D7	D6	D5	D4	D3	D2	D1	D0
0	0	0	0	0	1	S/C	R/L	★	★

- 功能设置指令：用于设置工作方式（初始化指令）。其中，DL=1，8 位数据接口；DL=0，4 位数据接口；N=1，分两行显示；N=0，在同一行显示；F=1，5×10 点阵字符；F=0，5×7 点阵字符。

表 8.14　1602 的功能设置指令

RS	RW	D7	D6	D5	D4	D3	D2	D1	D0
0	0	0	0	1	DL	N	F	★	★

- CGRAM 设置指令：用于设置 CGRAM 的地址，A5～A0 对应的地址为 0x00～0x3F。

表 8.15　1602 的 CGRAM 设置指令

RS	RW	D7	D6	D5	D4	D3	D2	D1	D0
0	0	0	1	A5	A4	A3	A2	A1	A0

- DDRAM 设置指令：用于设置 DDRAM 的地址，N=0，在一行中显示，此时 A6～A0 对应 0x00～0x4F；N=1，分两行显示，首行 A6～A0 对应 0x00～0x2F，次行 A6～A0 对应 0x40～0x64。

表 8.16　1602 的 DDRAM 设置指令

RS	RW	D7	D6	D5	D4	D3	D2	D1	D0
0	0	1	A6	A5	A4	A3	A2	A1	A0

- 读 BF 和 AC 指令：其中，BF=1 表示当前忙；BF=0 表示已经准备好。此时，AC 值意义为最近一次地址设置（CGRAM 或 DDRAM）定义。

表 8.17　1602 的读 BF 和 AC 指令

RS	RW	D7	D6	D5	D4	D3	D2	D1	D0
0	1	BF	AC6	AC5	AC4	AC3	AC2	AC1	AC0

- 写数据指令：用于将地址码写入 DDRAM 以使 1602 液晶显示出相应的图形或将用户自创的图形存入 CGRAM 内。

表 8.18　1602 的写数据指令

RS	RW	D7	D6	D5	D4	D3	D2	D1	D0
1	0				数据				

- 读数据指令：根据当前设置的地址，把 DDRRAM 或 CGRAM 数据读出。

表 8.19　1602 的读数据指令

RS	RW	D7	D6	D5	D4	D3	D2	D1	D0
1	1	\multicolumn{8}{c}{数据}							

8.2.2　1602 液晶模块的电路

1602 液晶与 51 单片机的典型应用电路如图 8.12 所示，51 单片机使用并行端口 P1 连接到 1602 的 8 位并行数据端口，然后使用 P2.5～P2.7 的 3 根 I/O 引脚来控制 1602 的读写和使能。

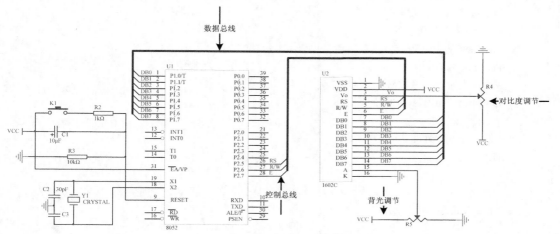

图 8.12　1602 液晶的典型应用电路

通过调节图 8.12 中滑动变阻器 R4 的阻值可以调节 1602 显示屏的对比度，而滑动变阻器 R5 则用于调节 1602 液晶模块的背光亮度。

8.2.3　1602 液晶模块的操作步骤和驱动函数

51 单片机扩展 1602 液晶的详细操作步骤如下。

（1）进入初始化状态。

（2）51 单片机向 1602 写入命令字 0x38。

（3）延时 4ms 以上。

（4）再次向 1602 写入命令字 0x38。

（5）延时 $100\mu s$ 以上。

（6）再次向 1602 写入命令字 0x38 设置液晶输入方式。

（7）写入命令字 0x0C 用于设置液晶的显示方式。

（8）写入命令字 0x01 用于清除液晶的当前显示。

（9）初始化结束，将待显示的数据写入 1602。

例 8.3 是液晶模块 1602 的库函数，其使用 "#define" 关键字对 1602 模块的数据驱动端口和控制引脚进行了定义，提供了如下的函数用于对 1602 进行控制，在其中调用了软件延时函数 delayMS。

- void Initialize_LCD()：初始化液晶。
- void Write_LCD_Data(unsigned char dat)：向 1602 写入数据，dat 为待写入的数据值。

- void Write_LCD_Command(unsigned char cmd)：向 1602 写入命令，cmd 为待写入的命令值。
- unsigned char Busy_Check()：检查 1602 是否处于忙状态，返回值为当前 1602 的状态。
- void ShowString(unsigned char x,unsigned char y,unsigned char *str)：以 1602 的坐标为 X、Y 的位置为起始点写入字符串 str。

【例 8.3】1602 液晶模块的库函数。

```c
#include <AT89X52.h>
#include <intrins.h>
#define DATAPORT P1                        //定义数据端口
#define RS P2_0
#define RW P2_1
#define EN P2_2                            //定义控制引脚
//检查当前 1602 是否处于忙状态
unsigned char Busy_Check()
{
        unsigned char LCD_Status;
    RS = 0;
    RW = 1;
    EN = 1;
    delayMS(1);
        LCD_Status = P1;                   //读取 1602 的状态
    EN = 0;
    return LCD_Status;
}
//向 1602 写入控制字
void Write_LCD_Command(unsigned char cmd)
{
        while((Busy_Check()&0x80)==0x80);
    RS = 0;
    RW = 0;
    EN = 0;
    P1 = cmd;
    EN = 1;
    delayMS(1);
    EN = 0;
}
//向 1602 写入数据
void Write_LCD_Data(unsigned char dat)
{
        while((Busy_Check()&0x80)==0x80);   //如果 1602 空闲
    RS = 1;
    RW = 0;
    EN = 0;
```

```
    P1 = dat;
    EN = 1;
    delayMS(1);
    EN = 0;
}
//初始化液晶
void Initialize_LCD()
{
        Write_LCD_Command(0x38);
    //设置1602的功能，8位数据接口，2两行显示，5×10点阵字符
    delayMS(1);
    Write_LCD_Command(0x01);//清除屏幕
    delayMS(1);
    Write_LCD_Command(0x06);
    //输入方式选择指令，数据读写后AC自动加1，输出显示保持不变
    delayMS(1);
    Write_LCD_Command(0x0c);
    //显示开关控制指令，开显示，关光标，关闪烁
    delayMS(1);
}
//在坐标点X、Y上写入一个字符串
void ShowString(unsigned char x,unsigned char y,unsigned char *str)
{
        unsigned char i = 0;
    if(y == 0)
        Write_LCD_Command(0x80 | x);
    if(y == 1)
        Write_LCD_Command(0xc0 | x);
    for(i=0;i<16;i++)
    {
        Write_LCD_Data(str[i]);
    }
}
```

液晶模块1602的具体使用方法可以参见8.7节给出的数字输入模块的具体实现方法。

8.3 拨码开关基础和应用

拨码开关（也叫DIP开关、地址开关、数码开关、指拨开关等）是一款用来操作控制的地址开关，采用0/1的二进制编码原理，其可以保持一个稳定的输入状态。

和第4章4.6.2小节中介绍的独立按键不同，独立按键的接通状态是一个"暂稳态"，需要用户进行持续地输入，如果用户不对独立按键进行动作则其会保持断开状态，如果用户需要在不干预的前提下保持输入的状态，此时可以使用拨码开关。

8.3.1　拨码开关基础

拨码开关作为需要手动操作的一种微型开关，在通信、安防等诸多设备产品上被广泛应用。大部分拨码开关采用直插式（DIP）封装，输入状态在 0/1 两态之间变换，再根据不同的位组成 2 的 N 次方的不同状态，以实现不同的功能，图 8.13 所示是不同种类的 DIP 封装的拨码开关实物示意。

拨码开关的电路符号如图 8.14 所示，这是一个 9 位的拨码开关，其中每一组两端都代表一位拨码开关。

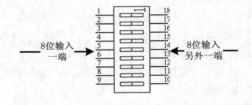

图 8.13　拨码开关实物示意　　　　图 8.14　拨码开关的电路符号

拨码开关的应用原理和按键完全相同，只是拨码开关不会自动释放，只能使用人工修改其状态，所以也不会有抖动出现。

8.3.2　拨码开关的电路

拨码开关的典型应用电路和独立按键类似，如图 8.15 所示，拨码开关的一段连接到 GND，另外一端通过上拉电阻连接到 51 单片机的 I/O 引脚上，当拨码开关闭合时，对应的 51 单片机引脚电压为低，否则为高。

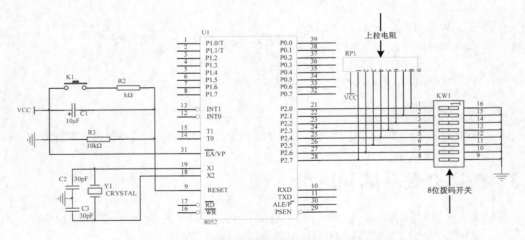

图 8.15　拨码开关的典型应用电路

注意：同样地，可以调换上拉电阻和拨码开关的公共端，此时当拨码开关接通和断开时在 51 单片机的 I/O 引脚上的电路逻辑相反。

8.3.3 拨码开关的操作步骤

拨码开关的的详细操作步骤如下。

（1）向 51 单片机连接到独立按键的对应端口输出高电平。

（2）读取对应端口的电平状态即为当前拨码开关的状态。

8.3.4 拨码开关的应用实例

本实例是一个使用数码管显示拨码开关闭合数量的应用，实例的应用电路如图 8.16 所示，51 单片机使用 P0 端口驱动了一个 8 位拨码开关，拨码开关的一端通过一个电阻排连接 VCC，同时连接到 P0 端口；另外一端则直接连接到地，当拨码开关位于"ON"状态时，开关断开，P0 端口上为高电平，反之为低电平。同时 51 单片机使用 P1 端口驱动了一个共阳极数码管用于显示当前拨码开关闭合的数量。

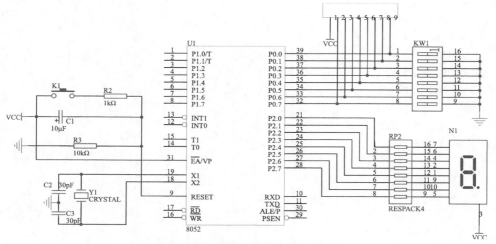

图 8.16　拨码开关状态显示实例的电路

实例涉及的典型器件如表 8.20 所示。

表 8.20　独立按键加减技术实例器件列表

器件	说明
51 单片机	核心部件
拨码开关	用户输入通道
数码管	显示器件
电阻	上拉和限流
晶体	51 单片机工作的振荡源
电容	51 单片机复位和振荡源工作的辅助器件

实例的应用代码如例 8.4 所示，51 单片机循环检查 I/O 引脚上的拨码开关状态，设置一个软件计数器来统计当前 I/O 引脚上为高电平的状态，然后将该计数器的值对应的字形编码通过

I/O 端口送出以驱动数码管；应用代码使用了一个 unsigned char 类型的软件计数器 counter 用于统计拨码开关中被闭合的状态，然后将该软件计数器的字形编码输出；应用代码使用了位变量来进行拨码开关的闭合和断开状态统计。

【例 8.4】拨码开关的状态显示。

```c
#include <AT89X52.h>
//字形编码
unsigned char code SEGtable[]=
{
 0xc0,0xf9,0xa4,0xb0,0x99,0x92,0x82,0xf8,0x80,0x90,0x88,0x83,0xc6,0xa1,0x86,0x8e,0x00
};
//定义拨码开关的驱动引脚
sbit sw7 = P0 ^ 7;
sbit sw6 = P0 ^ 6;
sbit sw5 = P0 ^ 5;
sbit sw4 = P0 ^ 4;
sbit sw3 = P0 ^ 3;
sbit sw2 = P0 ^ 2;
sbit sw1 = P0 ^ 1;
sbit sw0 = P0 ^ 0;
unsigned char counter = 0;
void main()
{
  P2 = 0xc0;          //初始化为 0
  while(1)
  {
     P1 = 0xFF;
     counter = 0;
     counter = counter + (unsigned char)sw7;
     counter = counter + (unsigned char)sw6;
     counter = counter + (unsigned char)sw5;
     counter = counter + (unsigned char)sw4;
     counter = counter + (unsigned char)sw3;
     counter = counter + (unsigned char)sw2;
     counter = counter + (unsigned char)sw1;
     counter = counter + (unsigned char)sw0;
     P2 = SEGtable[counter];
  }
}
```

注意：代码使用了一个强制类型转换方法(unsigned char)对 bit 类型的拨码开关状态进行转换，当拨码开关状态返回值为 "1" 时转换结果为 0x01，否则，为 0x00，这样做是因为必须要和 counter 变量类型相同才能进行 "+" 运算。

拨码开关的使用很简单，和独立按键类似，虽然拨码开关通常来说不会出现抖动的现象，但是在对时间要求不是特别高时最好还是加上一个延时并且进行两次数据读取以保证读到的数据的正确性。

8.4 行列扫描键盘基础和应用

51 单片机应用系统某些时候需要进行一些比较复杂的输入操作，但是如果对于每个输入状态都定义一个独立按键，会导致 51 单片机的的 I/O 引脚不够用，此时可以使用行列扫描键盘。

8.4.1 行列扫描键盘基础

行列扫描键盘可以将多个独立按键（通常会大于等于 8 个）按照行、列的结构组合起来构成一个整体键盘，从而可以减少对 51 单片机的 I/O 引脚的使用数目，一个最为典型的 4×4 行列扫描键盘（共 16 个按键）的内部结构如图 8.17 所示。

由于行列扫描键盘把独立的按键跨接在行扫描线和列扫描线之间，这样 $M \times N$ 个按键就只需要 M 根行线和 N 根列线，大大地减少了 I/O 引脚的占用，这样的行列扫描键盘则被称为 $M \times N$ 行列键盘。

行列扫描键盘也可以使用中断辅助判断是否有键被按下，如图 8.18 所示，此方法的好处是响应快，当有键被按下时很快就能得到 51 单片机的响应，但是需要更多的硬件，并且占用一个中断。

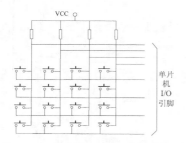

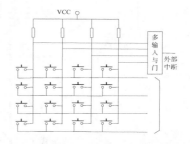

图 8.17 行列扫描键盘的内部结构　　　图 8.18 带中断输出的行列扫描键盘的内部结构

行列扫描键盘可以由多个独立按键按照行、列的组合方式构成，如图 8.19 所示。

行列扫描键盘也可以是封装好的键盘面板，如图 8.20 所示，在实际的产品应用中行列扫描键盘通常是以这种方式存在的。

图 8.19 独立按键组成的行列扫描键盘实例示意　　　图 8.20 封装好的行列扫描键盘实例示意

行列扫描键盘的电路符号如图 8.21 所示，它由多个独立按键组合而成。

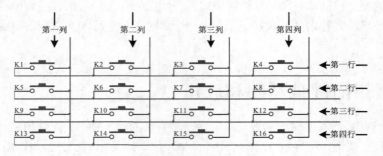

图 8.21　行列扫描键盘的电路符号

8.4.2　行列扫描键盘的电路

行列扫描键盘的典型应用电路如图 8.22 所示，这是一个 4×4 的共计 16 个按键的行列扫描键盘，4 根行线和 4 根列线分别连接到 51 单片机的 P2 端口的高 4 位和低 4 位，16 个独立按键跨接在行线和列线上。

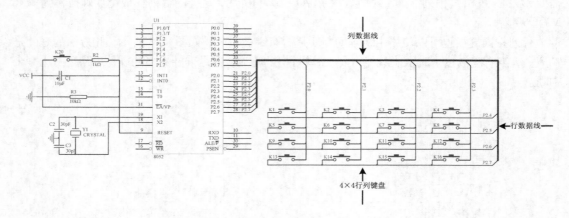

图 8.22　行列扫描键盘的典型应用电路

8.4.3　行列扫描键盘的操作步骤和驱动函数

51 单片机扩展行列扫描键盘的详细操作步骤如下。

（1）将所有的行线都置为高电平。

（2）依次将所有的列线都置为低电平，然后读取行线状态。

（3）如果对应的行列线上有按键被按下，则读入的行线为低电平。

（4）根据行列键盘的的输出将按键编码并且输出。

例 8.5 是一个行列扫描键盘的驱动库函数，其对应电路如图 8.22 所示，51 单片机用 P2 端口驱动了一个 4×4 的行列键盘，代码使用移位操作对其进行扫描并且返回对应的按键值。

【例 8.5】行列扫描键盘的驱动库函数。

```
//nms 的软件延时函数
void delayMS(unsigned int n)
{
    unsigned char ms;
```

```
    while (n--)
    {
       for(ms=0;ms<110;ms++);
    }
}
unsigned char KeyBoardScan(void)
{
 unsigned char scancode,tempcode;
 P2 = 0x0f;                                    //输出 0
 if((P2 & 0x0f) != 0x0f)              //如果有键被按下
 {
      DelayMS(300);
      if((P2 & 0x0f) != 0x0f)              //延时确认有键被按下
      {
            scancode = 0xef;                 //行线 1=0
            while((scancode & 0x01) != 0)    // 轮询行线
            {
                  P2 = scancode;
                  if((P2 & 0x0f) != 0x0f)        //如果这一行上有输入
                  {
                        tempcode = (P2 & 0x0f) | 0xf0;    //获取按键编码
                        return(( ~ scancode) + ( ~ tempcode));
                  }
                  else
                  {
                        scancode = (scancode << 1 ) | 0x01;     //下一列
                  }
            }
      }
 }
 return(0);
}
```

行列扫描键盘的具体使用方法同样可以参见 8.7 节中对数字输入模块的实现。

8.5 蜂鸣器基础和应用

蜂鸣器是 51 单片机应用系统最常见的发声器件，常常用于需要发出声音进行报警、提示错误、操作无效等场合。蜂鸣器可以发出音长和频率不同的各种简单声音，通常可以用于系统的提示或者报警，在 51 单片机的控制下其也可以发出各种乐音，甚至可以演奏简单的歌曲。

8.5.1 蜂鸣器的基础

按照工作原理，蜂鸣器可以分为压电式蜂鸣器和电磁式蜂鸣器，前者又被称为有源蜂鸣器，后者被称为无源蜂鸣器。有源蜂鸣器和无源蜂鸣器中的"源"不是指的电源，而是振荡源，其最大区别是前者只需要在蜂鸣器两端加上固定的电压差则可激励蜂鸣器发声，而后者必须加上相应频率振荡信号方可；前者操作简单，但是发声频率固定，后者操作复杂，但是可控性强，可以发出不同频率的声音。

压电式蜂鸣器（有源蜂鸣器）主要由多谐振荡器、压电蜂鸣片、阻抗匹配器及共鸣箱、外壳等组成，多谐振荡器由晶体管或集成电路构成，当接通电源后，多谐振荡器起振，输出 1.5～2.5kHz 的音频信号，阻抗匹配器推动压电蜂鸣片发声。压电蜂鸣片由锆钛酸铅或铌镁酸铅压电陶瓷材料制成。在陶瓷片的两面镀上银电极，经极化和老化处理后，再与黄铜片或不锈钢片粘在一起。

电磁式蜂鸣器（无源蜂鸣器）由振荡器、电磁线圈、磁铁、振动膜片及外壳等组成。接通电源后，振荡器产生的音频信号电流通过电磁线圈，使电磁线圈产生磁场。振动膜片在电磁线圈和磁铁的相互作用下，周期性地振动发声。

图 8.23 所示是蜂鸣器的实物示意，其两个引脚为一长一短，其中长端表明为蜂鸣器的正端引脚，需要外加驱动电压较高的一方。

蜂鸣器的电路符号如图 8.24 所示。

图 8.23　蜂鸣器的实物示意　　　　图 8.24　蜂鸣器的电路符号

8.5.2　蜂鸣器的电路

蜂鸣器在发声的时候需要较大的驱动电流，所以 51 单片机在对其进行扩展时必须有一定的驱动电流，此时可以使用外围的功率驱动元件来提供电流，最常见的功率驱动元件是三极管，图 8.25 所示是 51 单片机使用三极管驱动蜂鸣器的典型应用电路。

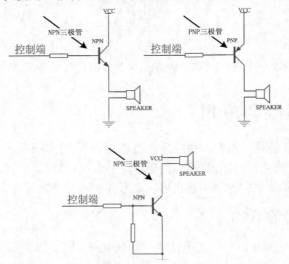

图 8.25　蜂鸣器的典型应用电路

8.5.3 蜂鸣器的操作步骤和驱动函数

蜂鸣器可以分为有源蜂鸣器和无源蜂鸣器两种，有源蜂鸣器的操作步骤如下。

（1）在需要蜂鸣器发声时 51 单片机的控制端输出"1"或者"0"，蜂鸣器导通发声。

（2）在不需要蜂鸣器发声时 51 单片机的控制端输出"1"或者"0"，蜂鸣器关闭不发声。

无源蜂鸣器的操作步骤如下。

（1）根据需要发声的频率计算出驱动频率。

（2）设置 51 单片机的定时计数器的相关参数。

（3）在需要蜂鸣器发声时启动 51 单片机定时计数器控制控制端输出"1"或者"0"，蜂鸣器导通发声。

（4）在不需要蜂鸣器发声时关闭 51 单片机的定时计数器，蜂鸣器被关闭不发声。

例 8.6 是 51 单片机对无源蜂鸣器的驱动函数示意，51 单片机使用一个软件延时函数来控制蜂鸣器驱动引脚输出不同长度和频率的波形来驱动无源蜂鸣器发声。修改 Play(unsigned char t,n) 函数中的参数 t 可以修改波形的频率从而使得蜂鸣器发出不同的声音，而修改参数 n 可以改变这个声音的持续长度。

【例 8.6】蜂鸣器的发声驱动函数。

```
//n ms 的软件延时函数
void delayMS(unsigned int n)
{
   unsigned char ms;
   while (n--)
   {
      for(ms=0;ms<110;ms++);
   }
}
//蜂鸣器的驱动函数
void Play(unsigned char t,n)
{
      unsigned char i;
   for(i=0;i<n;i++)                              //循环发声
   {
      FMQ =  ~ FMQ;
      delayMS(t);                               //延时
   }
   FMQ = 0;
}
```

蜂鸣器的具体使用可以参见 8.8 节中对简易电子琴的具体实现方法。

8.6　应用案例8.1——简易频率计的实现

本节是使用 51 单片机对简易频率计的具体实现方法。

8.6.1　51 单片机的频率测量算法

频率是指周期性信号在单位时间（1s）内变化的次数，若在一定时间间隔 T 内测得这个周期性信号的重复变化次数 N，则其频率 f 可表示为 $f=N/T$。

有两种使用 51 单片机进行频率测量的方法：

- 测频法：在限定的时间内（如 1s）检测频率信号的脉冲个数。
- 测周法：测试限定的脉冲个数之间的时间。

这两种方法的测量原理是相同的，但在实际中，需要根据待测频率的范围、51 单片机的工作频率以及所要求的测量精度等因素进行选择，在简易频率计应用系统中，使用的是测频法，其使用定时计数器来确定了在固定时间 T 内的脉冲个数 N，如图 8.26 所示，然后根据这个 N 值来计算对应的频率。

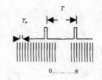

图 8.26　测频法频率测量原理

8.6.2　简易频率计的电路结构

简易频率计的电路如图 8.27 所示，它使用 51 单片机的内部定时计数器来进行输入频率的测量，所以将输入的频率信号直接连接到 51 单片机的 P3.4（T0）引脚上。综合考虑到驱动方便的因素，频率计使用一个 6 位的 8 段共阳极数码管来显示频率值，使用 51 单片机的 P0 端口作为数码管的数据交互端口，使用 P2 端口作为数码管的位选择端口。

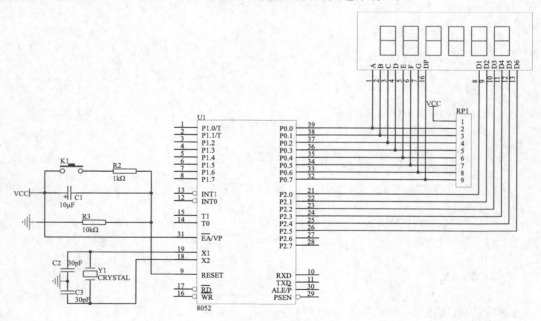

图 8.27　简易频率计的应用电路

简易频率计电路涉及的典型器件如表 8.21 所示。

表 8.21　简易频率计电路涉及的典型器件说明

器件名称	说明
晶体	51 单片机的振荡源
51 单片机	51 单片机，系统的核心控制器件
电容	滤波，储能器件
电阻	限流，上拉
电阻排	上拉
8 位数码管	显示器件

8.6.3　简易频率计的应用代码

简易频率计的软件可以划分为频率测量和计算以及显示驱动两个模块，其流程如图 8.28 所示。

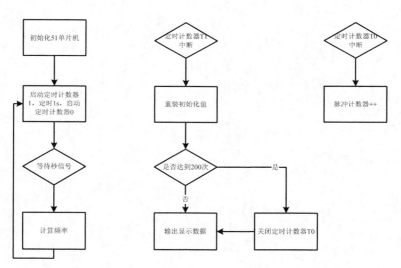

图 8.28　简易频率计应用系统的软件流程

- 频率测量和计算模块：测量当前的频率值，并且将其规格化为可以送出给数码管显示的数据。
- 显示驱动模块：将测量得到的当前频率值送数码管显示。

例 8.7 是简易频率计的 C51 语言的应用代码，其中的 HzCal 函数用于拼接 T0 的数据寄存器 TH0 和 TL0 以及拆分显示数据，而 t0 函数则用于将当前的脉冲计数器加 1；在定时计数器 T1 的中断服务子函数中控制 P2 引脚对数码管进行扫描，并且将对应的显示数据输出。

【例 8.7】简易频率计的应用代码。

```
#include <AT89X52.H>
unsigned char code dispbit[]={0xfe,0xfd,0xfb,0xf7,0xef,0xdf,0xbf,0x7f};        //P2 的扫描位
unsigned char code dispcode[]={0x3f,0x06,0x5b,0x4f,0x66,
```

```c
                            0x6d,0x7d,0x07,0x7f,0x6f,0x00,0x40};    //数码管的字形编码
unsigned char dispbuf[8]={0,0,0,0,0,0,10,10};                      //初始化显示值
unsigned char temp[8];                                             //存放显示的数据
unsigned char dispcount;                                           //显示计数器值
unsigned char T0count;                                             //T0 的计数器值
unsigned char timecount;                                           //计时计数器值
bit flag;                                                          //标志位
unsigned long x;                                                   //频率值
//频率计算函数
void HzCal(void)
{
   unsigned char i;
   x=T0count*65536+TH0*256+TL0; //得到 T0 的 16 位计数器值
   for(i=0;i<8;i++)
   {
     temp[i]=0;
   }
         i=0;
         while(x/10)                                               //拆分
           {
              temp[i]=x%10;
              x=x/10;
              i++;
           }
         temp[i]=x;
         for(i=0;i<6;i++)                                          //换算为显示数据
           {
              dispbuf[i]=temp[i];
           }
         timecount=0;
         T0count=0;
}

void main(void)
{

   TMOD=0x15;                                                      //设置定时器工作方式
   TH0=0;
   TL0=0;
   TH1=(65536-5000)/256;
   TL1=(65536-5000)%256;                                           //初始化 T1
   TR1=1;
   TR0=1;
   ET0=1;
```

```c
        ET1=1;
        EA=1;                                              //开中断

        while(1)
          {
            if(flag==1)
              {
                flag=0;
                HzCal();                                   //频率计算函数
                TH0=0;
                TL0=0;
                TR0=1;
              }
          }
    }
//定时器 T0 中断服务子函数
void t0(void) interrupt 1 using 0
{
    T0count++;
}
//定时器 T1 中断服务子函数
void t1(void) interrupt 3 using 0
{
    TH1=(65536-5000)/256;
    TL1=(65536-5000)%256;                                  //初始化 T1 预装值，1ms 定时
    timecount++;                                           //扫描
    if(timecount==200)                                     //秒定时
      {
        TR0=0;                                             //启动 T0
        timecount=0;
        flag=1;
      }
    P2=0xff;                                               //初始化选择引脚
    P0=dispcode[dispbuf[dispcount]];                       //输出待显示数据
    P2=dispbit[dispcount];
    dispcount++;                                           //切换到下一个选择引脚
    if(dispcount==8)                                       //如果已经扫描完成切换
      {
        dispcount=0;
      }
}
```

8.7 应用案例 8.2——数字输入模块的实现

本节是使用 51 单片机对数字输入模块的具体实现方法。

8.7.1 数字输入模块的工作原理

数字输入模块要求系统接收用户输入的一串数字（通常来说是"0"～"9"，也许还包括"*"和"#"），并且还会将用户的输入在屏幕上显示出来，当输入的数据串过长的时候，会自动清除屏幕显示，其可以用于输入类似"18911233456"这样的手机号码，也同样可以用于输入"123456"这类密码。

数字输入模块的工作原理非常简单，即 51 单片机通过扫描键盘得到被按下的按键，然后根据不同的按键映射其对应的数字或者字符，并且将这些数字或者字符送到显示模块显示。

8.7.2 数字输入模块的电路结构

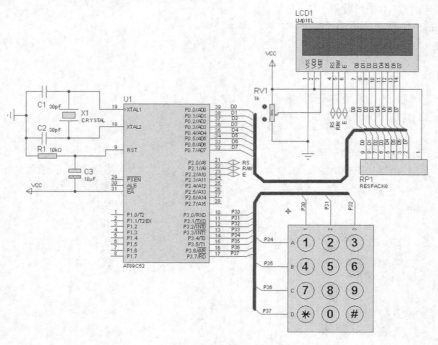

图 8.29　数字输入模块的应用电路

数字输入模块的电路如图 8.29 所示，51 单片机使用 P0 端口作为 1602 液晶模块的数据输入端口，使用 P2.0～P2.2 作为 1602 液晶模块的控制引脚，并且由于使用 P0 端口作为 I/O 端口，外加了一个电阻排作为上拉电阻；同时 51 单片机使用 P3 引脚以行列扫描连接方式扩展了一个 3×4 的数字小键盘作为输入通道。

数字输入模块中涉及的典型器件说明如表 8.22 所示。

表 8.22　数字输入模块电路涉及的典型器件说明

器件名称	说明
晶体	51 单片机的振荡源
51 单片机	51 单片机系统的核心控制器件
电容	滤波、储能器件
电阻	上拉
单电阻排	上拉电阻
数字小键盘	使用行列扫描键盘的组织形式，提供了 0～9、*和#输入
1602 液晶	数字、字符液晶模块
滑动变阻器	用于调整 1602 的对比度

8.7.3　数字输入模块的应用代码

数字输入模块的软件设计重点是行列扫描键盘的按键扫描函数以及 1602 液晶的驱动函数，其对应的 C51 语言代码如例 8.8 所示。

行列扫描键盘的软件驱动模块包括了一个用于按键扫描的函数 unsigned char GetKey()，当有按键被按下的时候，该函数返回按键对应的键值，否则返回 0xFF。应用代码将行列码存放在数组 KeyScanCode 中，依次送出选中对应的列，然后读出 P3 上的数据和存放按键编码的数组 KeyCodeTable 进行对比，如果相等，则将该按键值送出。1602 液晶的软件驱动模块则包括下列用于 1602 液晶读写驱动的函数。

- void Delayms(unsigned int x)：毫秒级延时函数，其参数为延时的长度。
- void Display_String(unsigned char *str,unsigned char LineNo)：在 1602 液晶的 LineNo 行上显示一个字符串 str。
- bit LCD_Busy_Check()：检查 1602 液晶是否处于忙状态，如果是，则返回 1，反之返回 0。
- void LCD_Write_Command(unsigned char cmd)：向 1602 写入指令 cmd。
- void LCD_Wdat(unsigned char dat)：向 1602 写入数据 dat。
- void Init_LCD()：初始化 1602。
- void LCD_Pos(unsigned char pos)：设置 1602 的光标位置为 pos。

主程序在 while 主循环中调用 GetKey 函数对行列键盘进行扫描，然后判断其是否超过了最大显示字符（在本应用实例中设置为 11），如果超过则将显示缓冲区 Dial_Code_Str 清除，然后再送 1602 液晶显示。

【例 8.8】数字输入模块的应用代码。

```c
#include<AT89X52.h>
#include <intrins.h>
#define Delaynop(){_nop_();_nop_();_nop_();_nop_();}
sbit RS=P2^0;
sbit RW=P2^1;
sbit EN=P2^2;                                    //定义 1602 的控制引脚
char code Title_Text[]={"-Number Input-   "};    //液晶提示字符
unsigned char code Key_Table[]={'1','2','3','4','5','6','7','8','9','*','0','#'};
```

```c
unsigned char Dial_Code_Str[]={"                    "};
unsigned char KeyNo=0xff;
int tCount=0;
//主函数

unsigned char GetKey(void)
{
  unsigned char i,j,k=0;
  unsigned char KeyScanCode[]={0xef,0xdf,0xbf,0x7f};      //行列扫描的行列码
  unsigned char KeyCodeTable[]={
  0xee,0xed,0xeb,0xde,0xdd,0xdb,0xbe,0xbd,0xbb,0x7e,0x7d,0x7b};
  P3=0x0f;
  if(P3!=0x0f)                                           //如果有按键被按下
  {
    for(i=0;i<4;i++)                                     //依次进行扫描
    {
      P3=KeyScanCode[i];
      for(j=0;j<3;j++)
      {
        k=i*3+j;                                         //计算对应的按键编码
        if(P3==KeyCodeTable[k])
        {
          return k;                                      //返回按键编码
        }
      }
    }
  }
  else
  {
    return 0xff;                                         //或者返回 0xff
  }
  return 0xff;
}
//毫秒级延时函数
void Delayms(unsigned int x)
{
  unsigned char i;
  while(x--)
  {
    for(i=0;i<120;i++);
  }
}
//检查 1602 是否处于忙状态
bit LCD_Busy_Check()
```

```
{
    bit Result;
    RS=0;
    RW=1;
    EN=1;
    Delaynop();
    Result=(bit)(P0 & 0x80);
    EN=0;
    return Result;
}
    //向 1602 写数据
void LCD_Wdat(unsigned char dat)
{
    while(LCD_Busy_Check());                    //检查是否处于忙状态
    RS=1;
    RW=0;
    EN=0;
    P0=dat;                                     //写入数据
    Delaynop();
    EN=1;
    Delaynop();
    EN=0;
}


//向 1602 写入指令的函数
void LCD_Write_Command(unsigned char cmd)
{
    while(LCD_Busy_Check());                    //检查是否处于忙状态
    RS=0;
    RW=0;
    EN=0;
    _nop_();
    _nop_();
    P0=cmd;                                     //写入指令
    Delaynop();
    EN=1;
    Delaynop();
    EN=0;
}
//初始化 1602
void Init_LCD()
{
    LCD_Write_Command(0x38);Delayms(5);
    LCD_Write_Command(0x01);Delayms(5);
```

```c
    LCD_Write_Command(0x06);Delayms(5);
    LCD_Write_Command(0x0c);Delayms(5);
}
//设置显示位置
void LCD_Pos(unsigned char pos)
{
    LCD_Write_Command(pos|0x80);
}
//显示字符串
void Display_String(unsigned char *str,unsigned char LineNo)
{
    unsigned char k;
    LCD_Pos(LineNo);
    for(k=0;k<16;k++)
    {
        LCD_Wdat(str[k]);
    }
}
void main()
{
 unsigned char i=0,j;
 P0 = 0xFF;
 P2 = 0xFF;
 P1 = 0xFF;                          //初始化端口
 Init_LCD();                         //初始化 1602
 Display_String(Title_Text,0x00); //显示  --Phone Code--
 while(1)
 {
  KeyNo = GetKey();                  //获得按键状态
  if(KeyNo==0xff)
  {
    continue;                        //如果没有按键，则进入下一个循环
  }
  if(++i==12)                        //如果已经超过 11 个数字，清除显示屏幕
  {
    for(j=0;j<16;j++)
    Dial_Code_Str[j]=' ';
    i=0;
  }
  Dial_Code_Str[i]=Key_Table[KeyNo]; //显示拨号数据
  Display_String(Dial_Code_Str,0x40);
  while(GetKey()!=0xff);
 }
}
```

8.8 应用案例 8.3——简易电子琴的实现

本节是使用 51 单片机实现简易电子琴的具体方法。

8.8.1 乐音的基础知识

人类通常听到的声音可以分噪声和乐声两种，噪声是无规律的声音而乐音是有规律的声音，简易电子琴所播放的声音主要是乐音。

从人的听觉来感受，乐音有高低之分，当发声物体振动频率高的时候，对应的乐音就高，反之则低。简易电子琴所使用的乐音范围通常从每秒振动 16 次（最低音）到振动 4 186 次（最高音），可以划分为 97 个等级。

不同音高的乐音是用 "C、D、E、F、G、A、B" 这 7 个字母来表示的，它们被称为乐音的音名。在实际使用中，通常使用 "do、re、mi、fa、sol、la、si" 来对音名进行发声操作，其对应了简谱中的 "1、2、3、4、5、6、7"（多来米法索拉西）。

对应的乐音持续时间则被称为乐音的持续时间，使用节拍数来表示。

对于一段音乐来说，它是由许多不同的音符组成的，而每个音符对应了不同的发生频率，所以简易电子琴可以使用发声系统进行不同频率的发声，并且加以和节拍数对应的延时，来产生音乐。

> 注意：简谱中对应的 "1、2、3、4、5、6、7" 被称为自然音，除了自然音之外，乐音中还存在升、降、半音等概念和分类，读者可以自行参阅相应的资料。

简易电子琴提供了一系列按键来分别对应基本的自然音，当用户按下了对应的按键时发出对应的乐音，并且提供相应的指示，此外为了演示，在简易电子琴内还内置了一首音乐可以完整地供用户播放试听。

由于乐音是由不同的频率构成的，所以可以使用 51 单片机的定时器来产生不同的脉冲驱动发声器件，即可得到对应的音符。

假设 51 单片机工作时钟为 12MHz，使用定时计数器 T0 的工作方式 1 来进行定时操作，其初始化值和音符的对应关系如图 8.30 所示。

音符	频率（HZ）	简谱码（T值）	HBX	音符	频率（HZ）	简谱码（T值）	HBX
低 1 DO	262	63628	F77C	#4FA#	740	64880	FD5C
#1 DO	277	63731	F7F3	中 5 SO	784	64898	FD72
低 2 RE	294	63835	F95B	#5 SO#	831	64934	FDA6
#2 RE#	311	63928	F9B8	中 6LA	880	64968	FDC8
低 3M	330	64021	FA15	#6	932	64994	FDE2
低 4FA	349	64103	FA67	中 7SI	988	65030	FE06
#4 FA#	370	64185	FAB9	高 1DO	1046	65058	FE22
低 5SO	392	64260	FB04	#1DO#	1109	65085	FE3D
#5 SO#	415	64331	FB4B	高 2RB	1175	65110	FE56
低 6LA	440	64400	FB90	#2RE#	1245	65134	FE6E
#6	466	64463	FBCF	高 3M	1318	65157	FE85
低 7SI	494	64524	FC0C	高 4FA	1397	65178	FE9A
中 1DO	523	64580	FC44	#4FA#	1480	65198	FEC1
#1 DO#	554	64633	FC79	高 5 SO	1568	65217	FED3
中 2RE	587	64684	FCAC	#5 SO#	1661	65235	FEE4
#2 RE#	622	64732	FCDC	高 6LA	1760	65252	FEF4
中 3M	659	64777	FD09	#6	1865	65268	FEF4
中 4FA	298	64820	FD34	高 7SI	1976	65283	FF03

图 8.30 音符和定时计数器 T0 的初始化关系

注意：图中的#被称为"升记号"，用于表示把色音在原来的基础上升高半音，同理还有相对的"降记号"，用 b 表示。

一段音乐除了和音符相关，和节拍也相关，也就是 51 单片机驱动发声器件发出乐音的长度，可以使用延时来实现，表 8.23 所示则是各个节拍和对应的延时长度关系。

表 8.23　单片机延时和节拍的关系

节拍（1/4 节拍标准）	延时长度	节拍（1/8 节拍标准）	延时长度
4/4	125 毫秒	4/4	62 毫秒
3/4	187 毫秒	3/4	94 毫秒
2/4	250 毫秒	2/4	125 毫秒

注意：在用户使用简易电子琴进行音乐弹奏的时候，其节拍是由用户自行控制的，而在使用简易电子琴播放设置好的音乐时则需要单片机对节拍进行相应控制。

8.8.2　简易电子琴的电路结构

简易电子琴的应用电路如图 8.31 所示，51 单片机使用 P1 引脚扩展了 8 个独立按键，分别对应音调"1"～"#7"，使用 P3.7 引脚通过三极管驱动了一个蜂鸣器，8 个发光二极管使用灌电流的方式通过一个 8 位双排阻连接到 51 单片机的 P2 引脚用于指示当前的演奏按键工作状态，此外还使用 P0.0 引脚扩展了一个按键用于播放预先设置好的音乐。

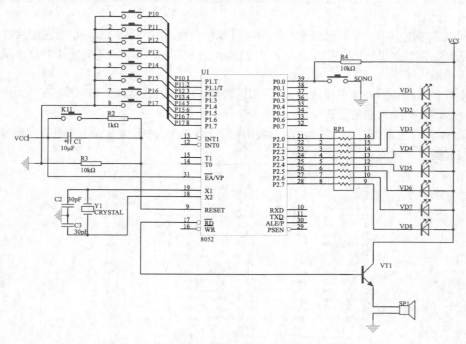

图 8.31　简易电子琴的应用电路

简易电子琴电路中涉及的典型器件说明如表 8.24 所示。

表 8.24　简易电子琴电路涉及的典型器件说明

器件名称	说明
晶体	51 单片机的振荡源
51 单片机	51 单片机系统的核心控制器件
电容	滤波、储能器件
电阻	限流、上拉
三极管	用于驱动蜂鸣器
独立按键	演奏和播放按键
发光二极管	发光器件
蜂鸣器	发声器件
排阻	8 位双排阻

8.8.3　简易电子琴的应用代码

简易电子琴软件的设计重点是如何使用定时计数器产生对应的频率波形来驱动蜂鸣器发声，在设计中可以将频率对应的时间常数放在一个数组中，在需要使用的时候查找输出即可，其系统软件流程如图 8.32 所示。

图 8.32　简易电子琴应用系统的软件流程

简易电子琴的应用代码如例 8.9 所示，其使用了 freq[][2]二维数组来存放不同的音符对应的定时计数器初始化值，然后使用 MUSIC 数组存放了一首音乐对应的音符数据，以供播放函数 PlaySong 调用。在主循环中通过对按键状态的判断来进行不同的处理。

【例 8.9】简易电子琴的应用代码。

```
#include<AT89X52.h>
#define KeyPort P1
unsigned char High,Low;                          //定时器预装值的高 8 位和低 8 位
sbit SPK=P3^7;                                   //定义蜂鸣器接口
sbit playSongKey=P0^0;                           //功能键
unsigned char code freq[][2]={
    0xD8,0xF7,//00440HZ 1
    0xBD,0xF8,//00494HZ 2
    0x87,0xF9,//00554HZ 3
    0xE4,0xF9,//00587HZ 4
    0x90,0xFA,//00659HZ 5
    0x29,0xFB,//00740HZ 6
    0xB1,0xFB,//00831HZ 7
    0xEF,0xFB,//00880HZ `1
};
unsigned char Time;
unsigned char code YINFU[9][1]={{' '},{'1'},{'2'},{'3'},{'4'},{'5'},{'6'},{'7'},{'8'}};
                        // "世上只有妈妈好" 数据表
unsigned char code MUSIC[]={6,2,3,    5,2,1,    3,2,2,    5,2,2,    1,3,2,    6,2,1,    5,2,1,
                6,2,4,    3,2,2,    5,2,1,    6,2,1,    5,2,2,    3,2,2,    1,2,1,
                6,1,1,    5,2,1,    3,2,1,    2,2,4,    2,2,3,    3,2,1,    5,2,2,
                5,2,1,    6,2,1,    3,2,2,    2,2,2,    1,2,4,    5,2,3,    3,2,1,
                2,2,1,    1,2,1,    6,1,1,    1,2,1,    5,1,6,    0,0,0
                            };
                // 音阶频率表  高 8 位
unsigned char code FREQH[]={
                0xF2,0xF3,0xF5,0xF5,0xF6,0xF7,0xF8,
                0xF9,0xF9,0xFA,0xFA,0xFB,0xFB,0xFC,0xFC, //1,2,3,4,5,6,7,8,i
                0xFC,0xFD,0xFD,0xFD,0xFD,0xFE,
                0xFE,0xFE,0xFE,0xFE,0xFE,0xFE,0xFF,
                            };
                // 音阶频率表  低 8 位
unsigned char code FREQL[]={
                0x42,0xC1,0x17,0xB6,0xD0,0xD1,0xB6,
                0x21,0xE1,0x8C,0xD8,0x68,0xE9,0x5B,0x8F, //1,2,3,4,5,6,7,8,i
                0xEE,0x44, 0x6B,0xB4,0xF4,0x2D,
                0x47,0x77,0xA2,0xB6,0xDA,0xFA,0x16,
                            };
void Init_Timer0(void);//定时器初始化
//延时函数大约 2 x z+5 μ s
```

```
void delay2xus(unsigned char z)
{
    while(z--);
}
// 延时函数大约 1ms
void delayms(unsigned char x)
{
    while(x--)
    {
      delay2xus(245);
      delay2xus(245);
    }
}
//节拍延时函数
void delayTips(unsigned char t)
{
    unsigned char i;
    for(i=0;i<t;i++)
    {
     delayms(250);
    }
    TR0=0;
}
//播放音乐的函数
void PlaySong()
{
    TH0=High;                              //赋值定时器时间，决定频率
    TL0=Low;
    TR0=1;                                 //打开定时器
    delayTips(Time);                       //延时所需要的节拍
}
//定时器 T0 初始化子程序
void Init_Timer0(void)
{
 TMOD |= 0x01;                             //使用模式 1，16 位定时器
 EA=1;                                     //总中断打开
 ET0=1;                                    //定时器中断打开
}
//定时器 T0 中断子程序
void Timer0_isr(void) interrupt 1
{
 TH0=High;
 TL0=Low;
 SPK=!SPK;
```

```
    }
//主函数
void main (void)
{
    unsigned char num,k,i;
    Init_Timer0();                          //初始化定时器 0，主要用于数码管动态扫描
    SPK=0;                                  //在未按键时，喇叭低电平，防止长期高电平
损坏喇叭
    while (1)
    {
     switch(KeyPort)                        //对按键进行处理
       {
        case 0xfe:num= 1;break;
        case 0xfd:num= 2;break;
        case 0xfb:num= 3;break;
        case 0xf7:num= 4;break;
        case 0xef:num= 5;break;
        case 0xdf:num= 6;break;
        case 0xbf:num= 7;break;
        case 0x7f:num= 8;break;             //分别对应不用的音调
        default:num= 0;break;
       }
     P2 = KeyPort;
     if(num==0)
     {
        TR0=0;
        SPK=0;                              //在未按键时，喇叭低电平，防止长期高电平
损坏喇叭
     }
     else
     {
      High=freq[num-1][1];
            Low =freq[num-1][0];
        TR0=1;
     }
     if(playSongKey==0)                     //如果播放音乐按键被按下
     {
       delayms(10);
       if(playSongKey==0)
       {
         i=0;
         while(i<100)
         {
            k=MUSIC[i]+7*MUSIC[i+1]-1; //去音符振荡频率所需数据
```

```
              High=FREQH[k];
              Low=FREQL[k];
              Time=MUSIC[i+2];              //节拍时长
              i=i+3;
              if(P1!=0xff)//长按任意8音键退出播放
              {
                   delayms(10);
                   if(P1!=0xff)
                        i=101;
              }
              PlaySong();
         }
         TR0=0;
     }
  }
 }
}
```

8.9　本章总结

　　人机交互通道承担了 51 单片机应用系统和用户进行交互的任务，通常来说是 51 单片机应用系统中必不可少的组成部分，读者应该熟练掌握以下几个方面的内容。

- 在 51 单片机应用系统中使用多位数码管以及使用 MAX7219 芯片驱动多位数码管的方法。
- 在 51 单片机应用系统中使用 1602 液晶模块的方法。
- 在 51 单片机应用系统中使用拨码开关和行列扫描键盘的方法。
- 在 51 单片机应用系统中使用蜂鸣器的方法。

　　读者还应该通过 8.6～8.8 节所展示的 3 个应用案例理解包含了人机交互通道模块的 51 单片机应用系统的设计方法。

第 9 章
51 单片机的通信接口

在单片机的应用系统中，常常需要在单片机和单片机之间、单片机和 PC 之间以及单片机和其他处理器和智能芯片之间进行数据交换，此时需要对单片机的通信通道进行扩展，本章将详细介 51 单片机的通信接口类型和。

知识目标

- 51 单片机的通信接口类型。
- 51 单片机应用系统的通信模型和通信协议设计方法。
- SPI 总线、I^2C 总线和 1-wire 总线基础及其驱动函数的设计方法。
- 使用双口 RAM 进行双机通信的设计方法。
- 基于 RS-422 和 RS-485 串行总线的数据通信方法。

9.1 51 单片机通信接口基础

51 单片机应用系统的通信接口扩展方法可以分为以下 3 大类。

- 并行总线接口扩展：这是使用 51 单片机的并行数据端口进行交互的方法，其本质是使用地址—数据总线进行数据交互（参考第 4 章的 4.4 节）。
- 外部通信接口扩展：这是使用特殊的总线规范进行数据交互的方法，如 USB、I^2C、SPI 等规范，通常来说其会使用 51 单片机一根或者多根 I/O 引脚模拟相应的总线时序，这种扩展方式通常用于 51 单片机扩展一些外部器件/模块。

> 注意：随着 51 单片机技术的发展，最新发布的许多 51 单片机内部可能含有这些总线规范对应的控制寄存器，它能大大减少单片机的软件开发难度和处理器负担。

- 串行通信模块扩展：这是使用 51 单片机的串行通信模块外加一些串行通信芯片进行数据交互的方法，如在第 7 章中介绍的 MAX232 芯片。

51 单片机的数据通信方式按照数据格式可以分为串行通信和并行通信，按照信号媒介可以分为有线通信和无线通信。

9.1.1　串行通信和并行通信

串行通信是指 51 单片机将数据以 bit 为单位进行传输，51 单片机的串行通信通常会使用内部的串行通信模块，常见的通信协议有 RS-232、RS-485 等。

并行通信是指 51 单片机将数据以 Byte 为单位进行传输，51 单片机的并行通信通常会外扩一个或者多个数据单元/芯片来进行数据交换，如双口 RAM、CPLD 等。

串行通信和并行通信的相应特点如表 9.1 所示。

表 9.1　串行通信和并行通信比较

	串行通信	并行通信
通信速率	低	高
电路设计	较简单	较复杂
外扩硬件	绝大部分需要	绝大部分需要
软件设计	相对简单	较复杂
成本	较低	较高
通信媒介	布线简单，成本低	布线复杂，成本高

在 51 单片机应用系统的实际数据通信中，常常采用并—串行的方式，MCS51 单片机和通信模块之间的数据交换是并行的，而通信模块和通信模块之间的数据交换是串行的，如 CAN、以太网络接口等，如图 9.1 所示，这种方式的好处是既有并行的数据交换简单的优点，又有串行通信的通信媒介设计简单的优点。

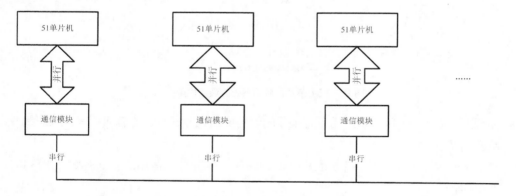

图 9.1　并—串行方式进行通信的 51 单片机应用系统

9.1.2　有线通信和无线通信

51 单片机应用系统的有线通信是利用金属导线、光纤等有形媒质来传输数据的方式，常用的媒介是各种屏蔽双绞线。

51 单片机应用系统的无线通信是和有线通信相对的，使用电磁波信号可以在自由空间中传播的特性进行数据传输的方式，有线通信和无线通信的相应特点如表 9.2 所示。

表 9.2　有线通信和无线通信比较

	有线通信	无线通信
通信速率	高	较低
电路设计	由通信模块决定	由通信模块决定
外扩硬件	绝大部分需要	绝大部分需要
软件设计	由通信模块决定	由通信模块决定
传输距离	较长，由硬件决定，不受墙壁等障碍物限制，通信距离长度稳定	较短，由硬件功率决定，受到地形和障碍物限制，通信距离长度不稳定
通信媒介	布线麻烦，成本高	不需要布线，成本低

9.2　51 单片机应用系统的通信模型和通信协议设计

和传统的计算机网络类似，51 单片机应用系统中的数据通信也需要遵循一定的规则，所以也会涉及通信模型和通信协议的设计。

9.2.1　51 单片机应用系统的通信模型

传统计算机的 OSI 网络通信模型由物理层、数据链路层、网络层、传输层、会话层、表示层、应用层组成，51 单片机应用系统的通信模型可以参考 OSI 模型精简为物理层、数据链路层、应用层，如图 9.2 所示。

图 9.2　51 单片机应用系统的通信模型

- 物理层：决定 51 单片机应用系统采用的信号传输媒介，常用的有双绞线，双绞线*2，无线等。
- 数据链路层：决定 51 单片机应用系统的硬件接口标准，常用的有 RS-232、RS-485、CAN 等。
- 应用层：决定 51 单片机应用系统的数据交换过程以及应用，其中必须包含一个通信协议。通信协议是指通信各方事前约定的必须共同遵循规则，可以简单地理解为各计算机之间进行相互会话所使用的共同语言。两个系统在进行数据通信时必须使用通信协议，其特点是具有层次性、可靠性和有效性。

> 注意：通信协议其实就是一组约定，说明数据的组成内容以及规则。如果把 MCS51 单片机的数据通信过程看做信件的交流，那么需要传输的内容则为信件的内容，通信协议则是信封上的地址、邮编以及信件的投递规则。

9.2.2 51单片机应用系统的通信协议设计

51单片机应用系统的通信协议是独立于硬件通信接口之外的，是在需要进行数据通信的设备（包括51单片机、PC以及其他嵌入式处理器等）之间约定好的需要彼此完全遵循的一组规则。51单片机应用系统的通信协议通常是由用户或者开发者根据系统的具体情况自行设计的，但是一般需要包括如下内容。

- 数据的发送格式。
- 数据的发送目的地和来源。
- 需要的信息。
- 数据正确性的保障。

在设计通信协议的时候，需要注意以下的几个方面。

- 有效数据必须加上其他数据封装好，以数据包的形式传送，如同信件都需要存放在信封里。
- 数据包必须有目标地址和来源地址，如同信封上都要写明收件人地址和寄件人地址。
- 在非独占的通信系统中，数据包应该有一定的存活生命周期，如果超时没有被接收则应该被丢弃或者做其他处理，如同信件如果超时没有投寄成功将会被退回。
- 数据包必须有一个起始标志以供接收方判断是否是一个新的数据包的起始，如果数据包不定长，则需要在数据包中给出结束标志或者在起始标志之后给出该数据包的长度。
- 数据包内应该有一些检验机制以避免数据在传送过程中出现错误。
- 如果数据更新比较快，那么数据包应该尽可能得短。

最普通的数据包通常由包头、数据包长度、地址信息、数据内容、校验信息、包尾组成，表9.3所示是一个常见的51单片机应用系统串行数据通信包结构示例。

表9.3　常见的51单片机应用系统串行通信数据包结构

第0~2字节	第3字节	第4字节	第5~10字节	第11字节	第12~13字节
包头	目的地址	源地址	有效数据	校验信息	包尾

9.3　51单片机应用系统的常用外部通信接口

51单片机应用系统的常用外部通信接口包括SPI总线接口、I²C总线接口和1-wire总线接口，本节将详细介绍它们的基础扩展方法和驱动库函数。

9.3.1　SPI总线接口

SPI（Serial Peripheral Interface）总线是由摩托罗拉公司开发的一种总线标准，这是一种全双工的串行总线，可以达到3Mbit/s的通信速度，常常用于51单片机和高速外部资源的通信。

1.　SPI总线接口基础

SPI总线由4根信号线组成，其分别定义如下。

- MISO：主入从出数据线，是主机的数据输入线，从机的数据输出线。

- MOSI：主出从入数据线，是主机的数据输出线，从机的数据输入线。
- SCK：串行时钟线，由主机发出，对于从机来说是输入信号，当主机发起一次传送时候，自动发出 8 个 SCK 信号，数据移位发生在 SCK 的一次跳变上。
- SS：外设片选线，当该线使能时允许从机工作。

在每条 SPI 总线上只允许存在一个主机，从机则可以有多个，由 SS 数据线来选择使用哪一个从机。在时钟信号 SCK 的上升/下降沿到来时数据从主机的 MOSI 引脚上发送到被 SS 选中的从机 MISO 引脚上，而在下一次下降/上升沿到来时数据从从机的 MISO 引脚上发送到主机的 MOSI 引脚上。SPI 总线的工作过程类似一个 16 位的移位寄存器，其中 8 位数据在主机中，另外的 8 位数据在从机中，51 单片机使用 SPI 总线扩展外部资源示意如图 9.3 所示。

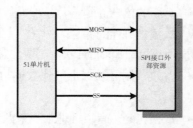

图 9.3　51 单片机使用 SPI 接口扩展外部资源

SPI 总线的数据传输过程需要时钟驱动，SPI 总线的时钟信号 SCK 有时钟极性（CPOL）和时钟相位（CPHA）两个参数，前者决定了有效时钟是高电平还是低电平，后者决定有效时钟的相位，这两个参数配合起来决定了 SPI 总线的数据时序，如图 9.4 和图 9.5 所示。

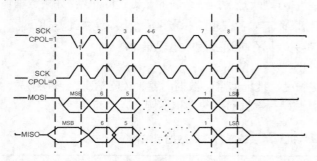

图 9.4　CPHA = 0 时的 SPI 总线数据传输时序

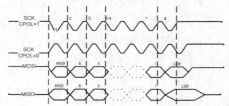

图 9.5　CPHA = 1 时的 SPI 总线数据传输时序

从图 9.4 和图 9.5 中可以看到：

- 如果 CPOL=0，串行同步时钟的空闲状态为低电平。
- 如果 CPOL=1，串行同步时钟的空闲状态为高电平。
- 如果 CPHA=0，在串行同步时钟的第一个跳变沿（上升或下降）数据有效。
- 如果 CPHA=1，在串行同步时钟的第二个跳变沿（上升或下降）数据有效。

2.　SPI 总线的驱动函数

在实际的 51 单片机应用系统中，可以使用 51 单片机的普通 I/O 引脚来模拟 SPI 总线的通信过程，例 9.1 是使用单片机的 P1.0 ~ P1.3 来构造一个 SPI 总线通信过程的函数库。应用代码提供了两个函数，SpiOutByte(unsigned char d)用于在 SPI 总线上发送一个字节的数据，unsigned char SpiInByte( )用于从 SPI 总线上读取一个字节的数据。两个函数的实质都是通过判断字节/引脚电平的逻辑，对引脚/返回值进行相应操作。

【例 9.1】SPI 总线接口的驱动函数。

```
#include <AT89X52.h>
sbit    sbSPISS = P1 ^ 0;                         // SCS 引脚定义
```

```
sbit    sbSPIMISO = P1 ^ 1;                         // MISO 引脚定义
sbit    sbSPIMOSI = P1 ^ 2;                         // MOSI 引脚定义
sbit    sbSPISCK = P1 ^ 3;                          // SCK 引脚定义
//SPI 总线字节发送函数
void    SpiOutByte(unsigned char d)                 //从 SPI 总线输出一个字节的数据
{
 unsigned char i;
 for ( i = 0; i < 8; i ++ )                         //循环 8 次，正好一个字节
 {
        sbSPISCK = 0;                               //时钟置 0 电平
        if ( d & 0x80 )                             //判断最高位数据是不是 1
        {
            sbSPIMOSI = 1;                          //如果是 1
        }
        else
        {
            sbSPIMOSI = 0;                          //如果是 0
        }
        d <<= 1;                                    //数据高位在前
        sbSPISCK = 1;                               // 在时钟上升沿将数据发送出去
 }
}
//SPI 总线字节读取函数
unsigned char SpiInByte( void )                     //从 SPI 读取一个字节
{
 unsigned   i, d;
 d = 0;                                             //8 次循环，正好一个字节
 for ( i = 0; i < 8; i ++ )
 {
        sbSPISCK = 0;                               //在时钟下降沿输出
        d <<= 1;                                    //在时钟上升沿读取数据
        if (sbSPIMISO == 1)                         //判断引脚电平状态
        {
            d ++;                                   //如果是高电平，则将读取到的数据加 1
        }
        sbSPISCK = 1;
 }
 return( d );                                       //返回读取到的值
}
```

9.3.2　I^2C 总线接口

I^2C 总线（Inter IC Bus）是飞利浦公司在 80 年代推出的一种两线制串行总线标准，目前已经发展到了 2.1 版本。该总线在物理上由一根串行数据线 SDA 和一根串行时钟线 SCL 组成，各种使用该标准的器件都可以直接连接到该总线上进行通信，可以在同一条总线上连接多个外部

资源，是 51 单片机非常常用的外部资源扩展方法之一，图 9.6 所示是 51 单片机使用 I²C 总线上扩展多个外部资源的示意图。

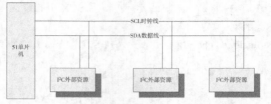

图 9.6　51 单片机使用 I²C 总线扩展多个外部资源

表 9.4 所示是 I²C 总线中一些常用的术语。

表 9.4　I²C 总线中的常用术语

术语	描述
发送器	I²C 总线上发送数据的器件
接收器	I²C 总线上接收数据的器件
主机	I²C 总线上能发送时钟信号的器件
从机	I²C 总线上不能发送时钟信号的器件
多主机	同一条 I²C 总线上有一个以上的主机且都使用该 I²C 总线
主器件地址	主机的内部地址，每一种主器件有其特定的主器件地址
从器件地址	从机的内部地址，每一种从器件有其特定的从器件地址
仲裁过程	同时有一个以上的主机尝试操作总线，I²C 总线使得其中一个主机获得总线的使用权并不破坏数据交互的过程
同步过程	两个或者两个以上器件同步时钟信号的过程

1.　I²C 总线接口基础

符合 I²C 总线标准的外部资源必须符合以下的几个基本特征。

- 具有相同的硬件接口 SDA 和 SCL，用户只需要简单地将这两根引脚连接到其他器件上即可完成硬件的设计。
- 都拥有唯一的器件地址，在使用过程中不会混淆。
- 所有器件可以分为主器件、从器件和主从器件 3 类，其中，主器件可以发出串行时钟信号，而从器件只能被动地接收串行时钟信号，主从器件则既可以主动发出串行时钟信号也能被动接收串行时钟信号。

I²C 总线上的时钟信号 SCL 是由所有连接到该信号线上的 I²C 器件的 SCL 信号进行逻辑"与"产生的，当这些器件中任何一个的 SCL 引脚上的电平被拉低时，SCL 信号线就将一直保持低电平，只有当所有器件的 SCL 引脚都恢复到高电平之后，SCL 总线才能恢复为高电平状态，所以这个时钟信号长度由维持低电平时间最长的 I²C 器件来决定。在下一个时钟周期内，第一个 SCL 引脚被拉低的器件又再次将 SCL 总线拉低，这样就形成了连续的 SCL 时钟信号。

在 I²C 总线协议中，数据的传输必须由主器件发送的启动信号开始，以主器件发送的停止信号结束，从器件在收到启动信号之后需要发送应答信号来通知主器件已经完成了一次数据接收。I²C 总线的启动信号是在读写信号之前当 SCL 处于高电平时，SDA 从高到低的一个跳变。当 SCL 处于高电平时，SDA 从低到高的一个跳变被当做 I²C 总线的停止信号，标志操作的结束，马上即将结束所有的相关的通信，图 9.7 所示是启动信号和停止信号时序图。

　　在启动信号后跟着一个或者多个字节的数据，每个字节的高位在前，低位在后。主机在发送完成一个字节之后需要等待从机返回的应答信号。应答信号是从机在接收到主机发送完成的一个字节数据后，在下一次时钟到来时在 SDA 上给出一个低电平，其时序如图 9.8 所示。

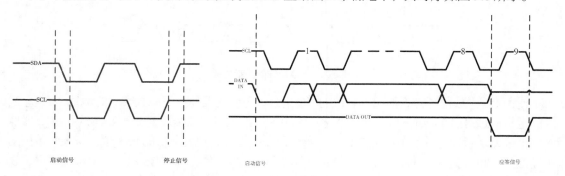

图 9.7　I²C 总线的启动信号和停止信号的时序　　　　图 9.8　I²C 总线应答信号的时序

　　在 I²C 总线进行的数据传输必须使用以下的步骤。

- 在启动信号之后必须紧跟一个用于寻址的地址字节数据。
- 当 SCL 时钟信号有效时，SDA 上的高电平代表该位数据为"1"，否则为"0"。
- 如果主机在产生启动信号并且发送完一个字节的数据之后还想继续通信,则可以不发送停止信号而继续发送另一个启动信号并且发送下一个地址字节以供连续通信。

　　I²C 总线的 SDA 和 SCL 数据线上均接有 10k 左右上拉电阻，当 SCL 为高电平时（此时称 SCL 时钟信号有效）对应的 SDA 的数据为有效数据；当 SCL 为低电平时候，SDA 上的电平变化被忽略。在总线上的任何一个主机发送出一个启动信号之后，该 I²C 总线被定义为"忙状态"，此时禁止同一条总线上其他没有获得总线控制权的主机操作该条总线；而在该主机发送停止信号之后的时间内，总线被定义为"空闲状态"，此时允许其他主机通过总线仲裁来获得总线的使用权，进行下一次数据传送。

　　在 I²C 某一条总线上可能会挂接几个都会对总线进行操作的主机，如果有一个以上的主机需要同时对总线进行操作时，I²C 总线就必须使用仲裁来决定哪一个主机能够获得总线的操作权。I²C 总线的仲裁是在 SCL 信号为高电平时，根据当前 SDA 状态来进行的，在总线仲裁期间，如果有其他的主机已经在 SDA 上发送一个低电平，则发送高电平的主机将会发现该时刻 SDA 上的信号和自己发送的信号不一致，此时该主机则自动被仲裁为失去对总线的控制权，这个过程如图 9.9 所示。

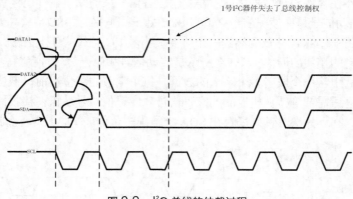

图 9.9　I²C 总线的仲裁过程

使用 I²C 总线的外部资源都有自己的 I²C 地址，不同的器件有不同且唯一的地址，I²C 总线上的主机通过对这个地址的寻址操作来和总线上的该器件进行数据交换，表 9.5 所示是 I²C 器件的地址分配示意，地址字节中前 7 位为该器件的 I²C 地址，地址字节的第 8 位用来表明数据的传输方向，也称为读/写标志位。当该标志位为 "0" 时为写操作，数据方向为主机到从机；读写位为 "1" 时为读操作，数据方向为从机到主机

表 9.5　I²C 器件地址分配示意

地址 最高位	地址 第 6 位	地址 第 5 位	地址 第 4 位	地址 第 3 位	地址 第 2 位	地址 第 1 位	R/W

> 注意：I²C 总线中还有一个广播地址，如果主机使用该地址进行寻址则在总线上的所有器件均能收到，具体信息可以参考相关手册。

2.　I²C 总线接口的驱动函数

由于 51 单片机并没有 I²C 总线接口模块，所以在实际应用中常常用两根普通的 I/O 引脚来模拟 I²C 总线的通信过程，例 9.2 是使用 51 单片机的 P1.0 和 P1.1 引脚来构造一个 I²C 总线通信的接口库函数。C51 语言的应用代码提供了 7 个和 I²C 总线操作相关的函数，其中基础函数 5 个，高级函数 2 个，说明如下。

- void StartI2C( )：I²C 总线的启动函数，用于启动 I²C 操作。
- void StopI2C( )：I²C 总线的停止函数，用于停止 I²C 操作。
- void AckI2C( )：I²C 总线的应答函数，用于应答一次 I²C 操作。
- void SendByte(unsigned char c)：字节发送函数，用于在 I²C 总线上发送一个字节的数据，其根本的思想是将一个字节的数据从 SDA 引脚上以移位的方式送出去，如果这个字节中该位为 "1"，则在 SCL 时钟有效时，置 SDA 引脚为高电平，反之为低电平。
- unsigned char RevByte( )：字节接收函数，和字节发送函数类似，也是使用移位的思想来接收一个字节的数据，当 SCL 时钟有效时，如果 SDA 引脚上为高电平，则将接收到的数据进行 "+1" 操作，否则 "+0"。
- unsigned char WIICByte(unsigned char WChipAdd,unsigned char InterAdd,unsigned char

WIICData)：这是一个高级函数，调用了前面 5 个函数，用于向某个器件的某个内部地址写入一个字节，其参数由器件写地址、器件内部地址和待写入数据构成，如果成功，则返回 0xFF，否则返回出错的步骤编号，该函数的流程如图 9.10 所示。

- unsigned char RIICByte(unsigned char WChipAdd,unsigned char RChipAdd,unsigned char InterDataAdd)：这也是一个高级函数，用于从某个器件的某个内部地址读出一个字节的数据，其参数由器件写地址、器件读底子和器件内部地址构成，如果成功，则返回读出去的数据，否则返回出错的步骤编号，该函数的流程如图 9.10 所示。

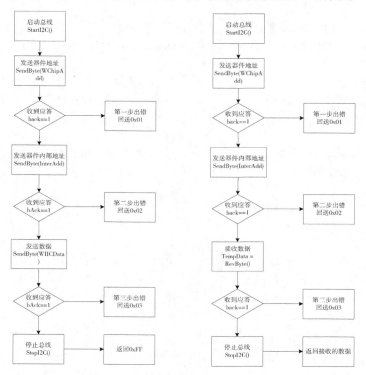

图 9.10　WIICByte 函数和 RIICByte 函数的流程

在例 9.2 所示应用代码中，使用了 intrins.h 库中的 _nop_( )来延时，用于使得 SCL 或者 SDA 上的电平维持一段时间，这个延时长度和单片机的工作频率有关系，在实际使用过程中需要根据实际的工作频率来调整这个函数的个数。

【例 9.2】I²C 总线接口的驱动库函数。

```
#include <AT89X52.h>
#include <intrins.h>
sbit SDA = P1 ^ 0;                          //数据线
sbit SCL = P1 ^ 1;                          //时钟线
bit back;                                   //应答标志，当 back=1 时为正确的应答
void StartI2C();                            //启动函数
void StopI2C();                             //结束函数
void AckI2C();                              //应答函数
void SendByte(unsigned char c);            //字节发送函数
```

```
    unsigned char RevByte();                        //接收一个字节数据函数
    unsigned char WIICByte(unsigned char WChipAdd,unsigned char InterAdd,unsigned char WIICData);
    //WChipAdd:写器件地址;InterAdd:内部地址;WIICData:待写数据;如写正确则返回 0xff,
    //否则返回对应错误步骤序号
    unsigned char RIICByte(unsigned char WChipAdd,unsigned char RChipAdd,unsigned char
InterDataAdd);
    //WChipAdd:写器件地址;RChipAdd:读器件地址;InterAdd:内部地址;如写正确则返回数据,
    //否则返回对应错误步骤序号

    //向指定器件的内部指定地址发送一个指定字节
    unsigned char WIICByte(unsigned char WChipAdd,unsigned char InterAdd,unsigned char WIICData)
    {
     StartI2C();                                    //启动总线
     SendByte(WChipAdd);                            //发送器件地址以及命令
     if (bAck==1)                                   //收到应答
     {
         SendByte(InterAdd);                        //发送内部子地址
         if (bAck ==1)
         {
             SendByte(WIICData);                    //发送数据
             if(bAck == 1)
             {
                 StopI2C();                         //停止总线
                 return(0xff);
             }
             else
             {
                 return(0x03);
             }
         }
         else
         {
             return(0x02);
         }
     }
     return(0x01);
    }
    //读取指定器件的内部指定地址一个字节数据
    unsigned char RIICByte(unsigned char WChipAdd,unsigned char RChipAdd,unsigned char
InterDataAdd)
    {
     unsigned char TempData;
     TempData = 0;
     StartI2C();                                                //启动
```

```
        SendByte(WChipAdd);                          //发送器件地址以及读命令
        if (bAck==1)                                 //收到应答
        {
            SendByte(InterDataAdd);                  //发送内部子地址
            if (bAck ==1)
            {
                StartI2C();
                SendByte(RChipAdd);
                if(bAck == 1)
                {
                    TempData = RevByte();            //接收数据
                    StopI2C();                       //停止 I²C 总线
                    return(TempData);                //返回数据
                }
                else
                {
                    return(0x03);
                }
            }
            else
            {
                return(0x02);
            }
        }
        else
        {
            return(0x01);
        }
}
//启动 I²C 总线，即发送起始条件
void StartI2C()
{
 SDA = 1;                                            //发送起始条件数据信号
 _nop_();
 SCL = 1;
 _nop_();                                            //起始建立时间大于 4.7μs
 _nop_();
 _nop_();
 _nop_();
 _nop_();
 SDA = 0;                                            //发送起始信号
 _nop_();
 _nop_();
 _nop_();
```

```
    _nop_();
    _nop_();
    SCL = 0;                                    //时钟操作
    _nop_();
    _nop_();
}
//结束 I²C 总线，即发送 I²C 结束条件
void StopI2C()
{
    SDA = 0;                                    //发送结束条件的数据信号
    _nop_();                                    //发送结束条件的时钟信号
    SCL = 1;                                    //结束条件建立时间大于 4μs
    _nop_();
    _nop_();
    _nop_();
    _nop_();
    _nop_();
    SDA = 1;                                    //发送 I²C 总线结束命令
    _nop_();
    _nop_();
    _nop_();
    _nop_();
    _nop_();
}
//发送一个字节的数据
void    SendByte(unsigned char c)
{
    unsigned char BitCnt;
    for(BitCnt = 0;BitCnt < 8;BitCnt++)         //1 个字节
        {
            if((c << BitCnt)& 0x80) SDA = 1;    //判断发送位
            else    SDA = 0;
            _nop_();
            SCL = 1;                            //时钟线为高，通知从机开始接收数据
            _nop_();
            _nop_();
            _nop_();
            _nop_();
            _nop_();
            SCL = 0;
        }
    _nop_();
    _nop_();
    SDA = 1;                                    //释放数据线，准备接收应答位
```

```
    _nop_();
    _nop_();
    SCL = 1;
    _nop_();
    _nop_();
    _nop_();
    if(SDA == 1) bAck =0;
    else bAck = 1;                          //判断是否收到应答信号
    SCL = 0;
    _nop_();
    _nop_();
}
//接收一个字节的数据
unsigned char RevByte()
{
unsigned char retc;
unsigned char BitCnt;
retc = 0;
SDA = 1;
for(BitCnt=0;BitCnt<8;BitCnt++)
{
    _nop_();
    SCL = 0;                                //置时钟线为低，准备接收
    _nop_();
    _nop_();
    _nop_();
    _nop_();
    _nop_();
    SCL = 1;                                //置时钟线为高，使得数据有效
    _nop_();
    _nop_();
    retc = retc << 1;                       //左移补零
    if (SDA == 1)
    retc = retc + 1;                        //当数据为 1，则收到的数据加 1
    _nop_();
    _nop_();
}
SCL = 0;
_nop_();
_nop_();
return(retc);                               //返回收到的数据
}
```

9.3.3　1-wire 总线接口

1-wire(单线)总线是美国达拉斯公司推出的一种总线标准，其特点是只用一根物理连接线，既传输时钟，也传输数据，且数据通信是双向的，并且还可以利用该总线给器件完成供电的任务。1-wire 总线具有占用 I/O 资源少、硬件简单的优点。和 I^2C 总线类似，在一条 1-wire 总线上可以挂接多个器件，这些器件既可以是主机，也可以是从机器件，利用 1-wire 总线扩展 51 单片机系统外部资源的示意图如图 9.11 所示。

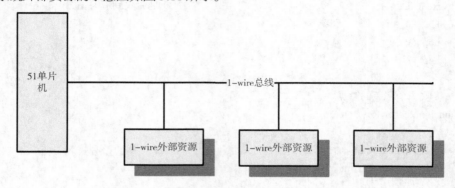

图 9.11　51 单片机使用 1-wire 总线扩展外部资源

1-wire 总线接口的外部器件通过一个漏极开路的三态端口连接到总线上，这样使得这些器件在不使用总线时可以释放总线以便于其他器件使用。由于是漏极开路，所以这些器件都要在总线上拉一个 5k 左右的电阻到 VCC，并且如果使用寄生方式供电，为了保证器件在所有的工作状态下都有足够的电量，在总线上还必须连接一个 MOSFET 管等以存储电能。

> 说明：寄生供电方式指 1-wire 器件不使用外接电源，直接使用数据信号线作为电能传输信号线的供电方式。

1.　1-wire 总线接口基础

1-wire 的工作过程包括初始化总线、发送 ROM 命令和数据以及发送功能命令和数据这 3 个步骤，除了在搜索 ROM 命令和报警搜索命令这两个命令之后不能发送功能命令和数据而是要重新初始化总线之外，其他的所有总线操作过程必须完整地完成这 3 个步骤。

初始化总线由主机发送总线复位脉冲和从机响应应答脉冲这两个步骤组成，前者用于复位 1-wire 总线，后者用来告诉主机该总线上有准备就绪的从机信号，总线初始化的时序可以参考 1-wire 相关手册。

和 I^2C 器件类似，1-wire 总线接口器件也有自己唯一的 64 位地址，用于标示该器件的种类。ROM 命令是和 ROM 代码相关的一系列命令，用于操作总线上的指定外围器件，ROM 命令还可以用于检测总线上有多少个外围器件、这些外围器件的种类以及是否有器件处于报警状态。ROM 命令一般有 5 种(视具体器件决定)，这些命令的长度都为 1 个字节，ROM 命令的操作流程如图 9.12 所示。

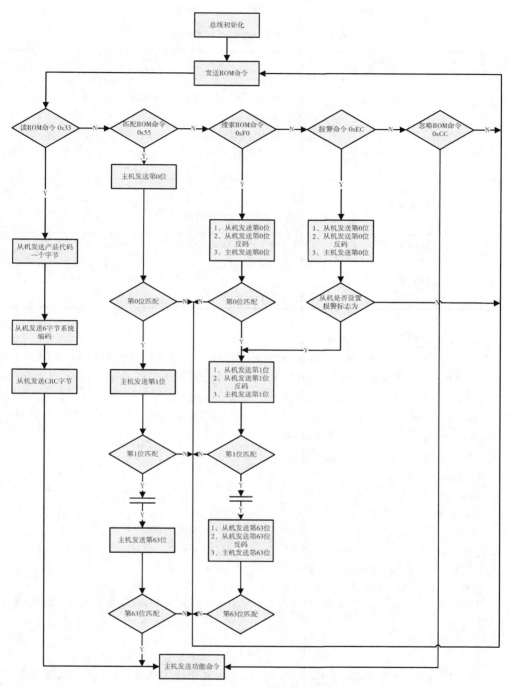

图 9.12 1-wire 的 ROM 操作流程

在主机发送完 ROM 命令之后，紧接着发送需要操作的具体器件的功能命令和数据，即可以对指定的具体器件进行操作，表 9.6 所示是 ROM 命令的说明。

表 9.6 1-wire 总线的 ROM 命令

指令代码	名称	功能
0x33	读 ROM 命令	该指令只能在总线上有且只有一个 1-wire 接口器件时使用，允许主机直接读出器件的 ROM 代码，如果有多个接口器件，必然发生冲突
0x55	匹配 ROM 命令	该指令用于在总线上有多个 1-wire 接口器件的情况，在该命令后的命令数据为 64 位的器件地址，允许主机读出和该地址匹配的器件的 ROM 数据
0xCC	忽略 ROM 命令	该指令用于同时访问总线上所有的 1-wire 接口器件，是一个"广播"命令，不需要跟随器件地址，常常用于启动等命令
0xF0	搜索 ROM 命令	该指令用于搜索总线上所有的 1-wire 接口器件
0xEC	报警命令	该指令用于使总线上设置了报警标志的 1-wire 接口设备返回报警状态，这个命令的用法和搜索 ROM 命令类似，但是只有部分的 1-wire 器件支持

2. 1-wire 总线接口的驱动函数

和 I²C 以及 SPI 总线相同,在 51 单片机的应用系统中通常也使用普通 I/O 引脚来模拟 1-wire 总线接口，例 9.3 是一个使用单片机 P1.0 口来模拟 1-wire 总线通信的库函数。应用代码提供了两个函数，OneWireWByte(unsigned char x)用于往 1-wire 上写入一个字节，unsigned char OneWireRByte(void)用于在 1-wire 上读取一个字节。需要注意的是，1-wire 的数据发送是低位在前，并且对于时间延迟有比较严格的要求。

【例 9.3】1-wire 总线接口的驱动函数。

```c
#include <AT89X52.h>
#include <intrins.h>
sbit sbOneWire = P1 ^ 0;
void delay(unsigned int v);                //ms 级延时函数
void delay_5us(unsigned char y);           //5μs 延时函数
void OneWireWByte(unsigned char x);        //写一个字节
unsigned char OneWireRByte(void);          //读一个字节
void delay_5us(unsigned char y)            //(2.17×y+5) μs 延时，11.0592MHz 晶振
{
    while(--y);
}
void OneWireWByte(unsigned char x)         //向 1wire 总线写一个字节，X 是要写的字节
{
    unsigned char i;
    for(i=0;i<8;i++)
    {
        sbOneWire=0;                       //拉低总线
        _nop_();                           //要求>1μs，但又不能超过 15μs
        _nop_();
```

```
            if(0x01&x)
            {
                sbOneWire=1;                //如果最低位是1，则将总线拉高
            }
            delay_5us(30);                  //延时60～120us
            sbOneWire=1;                    //释放总线
            _nop_();                        //要求>1μs
            x=x>>1;                         //移位，准备发送下一位
        }
}
void delay(unsigned int v)
//1ms单位延时（实际是0.998ms）。50是49ms;500是490ms，还算准确，晶振11.0592MHz
{
    unsigned char i;
    while(v--)
    {
        for(i=0;i<111;i++);
    }
}
unsigned char OneWireRByte(void)        //从1-wire总线读一个字节，返回读到的内容
{
    unsigned char i,j;
    j=0;
    for(i=0;i<8;i++)
    {
        j=j>>1;
        sbOneWire=0;                    //拉低总线
        _nop_();                        //要求>1μs，但又不能超过15μs
        _nop_();
        sbOneWire=1;                    //释放总线
        _nop_();
        _nop_();
        if(sbOneWire==1)                //如果是高电平
        {
            j|=0x80;
        }
        delay_5us(30);                  //要求总时间在60～120μs
        sbOneWire=1;                    //释放总线
        _nop_();                        //要求>1μs
    }
    return j;
}
```

9.4 51 单片机的并行通信接口

51 单片机的并行通信接口扩展通常都会使用地址—数据总线扩展方式，当一个 51 单片机
系统应用中有两片 51 单片机需要进行短距离较高速度数据通信时，可以使用双口 RAM 芯片，
最常用的双口 RAM 芯片是 IDT 公司的 71 系列双口 RAM。

9.4.1 双口 RAM IDT7132 基础

双端口 RAM 芯片 IDT7132 是 CMOS 静态 RAM，存
储容量为 2K 字节，它有左、右两套完全相同的 I/O 口，
即两套数据总线 D0~D7，两套地址总线 A0~A10，两
套控制总线/CE、R/W、/OE、/BUSY，并有一套竞争仲
裁电路。IDT7132 的 2K 字节存储器可以通过左右两边的
任一组 I/O 口进行全异步的存储器读写操作，图 9.13 所
示是其外部封装引脚图，其说明如下。

1	/CEL	VCC	48
2	R/WL	/CER	47
3	/BUSYL	R/WR	46
4	A10L	/BUSYR	45
5	/OEL	A10R	44
6	A0L	/OER	43
7	A1L	A0R	42
8	A2L	A1R	41
9	A3L	A2R	40
10	A4L	A3R	39
11	A5L	A4R	38
12	A6L	A5R	37
13	A7L	A6R	36
14	A8L	A7R	35
15	A9L	A8R	34
16	I/O0L	A9R	33
17	I/O1L	I/O7R	32
18	I/O2L	I/O6R	31
19	I/O3L	I/O5R	30
20	I/O4L	I/O4R	29
21	I/O5L	I/O3R	28
22	I/O6L	I/O2R	27
23	I/O7L	I/O1R	26
24	GND	I/O0R	25

图 9.13 IDT7132 的引脚封装

- /CEL 和/CER：左、右片选信号引脚。
- R/WL 和 R/WR：左、右读写信号引脚。
- /BUSYL 和/BUSYR：左、右忙标志信号引脚。
- /OEL 和/OER：左、右输出使能信号引脚。
- A0L~A10L 和 A0R~A10R：左右地址信号引脚。
- I/O0L~I/O7L 和 I/O0R~I/O7R：左右数据信号
  引脚。
- VCC：工作电源信号引脚。
- GND：工作电源地信号引脚。

图 9.14 所示是 IDT7132 内部结构框图，其核心部分是用于数据存储的存储器阵列，为左右
两个端口公用，位于左右两个端口的 51 单片机就可以共享一个存储器空间。

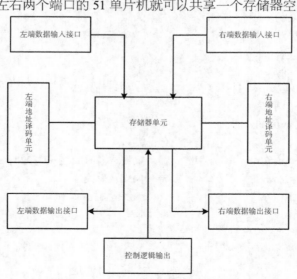

图 9.14 IDT7132 的内部结构框图

IDT7312 的读写时序与 RAM 的读写时序非常类似：当 51 单片机选中 DPRAM 时，片选引脚/CER（/CEL）出现下降沿，当/OEL（/OER）为高且 R/WL（R/WR）为低时，51 单片机对内部存储单元进行写操作；而当/OEL（/OER）为低且 R/WL（R/WR）为高时，51 单片机对内部存储单元进行读操作，IDT7312 在非竞争关系下的真值表如表 9.7 所示。

表 9.7　IDT7132 在非竞争关系下的真值表

左端口或者右端口				功能说明
R/W	/CE	/OE	数据端口	
×	H	×	高阻	掉电模式
L	L	×	输入	数据写入存储器
H	L	L	数据输出	存储器数据输出
H	L	H	高阻	输出为高阻态

当两个端口分别对双端口 RAM 存取时，IDT7312 芯片由硬件功能控制逻辑输出引脚 BUSY，其工作原理如下，表 9.8 所示是 IDT7132 的竞争仲裁结果列表。

- 当左右端口不对同一地址单元存取时，BUSY 引脚均为高电平，可正常存储。
- 当左右端口对同一地址单元存取时，有一端口 BUSY 的为低电平，禁止数据的存取，此时，两个端口中哪个存取请求信号出现在前，则其对应的为高电平，允许存取，否则其对应的为高电平，禁止其写入数据。

表 9.8　IDT7132 的竞争仲裁结果列表

左端口		右端口		/BUSY 标志		功能	说明
/CEL	A0 ~ A10	/CER	A0 ~ A10	/BUSYL	/BUSYR		
×	×	×	×	H	H	无竞争	
L	LV5R	L	LV5R	H	L	左端口胜	如果左右端口的/CE 同时有效
L	RV5R	L	RV5R	L	H	右端口胜	
L	SAME	L	SAM	H	L	判定完成	
L	SAME	L	SAME	L	H	判定完成	
LL5R	同右地址	LL5R	同左地址	H	L	左端口胜	如果左右端口的 / 地址同时有效
RL5L	同右地址	RL5L	同左地址	L	H	右端口胜	
LW5R	同右地址	LW5R	同左地址	H	L	判定完成	
LW5R	同右地址	LW5R	同左地址	L	H	判定完成	

表中的各个符号说明如下。

- LV5R：左端口地址比右端口地址优先有效 5ns 以上。
- RV5R：右端口地址比左端口地址优先有效 5ns 以上。
- SAME：左右端口地址有效时间差在 5ns 以内。
- LL5R：左端口片选信号比右端口片选信号先有效 5ns 以上。
- RL5L：右端口片选信号比左端口片选信号先有效 5ns 以上。
- LW5R：左右端口片选信号有效时间差在 5ns 以内。

51 单片机扩展双端口 RAM 的关键是对当出现竞争的时候如何处理，当 51 单片机通过两个端口对双端口 RAM 内部的同一个存储单元进行操作（即两组地址总线完全相同）时将出现竞争，为避免因竞争而导致的数据操作，可以使用以下 3 种方法。

- 设置标志位，在开辟数据通信区的同时可通过软件方法在某个固定的存储单元设立标志位，这种方法要求双方 51 单片机在每次访问双端口 RAM 之前必须查询、测试和设置标志位，然后再根据标志位的状态决定是否可以访问数据区。

- 有的双端口本身就具有专用的一个或多个硬件标志锁存器和专门的测试和设置指令，可直接对标志位进行读写操作，这种方法通常用在多个 51 单片机共享一个存储器块时。为了保证通信数据的完整性，在采用这种方法时往往要求每个 51 单片机能对该存储器块进行互斥的存取。

- 使用软件查询引脚状态，双端口 RAM 必须具有解决两个以上 51 单片机同时访问同一单元的竞争仲裁逻辑功能，当双方访问地址发生冲突时，竞争仲裁逻辑可用来决定哪个端口访问有效，同时取消无效端口的访问操作，并将禁止端口的信号置为低电平。因此信号可作为处理器等待逻辑的输入之一，即当为低电平时，让处理器进入等待状态，每次访问双端口 RAM 时，检查状态以判断是否发生竞争，只有为高时对双端口 RAM 的操作才有效。

9.4.2　双单片机使用双口 RAM 进行数据通信

本应用是两片 51 单片机使用 IDT7132 使用一片 IDT7132 进行数据通信的实例，使用 IDT7132 的第一个存储单元 0x0 作为更新标志，使用 0x0001～0x000A 的 10 个字节作为存储区，单片机 A 向存储区写入数据，单片机 B 从此存储区读出数据，实例的应用电路如图 9.15 所示。

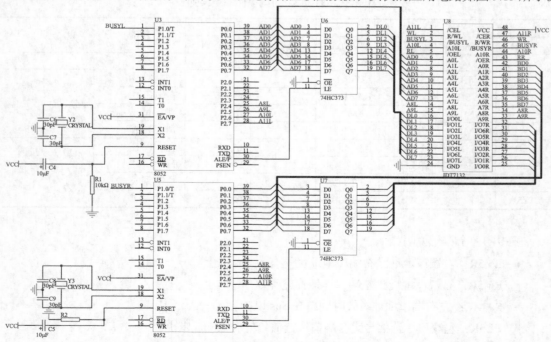

图 9.15　使用 IDT7132 进行双机通信的应用电路

如图 9.15 所示，51 单片机 U3（单片机 A）和 U5（单片机 B）按照独立 RAM 扩展的方法来分别连接了 IDT7132 的左侧和右侧的逻辑端口，对于 U3 和 U5 而言 IDT7132 的地址空间均为 0x7000～0x7800，IDT7132 的左端口和右端口的 BUSY 引脚分别连接到对应单片机的 P1.0 引脚，实例中涉及的典型器件如表 9.9 所示。

表 9.9　使用 IDT7132 进行双机通信实例器件列表

器件	说明
51 单片机 A	核心部件，用于往 IDT7132 中写入数据
51 单片机 B	核心部件，用于从 IDT7132 中读出数据
74373	数据和地址总线分离芯片
IDT7132	双口 RAM
电阻	限流
晶体	51 单片机工作的振荡源，12M
电容	51 单片机复位和振荡源工作的辅助器件

　　例 9.4 是单片机 A 的 C51 语言应用代码，其先检查 BUSY 引脚是否忙，如果为空闲，则检查上次的更新被读取没有，如果已经读取完毕，则将 buf 中的数据写入双口 RAM 中。

【例 9.4】单片机 A 的应用代码。

```
#include <AT89X52.h>
#define adr_flag   ((unsigned char*)0x7000)        //存放更新标志的地址
#define adr_store ((unsigned char*)0x7000)         //存储区起始地址
sbit sbBUSY=P1^0;                                  //P1.0 接 BUSYR 信号
void main(void)
{
    unsigned char buf[10];                         //将要写入的数据存放在 buf[10]中
    unsigned char i,temp;
    while(1)                                        //无限循环
    {
        *(adr_store+i)= buf[i];                     //写双端口 RAM
        if(!sbBUSY) break;                          //如果 BUSYR 信号为低，循环检测
        temp=*adr_flag;                             //直到 BUSYR 信号变高
        if(temp==0) break;                          //若上次更新尚未被读取，循环检测
        else                                        //若已被读取
        {
            *adr_flag=0xff;                         //置更新标志
            for(i=0;i<=9;i++)                       //写入 10 个字节
                *(adr_store+i)=buf[i];
        }
    }
}
```

　　例 9.5 是单片机 B 对数据进行读操作的 C51 语言应用代码，其先检查 BUSY 引脚是否忙，如果为空闲，则检查是否已经更新，如果已经更新则读取数据存放到 buf 中，读取完毕之后把更新标志清除。

【例 9.5】单片机 B 的读数据应用代码。

```c
#include <AT89X52.h>
#define adr_flag    ((unsigned char*)0x7000)        //存放更新标志的地址
#define adr_store ((unsigned char*)0x7001)          //存储区起始地址
sbit sbBUSY=P1^0;                                    //P.5 接 BUSYL 信号
void main(void)
{
    unsigned char buf[10];                           //存储从 IDT7312 中读取的数据
    unsigned char i,temp;
    while(1)                                          //无限循环
    {
        buf[i]=*(adr_store+i);                        //读双端口 RAM
        if(!sbBUSY) break;                            //如果 BUSYL 信号为低，循环检测
        temp=*adr_flag;                               //直到 BUSYL 信号变高
        if(temp==0xff) break;                         //如果尚未更新，循环检测
        else                                          //如果已经更新
        {
            *adr_flag=0x0;                            //清除更新标志
            for(i=0;i<=9;i++)                         //读取 10 个字节
            {
                buf[i]=*(adr_store+i);
            }
        }
    }
}
```

9.5   51 单片机的串行通信接口

51 单片机应用系统中最常用的串行通信接口通常都在内部的串行通信模块外加一些协议模块以完成数据通信，这些协议模块通常包括 RS-232 通信协议模块（在第 7 章的 7.6 节中进行了介绍）、RS-422 通信协议模块和 RS-485 通信协议模块。

9.5.1   RS-422 通信协议

RS-232 接口标准是一种基于单端非对称电路的接口标准，这种结构对共模信号的抑制能力很差，在传输线上会有非常大的压降损耗，所以不适合应用于长距离信号传输，为了弥补这种缺陷，在 51 单片机的应用系统中可以使用 RS-422 或 RS-485 接口标准来扩展通信。

1. RS-422 协议基础和 MAX491

RS-422 通信协议的核心思想是使用平衡差分电平来传输信号，即每一路信号都是用一对以地为参考的对称正负信号，在实际的使用过程中不需要使用地信号线。RS-422 是一种全双工的接口标准，可以同时进行数据的收、发，其有点对点和广播两种通信方式，在广播模式下只允许在总线上挂接一个发送设备，而接收设备可以最多为 10 个，最高速率为 10Mbit/s，最远传输距离为 1219m，最常见的 RS-422 通信芯片是美信公司（MAXIM）的 MAX491，其封装如图 9.16 所示，引脚封装说明如下。

- RO：数据接收输出引脚，当引脚 A 比引脚 B 的电压高 200mV 以上，被认为是逻辑"1"信号，RO 输出高电平；反之则为逻辑"0"，输出低电平。

- /RE：接收器输出使能引脚，当该引脚为低电平时，允许 RO 引脚输出，否则 RO 引脚为高阻态。

- DE：驱动器输出使能端引脚，当该引脚为高电平时，允许 Y、Z 引脚输出差分电平信号，否则这两个引脚为高阻态。

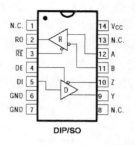

图 9.16　MAX491 的引脚封装

- DI：驱动器输入引脚，当 DI 引脚加上低电平时，为输出逻辑"0"，引脚 Y 输出电平比引脚 Z 输出电平低；反之为输出逻辑"1"，引脚 Y 输出电平比引脚 Z 输出电平高。

- Y：驱动器同相输出端引脚。

- Z：驱动器反相输出端引脚。

- A：接收器同相输入端引脚。

- B：接收器反相输入端引脚。

- GND：电源地信号引脚。

- VCC：5V 电源信号引脚。

2. RS-422 的应用电路

使用两片 MAX491 或者其他 RS-422 接口芯片进行 51 单片机系统的点对点通信的逻辑模型如图 9.17 所示，从图中可以看到数据从 DI 进入 MAX491，通过 YZ 引脚经过双绞线连接到了另外一块 MAX491 的 A、B 引脚，然后从 RO 输出。在点对点的系统中，由于 RS-422 是全双工的接口标准，支持同时发送和接收，所以 DE 可以一直置位为高电平而/RE 可以一直清除为低电平。另外为了匹配阻抗，在 Y、Z 和 A、B 引线上分别加上一个电阻 Rt，这个电阻的典型值一般为 120Ω 左右。

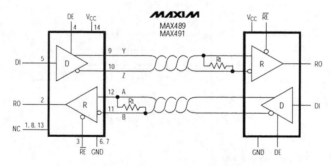

图 9.17　MAX491 的点对点连接逻辑

注意：MAX491 的驱动器的输出同相端也连接到接收器的同相端，同理反相端，也就是说，两块 MAX491 的引脚对应关系为 Y-A、Z-B。

使用多片 MAX491 或者其他 RS422 接口芯片构成的一点对多点通信的逻辑模型如图 9.18 所示。中心点 MAX491 的驱动器输出引脚 YZ 和总线所有非中心点的 MAX491 的接收器输入引脚 A、B 连接在一起，所有非中心点 MAX491 的驱动器输出引脚 YZ 连接到一起接在接收器输入引脚 A、B 上。需要注意的是，由于同一时间内只能有一个非中心点 MAX491 和中心点 MAX491 进行数据通信，所以此外的 MAX491 的发送控制端 DE 必须被清除以便于把这些 MAX491 的输出引脚置为高阻态从而使得它们从总线上"断开"，以防止干扰正在进行的数据传送，也就是说，只有当选中和中心点通信的的时候该 MAX491 的 DE 端才能被置位，而接收过程则没有这个问题。从图 9.18 中可以看到一点对多点的通信同样需要匹配电阻，但是只需要在总线的"两头"加上即可，其典型值依然是 120Ω。

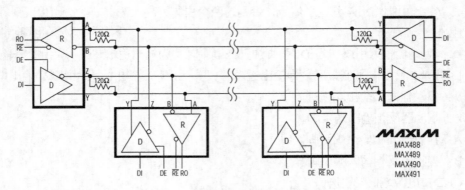

图 9.18　MAX491 的多点通信逻辑图

图 9.19 所示是 51 单片机应用系统的典型 RS-422 接口电路，51 单片机的串行通信模块的数据接收引脚 RXD 连接到 MAX491 的 RO 引脚，数据发送引脚连接到 MAX491 的 DI 引脚，而 MAX491 的发送和接收控制引脚则使用 51 单片机的两条普通 I/O 引脚来控制，信号则通过两根双绞线连接的 A、B、Y、Z 引脚来流入或者输出，同样在总线上可能需要加上电阻值为 120Ω 的匹配电阻。

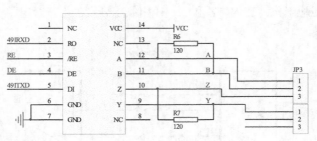

图 9.19　MAX491 的典型应用电路

9.5.2　RS-485 通信协议

RS-485 接口标准是 RS-422 接口标准的半双工版本。

1.　RS-485 协议基础和 MAX485

在 RS-485 接口标准中只需要使用 A、B 两根输出引脚即可完成点对点以及多点对多点的数据交换，目前的 RS-485 接口标准版本允许在一条总线上挂接多达 256 个节点，并且通信速度最高可以达到 32Mbit/s，距离可以到几公里，最常见的 RS-485 接口标准器件是美信公司（MAXIM）的 MAX485，其封装如图 9.20 所示，引脚封装说明如下。

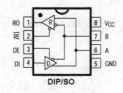

图 9.20　MAX485 的引脚封装

- RO：数据接收输出引脚，当引脚 A 比引脚 B 的电压高 200mV 以上，被认为是逻辑"1"信号，RO 输出高电平；反之则为逻辑"0"，输出低电平。
- /RE：接收器输出使能引脚，当该引脚为低电平时，允许 RO 引脚输出，否则 RO 引脚为高阻态。
- DE：驱动器输出使能端，当该引脚为高电平时，允许 Y、Z 引脚输出差分电平信号，否则这两个引脚为高阻态。
- DI：驱动器输入引脚，当 DI 引脚加上低电平时，为输出逻辑"0"，引脚 Y 输出电平比引脚 Z 输出电平低；反之为输出逻辑"1"，引脚 Y 输出电平比引脚 Z 输出电平高。
- A：接收器和驱动器同相输入端引脚。
- B：接收器和驱动器反相输入端引脚。
- GND：电源地信号引脚。
- VCC：5V 电源信号引脚。

> **注意：** 可以看到 MAX485 和 MAX491 的管脚定义其实是完全相同的，只是 A、B 引脚同时也具备了 Y、Z 的功能。

2. RS-485 的应用电路

图 9.21 所示是多点对多点系统的 MAX485 电路逻辑模型，数据从 MAX485 的 DI 引脚流入，通过 A、B 引脚连接上的双绞线送到其他 MAX485 上，经过 RO 流出；由于在 RS-485 接口标准中 A、B 引脚要同时承担数据发送和接收任务，所以需要通过/RE 和 DE 来对其进行控制，只有允许发送的时候才能使能 DE 引脚，否则就会将总线钳位导致总线上所有的设备都不能正常通信，与 RS-422 总线类似，RS-485 总线的两端也需要加上 120Ω 左右的匹配电阻以消除长线效应。

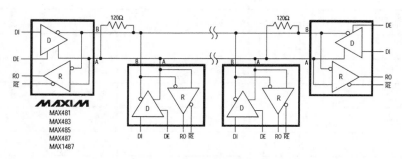

图 9.21　多点 MAX485 总线连接示意图

图 9.22 所示是在 51 单片机系统中使用 MAX485 芯片的典型应用电路图，与 MAX491 类似，MAX485 的/RE 和 DE 端受到 51 单片机普通 I/O 引脚的控制，数据输出引脚 DI 连接到单片机串行口输出 TXD 上，数据输入引脚 RO 则连接到单片机串行口的 RXD 上，A、B 引脚和其他 MAX485 的 A、B 引脚连接到一起，并且在总线两端的 MAX485 的 A、B 引脚上需要跨接典型值为 120Ω 的匹配电阻。

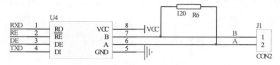

图 9.22　MAX485 的典型应用电路

9.5.3　光电隔离器

在通信环境比较恶劣的时候，有线数据通信需要进行光电隔离，由于通信速率一般都比较高，所以此时应该使用高速光电隔离芯片。通信中最常用的光电隔离芯片是 6N137，其最高通信速率为 10Mbit/s，封装如图 9.23 所示。

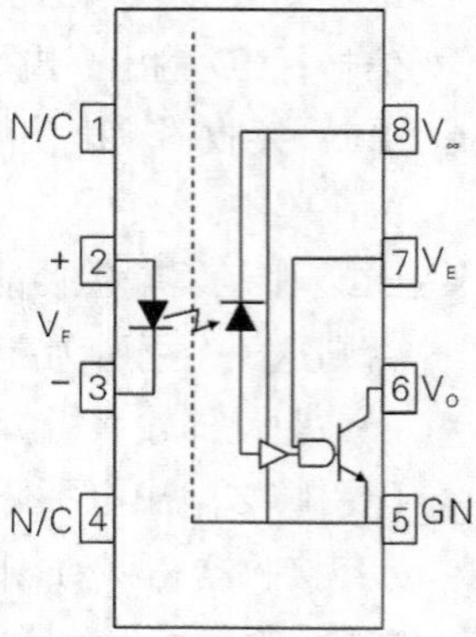

- 引脚 1：空引脚。
- 引脚 2：输入信号正极。
- 引脚 3：输入信号负极。
- 引脚 4：空引脚。
- 引脚 5：信号地。
- 引脚 6：输出信号。
- 引脚 7：输出控制信号，使用与非门的另一个输入端和感光端共同组成与非门的两个输入段，由此来控制输出。
- 引脚 8：电源。

图 9.23　6N137 的封装引脚

6N137 的信号从脚 2 和脚 3 输入，当逻辑电平为"1"时，发光二极管发光，经片内光通道传到光敏二极管，反向偏置的光敏管光照后导通，经电流—电压转换后送到与门的一个输入端，与门的另一个输入为使能端，当使能端为高时与门输出高电平，经输出三极管反向后光电隔离器输出低电平。当输入信号电流小于触发阈值或使能端为低时，输出高电平，但这个逻辑高是集电极开路的，需要针对接收电路加上拉电阻或电压调整电路，6N137 的真值表如表 9.10 所示。

表 9.10　6N137 的真值表

输入	使能端	输出
高	高	低
低	高	高
高	低	高
低	低	高
高	无关	低
低	无关	高

> 说明：若以脚 2 为输入，脚 3 接地，则真值表为反相输出的传输，若希望在传输过程中不改变逻辑状态，则从脚 3 输入，脚 2 接高电平。

6N137 在 51 单片机应用系统中的典型电路图如图 9.24 所示，上方的 6N137 为发送通道，引脚 3 通过一个 390Ω 的限流电阻连接到单片机的串行口发送引脚 TXD，当 TXD 为逻辑"1"时，发光二极管不发光，输出三极管截止，TXDout 输出高电平；反之发光二极管发光，输出三极管导通，引脚 6 被拉到地，TXDout 输出低电平，同理可得下方作为接收通道的 6N137 逻辑电路。

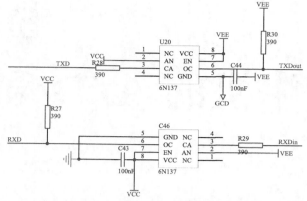

图 9.24 6N137 的典型应用电路

9.6   本章总结

通信模块不仅仅承担了 51 单片机应用系统和其他处理器系统（ARM、PC 等）进行数据交互的工作，还承担了在应用系统内部 51 单片机和外部的数据模块/芯片进行通信的工作，读者应该熟悉并且掌握以下几个方面的知识。

- 如何在 51 单片机的应用系统中合理地选择通信模块的接口方式和通信介质。
- 51 单片机应用系统的通信模型和通信协议设计方法。
- 51 单片机应用系统中最常用的 5 种外部数据模块/芯片的扩展方法，包括：数据—地址总线扩展方法、串行通信模块扩展方法、SPI 总线接口扩展方法、I^2C 总线接口扩展方法和 1-wire 总线接口扩展方法。
- 在 51 单片机应用系统中使用双口 RAM、RS-422 和 RS485 通信协议芯片的方法。

PART 10

第 10 章
51 单片机的 A/D 和 D/A 通道

在 51 单片机的应用系统中，某些信号是以模拟电压的形式给出的，此时需要使用外扩的 A/D（模拟/数字变换）模块将这些连续的模拟电压信号转换为数字信号才能被 51 单片机所识别。相反，如果需要通过 51 单片机控制一些模拟量如模拟电压、模拟电流驱动一些外部设备，则需要将 51 单片机内部的数字信息转化为模拟信号，需要使用被称为 D/A（数字/模拟变换）模块。本章将详细介绍它们的使用方法。

知识目标

- 模拟/数字变换的基础知识。
- A/D 芯片 ADC0809 的使用方法。
- 数字/模拟变换的基础知识。
- D/A 芯片 MAX517 的使用方法。
- 信号放大器的使用方法。
- 模拟波形电压的产生原理。
- 应用案例 10.1——自动换挡电压表的需求分析。

自动换挡数字电压表是一个能自动切换挡程的数字电压表，它可以测量 0～20V 的电压，并且提供了 0～0.2V、0～2V 和 0～20V 三个挡程选择，当待测量电压值发生变化之后，电压表可以根据输入电压的情况自动选择合适的挡程进行测量，并且把测量结果显示出来。

- 应用案例 10.2——简易波形发生器的需求分析。

简易波形发生器是一个产生频率固定，最大幅度规定为 5V 的正弦波、锯齿波或者三角波的仪器。

10.1　51 单片机的 A/D 采集通道基础

A/D（模拟/数字）变换是将时间连续变化的模拟量转换为离散的量化数值的过程，通常经历如图 10.1 所示的采样、量化和编码 3 个步骤，本小节将介绍 A/D 变换的一些基础知识。

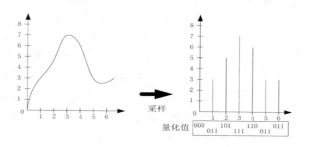

图 10.1 A/D 变换的过程

10.1.1 A/D 变换的过程

　　由于模拟信号在时间和量值上是连续的，而数字信号在时间和量值上都是离散的，因此在进行模数转换时，先要按照一定的时间间隔对模拟信号取样，使它变成时间上离散的信号。然后把取样值保持一段时间，在这段时间内，对取样值进行量化，使取样值变成离散的量值，最后通过编码，把量化后的离散值转换为数字量输出，这样即完成了一个模数转换过程，如图 10.2 所示。

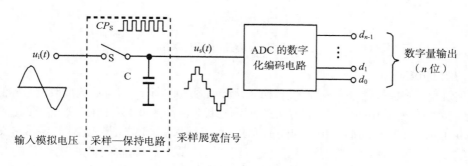

图 10.2 从模拟电压到数字量输出的过程

1. 采样

　　采样过程将时间连续的信号变成时间不连续的模拟信号，该过程是通过模拟开关来实现的，模拟开关每隔一定的时间间隔打开一次，一个连续的模拟信号通过这个开关后，就形成一系列的脉冲信号，称为采样信号。在理想数据采集系统中，只要满足采样定理——采样频率不小于被采集信号最高频率的两倍（$f_s \geqslant 2f_{max}$），则采样输出信号就可以无失真地重现原输入信号，而在实际应用中通常取 $f_s = （5 \sim 10）f_{max}$。

　　采样是对模拟信号周期性的抽取样值，使模拟信号变成时间上离散的脉冲串，取样值的大小取决于模拟信号在该取样时间内的大小。采样过程如图 10.3 所示，图中的 $S(t)$ 为取样脉冲，T_s 是取样脉冲周期，t_w 是取样脉冲持续时间，用 $S(t)$ 控制模拟开关，在 t_w 时间内，$S(t)$ 使开关接通，输出 $v_s = v_i$，在 $T_s \sim t_w$ 时间内，$S(t)$ 使开关断开，$v_s = 0$。经过开关取样后，其输出 v_s 的波形如图 10.3（c）所示。

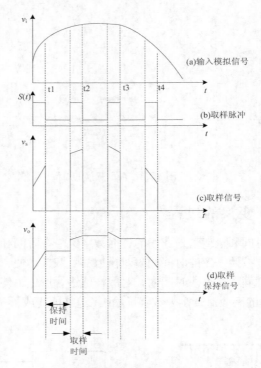

图 10.3 连续模拟信号的采样

2. 量化和编码

量化过程是将模拟信号变成数字信号的过程,如图 10.1 所示,采样后的离散信号幅值在 0～7,对这些离散信号采用四舍五入的方法进行量化处理(见图 10.4),得到离散的量化值,量化值的幅度在 0,1,2…5,如图 10.1 的横轴所示,此时输入信号的幅值变化就与实际的数值对应起来,完成了从模拟到数字的变换;量化过程也会引入误差,增加采样频率和幅值的表示位数可以减少误差。

为了方便处理,通常将量化过程得到的量化值进行二进制编码,对相同范围的模拟量,编码位数越多,量化误差越小。对无正负区分的单极性信号,所有的二进制编码位均表示其数值大小。对有正负的双极性信号则必须有一位符号位表示其极性,通常有 3 种表示方法:符号数值法、补码和偏移二进制码。

模拟信号经过取样、保持后获得的电压取样值,就是在图 10.3(d)中 $t1$、$t2$ 时刻 v_i 的瞬时值,这些值的大小,仍然属于模拟量范畴。由于任何一个数字量的大小只能是某个最小数量单位(1LSB)的整数倍,因此在用数字量表示取样电压值时,先要把取样电压转换为这个最小单位的整数倍,这一转换过程称为量化。所取的最小单位称为量化单位,用 Δ 表示,Δ=1LSB。把量化后的数值用二进制代码表示,称为编码,这个二进制代码就是 AD 输出的数字量。

以 0～7.5V 的模拟电压 v_i 为例进行量化编码,将

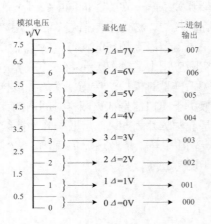

图 10.4 四舍五入量化的方法

其转换成为 3 位二进制数。由于 3 位二进制数有 8 个数值，因此将 0～7.5V 的模拟电压分成 8 个量化级，每级规定一个量化值。可设定 $0 \leqslant v_i < 0.5V$ 为第 0 级，对应的量化值为 0V，编码为 000；$0.5 \leqslant v_i < 1.5V$ 为第 1 级，对应的量化值为 1V，编码为 001；以后依次类推。

凡是落在某一量化级范围内的模拟电压都取整归并到该级的量化值上，如 3.49V 的输入电压应量化到 3V 上，而 3.5V 则应量化到 4V 上。该方法称为四舍五入量化方法。两个相邻量化值之间的差为 1LSB。

由于量化过程中四舍五入的结果，必然造成了实际输入电压值和量化值之间的偏差，如输入 3.5V 与其量化值 4V 之间差 0.5V，而输入 3.49V 与其量化值 3V 之间差 0.49V，这种偏差称为量化误差，可知四舍五入法最大量化误差为 $\Delta/2$。

10.1.2 A/D 变换的应用电路构成

一个完整的 51 单片机的 A/D 转换通道如图 10.4 所示，其由传感器、电压调理模块、A/D 转换通道芯片所组成。

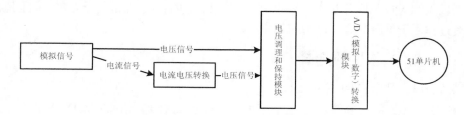

图 10.5 完整的 51 单片机 A/D 转换通道构成

10.1.3 A/D 变换的保持电路

当模拟信号变化较快时，其取样值 vs 在脉冲变化器件会有明显的变化，如图 10.3（c）中所示，v_s 的顶部不平，这样就不能得到一个固定的取样值进行量化，因此要利用图 10.6 的保持电路对 v_i 进行保持。

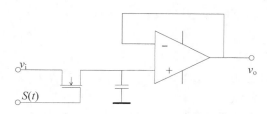

图 10.6 A/D 变换的保持电路

在 $S(t)$ 等于 1 的取样时间内，使场效应管导通，电容 C 被迅速充电，由于电容 C 的充电时间常数远远小于取样时间，因此电容 C 的电压在取样时间内能跟随输入信号 v_i 变化，因此 $v_o=v_i$；而在 $S(t)=0$ 的保持时间内，场效应管关断，由于电压跟随其输入阻抗很高，存储在 C 中的电荷很难泄露，因此在保持时间内，电容 C 上的电压 v_o 保持在取样时间结束时的 v_i 瞬时值，如图 10.3（d）所示的波形。波形中的几个幅值不等的"平台"即是在每次取样时间结束时，电容 C 保持的在该次取样结束时 v_i 的瞬时值，这几个"平台"对应的瞬时值，才是后面要转换为数字量的取样值，最常用的信号保持芯片是 LF198。

10.1.4 A/D 芯片的分类

A/D 芯片按转换数据的输出方式可分为串行和并行两种，其中并行 A/D 芯片又可根据数据宽度分为 8 位、10 位、12 位、24 位等；按转换原理可以分为逐次逼近型（SAR）和双积分型；按照同一块芯片上支持的同时输入的模拟信号数目可以分为同时支持多个模拟信号输入的多通道型和只支持单个模拟信号的输入单通道型。

并行 A/D 芯片需要占用较多数目的数据引脚，但是其输出速度快，在数据宽度比较低时有较高的性价比；串行 A/D 芯片占用的数据引脚少，与 51 单片机的接口简单，但是由于数据要逐位输出，所以数据输出速度通常不如并行通道的 A/D 芯片快。串行和并行 A/D 芯片各有优势，使用时候主要看具体应用系统的需求。

逐次逼近型的 A/D 芯片具有很快的转换速度，一般是纳秒（ns）或微秒（μs）级；而双积分型 A/D 芯片的转换速度要慢一些，一般为微秒（μs）或毫秒（ms）级，但是它具有转换精度高、廉价、抗干扰能力强等优点。

多通道输入的 A/D 芯片可以同时支持对多个模拟信号的转换，但是由于需要进行通道切换，其转换速度通常慢于单通道输入的 A/D 芯片。

10.1.5 A/D 芯片的选择

A/D 芯片有以下几个重要的指标。

- 分辨率：一般用转换后数据的位数来表示，对于二进制输出型的 A/D 芯片来说，分辨率为 8 位是只能将模拟信号转换成 0x00 ~ 0xFF 数字量的芯片，也表明它可以对满量程的 1/2 ~ 1/256 的增量做出反应。
- 量化误差：将模拟量转换成数字量（即量化）过程中引起的误差。它理论上为单位数字量的一半，即 1/2LSB。分辨率和量化误差是统一的，提高分辨率可以减少量化误差。
- 转换时间是只从启动转换到完成一次 A/D 转换所需要的时间。
- 转换量程：A/D 芯片能够转换的电压范围，如 0 ~ 5V，-10 ~ +10V 等。
- 通道数：同时能转换的模拟信号的数目。

常见的 A/D 芯片如下。

- 多通道类型：ADC0809、TLC2543。
- 单通道类型：ADC0801、ADS1100。
- 高精度类型：AD977A。

一般 A/D 芯片的引脚分为几类信号：模拟输入信号、数据输出信号、启动转换信号、转换结束信号和其他一些控制信号，这样在 A/D 芯片与 51 单片机接口时就需要考虑如下几个问题。

- 模拟信号输入的连接，当单端输入时，VIN+引脚直接与输入信号连接，VIN-引脚接地。当差分输入时：单端输入正信号时，VIN+引脚与信号连接，VIN-引脚接地；单端输入负信号时，VIN-引脚与信号连接，VIN+引脚接地。
- 数据输入线与系统总线的连接，当数据线具有可控三态输出门时，直接与系统总线连接；当数据线没有三态输出门或具有内部三态门而不受外部控制时不能与系统总线直接连接，要通过 I/O 接口连接。当为 8 位以上芯片时需要考虑芯片数据输出线与系统总线位数的对应关系。如 12 位 A/D 与 51 单片机接口就要考虑加入锁存器来分时分批读取转换数据。

- 启动信号连接，电平启动信号：如 AD570 在整个转换过程中必须保证启动信号有效。脉冲启动信号，如 ADC0804、ADC0809 只需脉冲启动即可。
- 转换结束信号以及转换数据的读取，中断方式：转换结束信号连至单片机的外部中断引脚，在中断程序中读取转换结果。程序查询方式：转换结束信号连至单片机的某 I/O 引脚，在程序中轮巡此引脚电平，当查询得知转换结束时读取转换结果。

在设计 51 单片机应用系统时，主要是从以下几个方面来考虑如何选择合适的 A/D 芯片以满足应用系统设计需求。

- 确定被采集信号的特征：如被采集信号的频率、频谱特性、幅值范围、1s 内需采集的次数，是单极性还是双极性信号等，明确被采集信号的特征，可以确定所需 A/D 转换的各项性能指标。
- 确定 A/D 转换器的精度：根据应用的要求确定 ADC 所必需的转换精度。转换精度通过查看 A/D 芯片使用手册的分辨率和量化误差来决定。分辨率是指数字量变化一个最小量时模拟信号的变化量。分辨率通常以数字信号的位数来表示，积分型的 A/D 转换器用十进制表示，其他的 A/D 转换器以二进制表示。用二进制表示，它定义为满刻度与 $2n$ 的比值。量化误差是由于 A/D 的有限分辨率而引起的误差，即有限分辨率 A/D 的阶梯状转移特性曲线与无限分辨率 A/D（理想 A/D）的转移特性曲线（直线）之间的最大偏差。通常是 1 个或半个最小数字量的模拟变化量，表示为 1LSB、1/2LSB。在某些对精度要求较高的场合，可能还要考虑 ADC 的偏移误差。偏移误差是指输入信号为零时输出信号不为零的值，可外接电位器调至最小。
- 确定 A/D 转换器的转换速度：根据应用系统信号采集的速度确定 A/D 的转换速率。转换速率是指完成一次从模拟信号到数字信号的 A/D 转换所需的时间。

通常来说，满足上述 3 个要求的 A/D 芯片会有很多，这时要根据系统的成本要求，PCB 的电源状况，系统的体积要求等各个方面综合考虑。

10.1.6　A/D 芯片对电源的需求

A/D 芯片的电源包括芯片工作电源和基准电源，有些芯片是芯片内部自带基准电压源，有些芯片需要外接基准电源。不管是哪种情况，都要求所有的电源引脚都要用去耦电容，布线时尽可能地把模拟输入远离数字电路部分，最好不要用飞线连接电路。一般情况下，以下两点需要考虑。

- A/D 芯片的模拟电源和数字电源分开，模拟地和数字地要求分开。
- 模拟地和数字地要在芯片上就近连接在一起。

10.2　8 位并行 8 通道 A/D 芯片 ADC0809

ADC0809 是在 51 单片机应用系统中应用最为广泛的 8 位并行 8 通道 A/D 芯片，本小节将详细介绍其使用方法。

10.2.1　ADC0809 基础

图 10.7 所示是 ADC0809 芯片的逻辑结构，其由一个 8 路模拟开关、一个地址锁存与译码

器、一个 A/D 转换器和一个三态输出锁存器组成，各个模块的功能说明如下。

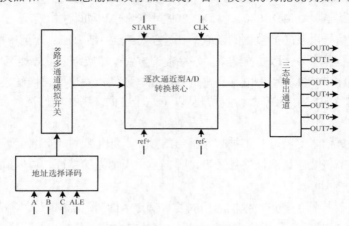

图 10.7　ADC0809 的内部逻辑结构

- 多路模拟开关：用于选通 8 个模拟通道，允许 8 路模拟量分时输入。
- 地址选择译码：用于控制多路模拟开关进行切换。
- 逐次逼近型 A/D 转换核心：A/D 转换的核心模块。
- 三态输出锁存器：锁存 A/D 转换完的数字量，当 OE 端为高电平时，51 单片机才可以从三态输出锁存器取走转换完的数据。

图 10.8 所示是 ADC0809 的实物示意，采用了 DIP 封装。

图 10.9 所示是 ADC0809 的电路符号，其引脚说明如下。

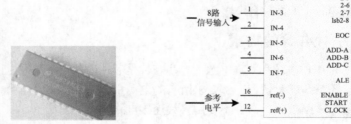

图 10.8　ADC0809 实物示意　　　图 10.9　ADC0809 的电路符号

- 2-1～2-8：8 位并行数字量输出引脚。
- IN-0～IN-7：8 通道模拟量输入引脚。
- VCC：正电源。
- GND：电源地。
- ref（+）：参考电压正端引脚。
- ref（-）：参考电压负端引脚。
- START：A/D 转换启动信号输入端。
- ALE：地址锁存允许信号输入端。

- EOC：转换结束信号输出引脚，开始转换时为低电平，当转换结束时为高电平。
- OE：输出允许控制端，用以打开三态数据输出锁存器。
- CLK：时钟信号输入引脚。
- ADDA、ADDB、ADDC：地址输入引脚，用于选择输入通道 0 ~ 7。

10.2.2 ADC0809 的电路

ADC0809 的典型应用电路如图 10.10 所示，ADC0809 的 8 位数据引脚连接到 51 单片机的 P0 端口，其他的控制逻辑由 51 单片机 P2 引脚来控制，51 单片机使用内部的一个定时/计数器控制 P2.3 引脚来给 ADC0809 提供工作时钟信号。

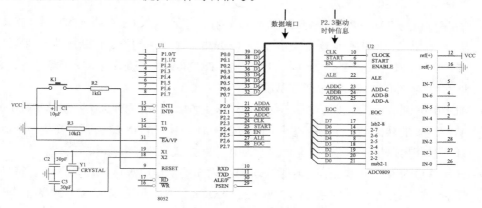

图 10.10 ADC0809 的典型应用电路

图 10.11 所示是 ADC0809 的另外一种典型应用电路，采用了数据—地址总线扩展方法，51 单片机的 P0 端口直接连接到 ADC0809 的数据端口上，并且通过一个 74HC373 锁存连接到 ADC0809 的通道地址选择端 A、B、C 上，P2.7 引脚和 RD、WR 读写引脚通过一个 7432 或之后取反分别连接到 ADC0809 的 START（ALE）和 ENABLE 引脚上；51 单片机的 ALE 引脚直接连接到 ADC0809 的 CLOCK 引脚上作为 ADC0809 的工作时钟（ALE 的信号频率为 51 单片机工作频率的 1/12）；ADC0809 的 EOC 引脚通过一个反向门连接到 51 单片机的外部中断 INT0 上。

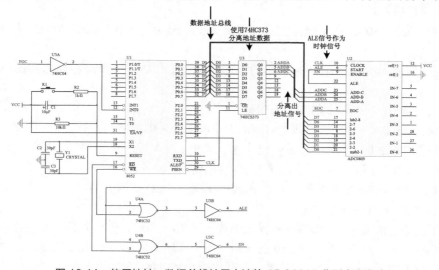

图 10.11 使用地址—数据总线扩展方法的 ADC0809 典型应用电路

图 10.11 所示的典型应用电路的详细说明如下。

- 51 单片机的 P0 引脚作为数据端口连接到 ADC0809 的数据端口，和 ADC0809 进行数据交换。
- 51 单片机的 P2.7 引脚和写引脚 WR 的或操作取反之后同时连接到 ADC0809 的 ALE 和 START 引脚上，当 51 单片机的 WR 引脚和 P2.7 同时为低电平时，ADC0809 的 ALE 和 START 引脚被拉高，启动 ADC0809 的 A/D 转换。
- 51 单片机的 P2.7 引脚和读引脚 RD 的或操作取反之后同时连接到 ADC0809 的 ENABLE 引脚上，当 P2.7 引脚和读引脚 RD 都输出低电平时，ADC0809 的 ENABLE 上为高电平，允许从 ADC0809 读出数据。
- 51 单片机的 P0.0～P0.2 引脚通过 74373 锁存连接到 ADC0809 的 ADDA～ADDC 引脚上，其和 P2.7 引脚结合起来确定了 ADC0809 的 8 个通道的外部存储器地址为 0x7FF0～7FF7，对这 8 个地址的写操作将启动一次 ADC0809 对应通道的 AD 转换，对这 8 个地址的读操作将从 ADC0809 读出数据。
- ADC0809 的 EOC 引脚通过一个反向门连接到 51 单片机的外部中断引脚 INT0 上，当 ADC0809 的转换结束输出高电平的时候会在 51 单片机的 INT0 引脚上产生一个负脉冲，51 单片机可以检测这个脉冲信号或者使用中断方式来触发外部中断事件。
- 51 单片机的 ALE 引脚会在工作时候以 51 单片机的工作频率的 1/12 的频率往外送出一个频率信号，把这个信号连接 ADC0809 的 CLOCK 引脚上以充当 ADC0809 的工作时钟。

> 注意：如果应用系统比较简单，如只需要外扩一片 ADC0809 时，又或者需要对 ADC0809 的工作频率可控时，可以使用图 10.10 的扩展方式，否则可以使用图 10.11 的扩展方式，其好处是可以其他的外部存储器扩展方式的外围器件统一编址，而且操作简单。

10.2.3　ADC0809 的操作步骤和驱动函数

1．直接扩展方式

如果使用如图 10.10 所示电路的直接扩展方式，51 单片机对 ADC0809 的操作步骤说明如下。

（1）设置定时/计数器工作频率，启动定时器从相应的 I/O 引脚输出方波给 ADC0809 提供工作时钟。

（2）设置 ALE 的电平以使能通道选择。

（3）设置 ADDA～ADDC 引脚上对应的电平以选择采集通道。

（4）设置 START 电平上的电平以启动 A/D 采集。

（5）检查 EOC 引脚上的电平以等待 A/D 转换结束。

（6）设置 ENABLE 引脚的电平允许 ADC0809 输出 A/D 数据。

（7）从 ADC0809 中读出数据。

使用该电路扩展方式的 ADC0809 驱动函数如例 10.1 所示，initT0 用于初始化定时/计数器 T0 给 ADC0809 产生时钟信号，在 T0 的中断服务子程序中将 P2.3（CLK 引脚）翻转，从而在 ADC0809 的 CLOCK 引脚上产生一个方波信号。initADC0809 函数用于对 ADC0809 的相关控制信号进行初始化，ADC0809Deal 函数的参数用于选择 ADC0809 的通道数，然后等待 EOC 信号变高之后读出 ADC0809 的转换值并返回。

【例 10.1】直接扩展 ADC0809 的驱动函数。

```c
#include <AT89X52.h>
sbit OE  = P2^5;                    //OE 引脚
sbit EOC = P2^7;                    //EOC 引脚定义
sbit ST  = P2^4;                    //启动引脚定义 START
sbit CLK = P2^3;                    //时钟引脚定义 CLK
sbit ADDA = P2^0;
sbit ADDB = P2^1;
sbit ADDC = P2^2;                   //通道选择
void initT0(void)
{
     TMOD = 0x02;
 TH0  = 0x14;
 TL0  = 0x00;                       //初始化定时器 0
 IE   = 0x82;                       //开中断
 TR0  = 1;                          //启动定时器
}
void initADC0809(void)             //初始化 ADC0809
{
 OE = 1;
  EOC = 1;
  ST = 1;
  CLK = 1;                          //初始化 ADC0809 的控制信号
}
void Timer0_INT() interrupt 1
//定时器 0 中断函数，用于产生时钟信号
{
     CLK = !CLK;
}


//ADC0809 的控制函数，ch 为通道数，返回转换值
unsigned char ADC0809Deal(unsigned char ch)
{
  unsigned char ADtemp;
  switch(ch)                        //选择通道
  {
    case 0x00:                      //通道 0
    {
      ADDA = 0;
      ADDB = 0;
      ADDC = 0;
    }
```

```
      break;
      case 0x01:                        //通道 1
      {
        ADDA = 1;
        ADDB = 0;
        ADDC = 0;
      }
      break;
      case 0x02:                        //通道 2
      {
        ADDA = 0;
        ADDB = 1;
        ADDC = 0;
      }
      break;
      case 0x03:                        //通道 3
      {
        ADDA = 1;
        ADDB = 1;
        ADDC = 0;
      }
      break;
      case 0x04:                        //通道 4
      {
        ADDA = 0;
        ADDB = 0;
        ADDC = 1;
      }
      break;
      case 0x05:                        //通道 5
      {
        ADDA = 1;
        ADDB = 0;
        ADDC = 1;
      }
      break;
      case   0x06:                      //通道 6
      {
        ADDA = 0;
        ADDB = 1;
        ADDC = 1;
      }
      break;
      case 0x07:                        //通道 7
```

```
        {
          ADDA = 1;
          ADDB = 1;
          ADDC = 1;
        }
        break;
        default:{}
      }
        ST = 0;
        ST = 1;                        //给出启动信号
        ST = 0;
        while(EOC == 0);               //如果还没转换完成
        OE = 1;                        //等待采集完成之后使 OE=1，输出采集数据
        ADtemp = P0;                   //采集结果
        OE = 0;
        return(ADtemp);                //返回采集值
    }
```

2. 地址—数据总线扩展方式

如果使用如图 10.11 所示的电路的地址—数据总线方式，则不需 51 单片机主动产生 ADC0809 的工作时钟，其操作步骤如下。

● 根据电路计算 ADC0809 的 8 个通道的地址。

● 向选中通道的地址任意写一个数，启动 A/D 转换。

● 检测 EOC 引脚状态。

● 如果 EOC 状态为高电平，则从该通道地址读出 A/D 转换数据。

使用地址—数据总线扩展 ADC0809 的驱动函数如例 10.2 所示，首先使用 XBYTE 了 ADC0809 通道的外部地址，然后对该地址写入任何 1 字节的数据即启动了 ADC0809 进行该通道的转换，ADC0809 的转换完成信号 EOC 通过反向门之后连接到单片机的 INT0 引脚上，在外部中断服务子程序中对 ADC0809 使用的通道数据进行判断并且读回转换的数据。

【例 10.2】地址-数据总线方式扩展 ADC0809 的驱动函数。

```
#include <AT89X52.h>
#include <absacc.h>
#define   ADCCH0 XBYTE[0x7FF0]
#define   ADCCH1 XBYTE[0x7FF1]
#define   ADCCH2 XBYTE[0x7FF2]
#define   ADCCH3 XBYTE[0x7FF3]
#define   ADCCH4 XBYTE[0x7FF4]
#define   ADCCH5 XBYTE[0x7FF5]
#define   ADCCH6 XBYTE[0x7FF6]
#define   ADCCH7 XBYTE[0x7FF7]
//定义通道地址
unsigned char ADdata;                    //存放 AD 数据
unsigned char ADcha;                     //存放 AD 的通道数
//外部中断 0 的初始化函数
```

```
void initInt0(void)
{
    EX0 = 1;
    IT0 = 1;
    EA = 1;                                      //初始化外部中断 0，下降沿触发方式
}
//ADC0809 的启动函数，向该地址写入一个任意数则启动 ADC0809
ADC0809start(unsigned char ch)
{
    switch(ch)                                   //判断使用哪一个通道
    {
        case 0x00: ADCCH0 = 0x00; break;         //通道 0
        case 0x01: ADCCH1 = 0x00; break;         //通道 1
        case 0x02: ADCCH2 = 0x00; break;         //通道 2
        case 0x03: ADCCH3 = 0x00; break;         //通道 3
        case 0x04: ADCCH4 = 0x00; break;         //通道 4
        case 0x05: ADCCH5 = 0x00; break;         //通道 5
        case 0x06: ADCCH6 = 0x00; break;         //通道 6
        case 0x07: ADCCH7 = 0x00; break;         //通道 7
        default:       ADCCH0 = 0x00;            //默认为通道 0
    }
}
//外部中断 0 处理函数，当有外部中断产生的时候说明 ADC0809 转换完成
void INT0Deal(void) interrupt 0 using 1
{
    switch(ADcha)                                //判断 AD 的通道数，读回转换值
    {
        case 0x00: ADdata = ADCCH0; break;       //读出数据
        case 0x01: ADdata = ADCCH1; break;       //读出数据
        case 0x02: ADdata = ADCCH2; break;       //读出数据
        case 0x03: ADdata = ADCCH3; break;       //读出数据
        case 0x04: ADdata = ADCCH4; break;       //读出数据
        case 0x05: ADdata = ADCCH5; break;       //读出数据
        case 0x06: ADdata = ADCCH6; break;       //读出数据
        case 0x07: ADdata = ADCCH7; break;       //读出数据
    }
}
```

10.3　51 单片机的 D/A 输出通道基础

单片机内部运算时用的全部是数字量，而实际系统的物理量如电压、电流、温度等都是模拟量，当单片机完成内部运算向实际系统发出控制信号时，需要通过某些器件将单片机输出的数字量转换为相应的模拟量，将数字量转换为模拟量的器件称为数模转换器，简称 DAC（Digital to Analog Converter）或者 D/A 模块。

10.3.1　D/A 转换的过程

数字系统内部的数字量是采用 0 或者 1 这两个代码按照数位组合起来表示的。对于有权码，每位代码都有一定的权值，D/A 转换就是把每一位的代码都按照其相应权的大小转换为相应的模拟量，然后把转换后的模拟量相加，即可以得到与数字量成正比的总模拟量，这就是数模转换的思路。

D/A 转换的原理如图 10.12 所示，其中 d_{n-1}，$\cdots$，d_1，d_0 为输入的 n 为二进制数，是与输入二进制数成正比的输出电压。

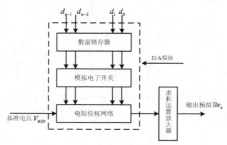

图 10.12　D/A 转换的原理

D/A 模块的组成如图 10.13 所示，其中，输入包括数字输入、基准参考电压、供电电源；输出为模拟电流信号或者电压信号。其工作过程是首先把输入的数字量每一位数码都被存入锁存器相应的位置，而存入锁存器的数码用于控制模拟电子开关，如果某一位的数码为 1，则该位在位权网络上产生与基位权成正比的电流值，再由运算放大器对各电流值求和，并转换成输出电压。假设 D/A 模块的转换比例系数为 k，则：

$$v_o = k \times \sum_{i=0}^{n-1} (d_i \times 2^i)$$

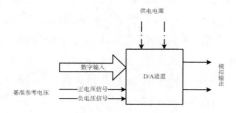

图 10.13　D/A 通道的组成

图 10.14 所示为三位二进制编码与经过 D/A 转换后输出的电压模拟量之间的关系，从中可以看出和 A/D 转换类型相比，D/A 变换中两个相邻数码转换输出的电压值是不连续的。

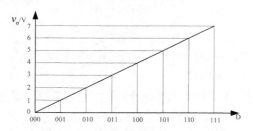

图 10.14　数字量和模拟量的对应关系

10.3.2　D/A 模块的分类

D/A 模块的"数字—模拟"转换原理可以分为"有权电阻 D/A 转换"和"T 型网络转换"两种，大多数 D/A 模块是由电阻阵列和多个电流、电压开关组成，根据输入的数字信号来切换多路开关以产生对应的输出电流和电压。为了保证 D/A 通道芯片输入引脚上的数字信号的稳定，一般来说，D/A 芯片内部常常带有数据锁存器和地址译码电路，以便于和 51 单片机的接口连接。

D/A 通道芯片按照数字输入位数可以分为 8 位、10 位、12 位、16 位等；按照和 51 单片机的接口方式可分为并行 D/A 通道芯片和串行 D/A 通道芯片；按照转换后输出的模拟量类型来分可分为电压输入型 D/A 通道芯片和电流输出型 D/A 通道芯片。

D/A 通道芯片的位数越高则表明它转换的精度越高，即可以得到更小的模拟量刻度以使得转换后的模拟量具有更好的连续性。与 A/D 芯片相似，并行 D/A 通道芯片数据并行传输，具有输出速度快的特点，但是占用的数据线较多。并行 D/A 通道芯片在转换位数不多时具有较高的性价比。串行 D/A 通道芯片则具有占用数据线少、与 51 单片机接口简单、便于信号隔离等优点，但它相对于并行 D/A 通道芯片来说，由于待转换的数据是串行逐位输入的，所以速度相对就慢一些。

10.3.3　D/A 芯片的选择

在 51 单片机的应用系统中，最常用的 D/A 通道芯片有并行 8 位双缓冲 D/A 芯片 DAC0832、串行 10 位 D/A 通道芯片 TLC5615、串行 12 位 D/A 通道芯片 MAX517、串行 A/D 和 D/A 通道芯片 PCF8591 等。D/A 芯片的主要性能指标如下。

- 分辨率：输出模拟量的最小变化量，它与 D/A 通道芯片的位数是直接相关的，D/A 通道芯片的位数越高，其分辨率也越高。
- 转换时间：完成一次"数字—模拟"转换所需要的时间，转换时间越短则转换速度越快。
- 输出模拟量的类型与范围：D/A 通道芯片输出的电流或是电压以及其相应的范围。
- 满刻度误差：数字量输入全为"1"时，实际的输出模拟量与理论值的偏差。
- 接口方式：即 D/A 通道芯片和其他芯片（主要是处理器）进行数据通信的方式，通常分为并行和串行方式。

在设计 51 单片机应用系统时，主要从 D/A 芯片的精度、转换速度和输出信号的形式来考虑如何选择合适的 D/A 芯片以满足应用系统设计需求。

1. D/A 芯片的精度

D/A 芯片的转换精度是通过查看该芯片中分辨率和转换误差两个参数获得，通常将 D/A 芯片能分辨的最小输出电压和最大输出电压之比定义为分辨率，即

$$分辨率 = \frac{1}{2^n - 1}$$

D/A 芯片能分辨的最小输出电压是指输入的数字量除了最低位为 1 其余位均为 0 时，D/A 转换的输出电压，该电压值用 1LSB 表示，最大输出电压当然是所有数字量均为 1 时 D/A 转换输出的电压，该电压值用 FSR 表示。

D/A 芯片实际输出的模拟量与理论输出模拟量之间的差别称为转换误差。由于 D/A 芯片各个部分的参数不可避免地存在误差，因而会引起转换误差，它也必然会影响转换精度。D/A 芯片的绝对误差是指输入端加最大数字量时，D/A 芯片转换的理论值和实际值之差，通常该误差

值应低于 LSB/2。例如，一个 8 位的 D/A 转换器，输入端最大数字量为 255，对应该数字量的模拟输出为 $\frac{255}{256}U_{REF}$，LSB/2 为 $\frac{1}{512}U_{REF}$，因此在输入端数字量为 255 时，D/A 转换器模拟输出实际值不应超过 $\frac{255}{256}U_{REF} \pm \frac{1}{512}U_{REF}$。

2. D/A 芯片的转换速度

D/A 芯片的转换速率主要考虑建立时间。建立时间是指输入数字量变化时，输出电压变化到相应稳定电压值所需要的时间，通常用 D/A 芯片输入数字量从全是 0 变为全是 1 时，输出电压达到规定误差范围时所需要的时间。

3. D/A 芯片的输出信号形式

D/A 芯片的输出信号形式包括工作电压要求、输出范围、逻辑电平等。

10.3.4 A/D 芯片对电源的需求

从 D/A 转换的原理中可以得知，无论是权电阻网还是倒 T 型电阻网络的 D/A 芯片，其输出电压都和基准电压 U_{REF} 有关，当 D/A 芯片需要外接基准电压源时，就对电源的精度和纹波噪声有较高的要求。在给 D/A 芯片供电时，通常将原来的数字电源通过电感电容滤波后再接到 D/A 的基准电压端。

10.4 八位串行单通道 D/A 芯片 MAX517

并行的 D/A 芯片固然有速度快、操作简单等优点，但是它需要占用大量 51 单片机 I/O 引脚。如果在 51 单片机的 I/O 引脚资源紧张时，可以使用串行接口的 D/A 芯片，MAX517 是 51 单片机应用系统中最常用的串行 D/A 通道。

10.4.1 MAX517 应用基础

MAX517 是美信（Maxim）公司出品的 8 位电压输出型 D/A 芯片，采用 I²C 总线接口，内部提供精密输出缓冲源，支持双极性工作方式，其主要特点如下。

- 单 5V 电源供电。
- 提供 8 位精度的电压输出。
- 输出缓冲放大可以为双极性。
- 基准输入可以为双极性。

MAX517 主要由地址译码电路、启动—停止控制电路、8 位移位寄存器、输入锁存器、输出锁存器和 D/A 转换模块组成，其采用了 DIP-8 和 SO-8 两种封装，图 10.15 所示是 DIP 封装的 MAX517 的实物示意。

图 10.16 所示是 MAX517 的电路符号，其各个引脚说明如下。

图 10.15　MAX517 的实物示意

I²C总线
接口

1	OUT	REF	8
2	GND	VCC	7
3	SCL	AD0	6
4	SDA	AD1	5

I²C总线
地址设置

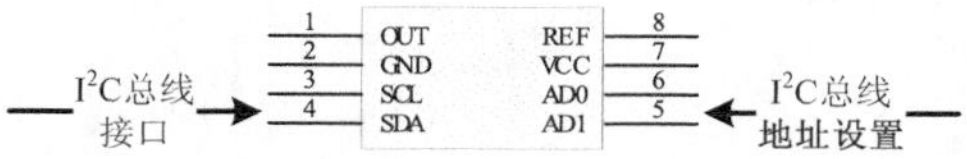

图 10.16　MAX517 的电路符号

- OUT：D/A 转换输出引脚。
- GND：电源地信号引脚。
- SCL：I²C 接口总线时钟信号引脚。
- SDA：I²C 接口总线时钟数据引脚。
- AD1、AD0：I²C 接口总线地址选择引脚，可以用于设定 I²C 总线上的多个 MAX517 的 I²C 地址。
- VCC：+5V 电源正信号输入引脚。
- REF：基准电压输入引脚。

MAX517 是一个 I²C 总线接口器件，有唯一的 I²C 地址，AD1 和 AD0 引脚可以用于在同一条 I²C 总线上挂接多个 MAX517 时选择地址，MAX517 的 I²C 地址结构如表 10.1 所示，从表中可以看到在同一条 I²C 总线上最多可以挂接 4 片 MAX517。

表 10.1　MAX517 的 I²C 地址

BIT7	BIT6	BIT5	BIT4	BIT3	BIT2	BIT1	BIT0
0	1	0	1	1	AD1	AD0	0

MAX517 的控制寄存器的格式如表 10.2 所示，在 I²C 的总线操作中，使用 "地址+命令字节" 的格式把 MAX517 的命令字写入内部控制寄存器。

表 10.2　MAX517 的内部控制寄存器

BIT7	BIT6	BIT5	BIT4	BIT3	BIT2	BIT1	BIT0
R2	R1	R0	RST	PD	保留	保留	A0

- R2 ~ R0：保留位，永远为 0。
- RST：复位位，在该位被置 "1" 时 MAX517 的所有寄存器被复位。
- PD：电源工作状态位，如果该位为 "1"，MAX517 进入休眠状态；如果该位为 "0"，进入正常工作状态。
- A0：用于判断将数据写入哪一个寄存器中，在 MAX517 中，此位永远为 "0"。

MAX517 的数据接口完全兼 I²C 接口标准，可以参考相应的资料。

10.4.2　MAX517 的电路

使用 51 单片机扩展 MAX517 的典型应用电路如图 10.17 所示，51 单片机使用两个普通 I/O 引脚 P2.6 和 P2.7 通过上拉电阻连接到分别连接到 MAX517 的 SDA 和 SCL 引脚上，MAX517 的 AD0 和 AD1 地址选择端口直接连接到地，VCC 和 REF 引脚直接连接到外部电源，D/A 转化数据从 OUT 引脚输出。

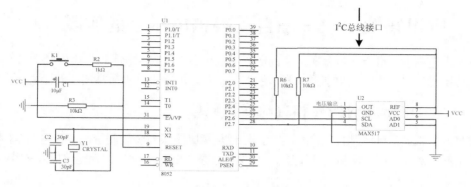

图 10.17　MAX517 的典型应用电路

注意：不用使用外部放大器对输出的信号进行处理直接就可用是 MAX517 的一个重大优势。

10.4.3　MAX517 的操作步骤和驱动函数

51 单片机使用普通 I/O 引脚模拟 I²C 总线时序对 MAX517 进行操作的步骤说明如下。

（1）51 单片机 MAX517 发送 I²C 地址，对应的 MAX517 回送应答信号 ACK。

（2）51 单片机给 MAX517 发送命令字节，MAX517 将命令字节写入控制寄存器，对应的 MAX517 依然回送应答信号 ACK。

（3）51 单片机给 MAX517 发送待转换数据，MAX517 收到数据后回送应答信号 ACK，一次数据传送操作结束。

例 10.2 是 51 单片机对 MAX517 的 C51 语言驱动函数，使用了 P2.6 和 P2.7 引脚来模拟 I²C 总线的时序过程，提供了 DACout 函数用于对 MAX517 进行操作，在其中调用了 I²C 总线驱动函数。

【例 10.3】MAX517 的驱动函数。

```
#include <AT89X52.h>
#include <intrins.h>
#define SDA P2_7
#define SCL P2_6
bit bAck = 0;
// 串行 D/A 转换函数
void DACout(unsigned char ch)
{
        StartI2C();                     //发送启动信号
        SendByte(0x58);                 //发送地址字节
        AckI2C(0);
        SendByte(0x00);                 //发送命令字节
        AckI2C(0);
        SendByte(ch);                   //发送数据字节
        AckI2C(0);
        StopI2C();                      //结束一次转换
}
```

10.5　应用案例 10.1——自动换挡电压表的实现

电压表是用于测量当前电路两点之间电压值的仪器，而数字电压表是用模/数转换器将测量电压值转换成数字形式并以数字形式表示的仪器，它是电路设计中最常用的仪器之一。

10.5.1　电压表的挡程和自动换挡原理

数字电压表通常都有挡程的概念，所谓挡程是指电压表当前的测量范围，这个范围决定了测量的精度，例如，当被测量电压范围为 0～2V 时选择相应 0～5V 挡就比选择 0～10V 挡测量精度要高。

自动换挡数字电压表对当前的输入电压信号进行调理，得到 3 种不同放大倍率的电压信号，然后对这 3 组信号进行分别检测，通过相应的算法选择合适的电压信号进行采集，其工作流程可以总结为如图 10.18 所示。

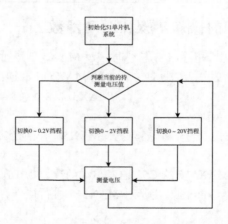

图 10.18　自动换挡数字电压表工作流程

10.5.2　单片机应用系统中的信号放大

在 51 单片机的实际应用系统中，通常会使用集成运算放大器来对信号进行放大操作，运算放大器（运放）是具有很高放大倍数的电路单元，在实际应用电路中，通常结合反馈网络共同组成某种功能模块。由于早期应用于模拟计算机中，用以实现数学运算，故得名"运算放大器"，此名称一直延续至今。运放是一个从功能的角度命名的

图 10.19　运算放大器

电路单元，可以由分立的器件实现，也可以实现在半导体芯片当中。随着半导体技术的发展，如今绝大部分的运放是以单片的形式存在的。运放的种类繁多，被广泛应用于几乎所有的行业当中。

如图 10.19 所示，运算放大器通常有两个输入端：反相输入端（－，如图 10.19 所示引脚 2）、同相输入端（＋，如图 10.19 所示引脚 3）和一个输出端（如图 10.19 所示引脚 1），图－引脚 4 和引脚 8 则分别是供电电源正和供电电源负，最常

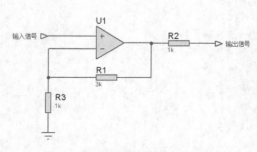

图 10.20　运算放大器的应用电路

见的集成运算放大器芯片有 μA741 等。

使用运算放大器来对输入信号进行放大的应用电路如图 10.20 所示，运算放大器的输入和输出电压关系可以通过如下的公式计算得到：

$$U_{output} = \frac{R1 + R2}{R2} \times U_{input}$$

从以上公式可以看到，通过修改 R1 和 R2 的电阻值，可以得到不同的放大倍率，图 10.21 所示是一个正弦波的输入和输出信号的对比关系。

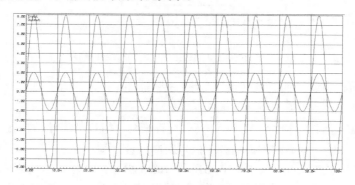

图 10.21　正弦波通过同相放大器输入输入波形对比

以上是使用集成放大器实现同相放大（即输出电压和输出电压的极性是相同的）的应用电路，而在实际使用中常常使用反相放大电路对电压进行放大，其应用电路如图 10.22 所示。

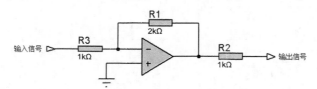

图 10.22　运算放大器反相放大电路

反相放大电路的输入输出电压关系可以通过如下公式获得，图 10.23 所示是其输入和输出信号对比示意。

$$U_{output} = -\frac{R1}{R3} \times U_{input}$$

同理可知，通过修改 R1 和 R3 电阻的大小，可以获得不同的放大倍率。

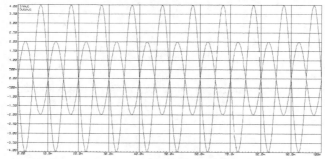

图 10.23　正弦波通过反相放大器输入输出波形对比

10.5.3　自动换挡电压表的电路结构

自动换挡数字电压表的硬件模块划分如图 10.24 所示，其各个部分详细说明如下。

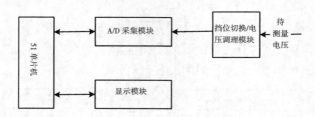

图 10.24　自动换挡数字电压表的硬件模块

- 51 单片机：自动换挡数字电压表的核心控制器。
- 显示模块：显示当前的测量的电压。
- 挡位切换/电压调理模块：对输入电压进行调理，并且选择合适的测量挡位。
- A/D 采集模块：将当前的模拟电压信号转换为数字信号。

自动换挡数字电压表的电路如图 10.25 和图 10.26 所示，51 单片机使用 P0 端口以及 P2.0、P2.1 驱动了一块 1602 液晶模块用于显示当前的电压值，使用 P1 和 P3 的部分引脚扩展了一片 ADC0809 作为模拟/数字信号转化器，输入的待检测电压信号通过 6 个放大器调理之后变成 3 路独立的信号输出。

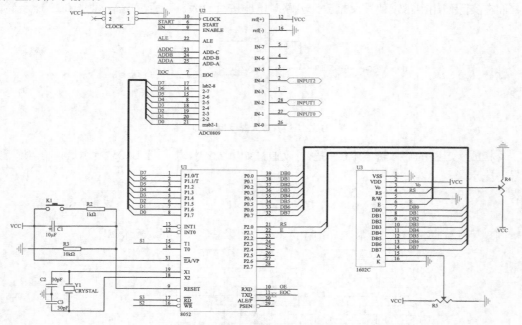

图 10.25　自动换挡数字电压表的 51 单片机模块应用电路

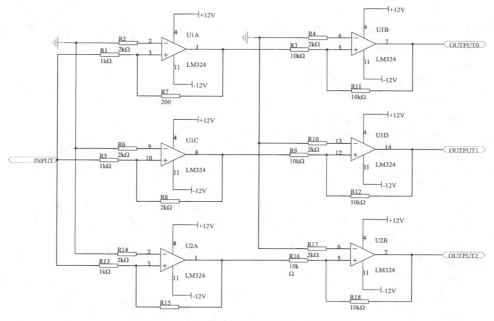

图 10.26　自动换挡电压表的电压调理电路

自动换挡数字电压表中涉及的典型器件说明如表 10.3 所示。

表 10.3　自动换挡数字电压表涉及的典型器件说明

器件名称	说明
晶体	51 单片机的振荡源
51 单片机	51 单片机系统的核心控制器件
电容	滤波、储能器件
电阻	上拉
ADC0809	AD 芯片
LM324	放大器
1602 液晶	显示模块

10.5.4　自动换挡电压表的应用代码

自动换挡数字电压表的软件可以划分为显示模块和 A/D 采集模块两个部分，其对应的 C51 语言应用代码如例 10.4 所示，显示模块包含了用于对 1602 进行相应操作的函数，使用 P0 端口作为数据通信端口，然后使用 P2.0 和 P2.1 作为相应的控制引脚对 1602 液晶模块进行控制；在应用代码中分别定义了 v20_on、v2_on 和 v02_on 三个宏定义用于挡位的切换。

【例 10.4】自动换挡电压表的应用代码。

```
#include <AT89X52.H>
#define LEDDATA P0
#define v20_on {s3=0;s2=0;s1=1;} //宏定义不同量程，不同的开关状态
#define v2_on {s3=0;s2=1;s1=0;}
```

```c
#define v02_on {s3=1;s2=0;s1=0;}
unsigned char code dispcode[]={0x3f,0x06,0x5b,0x4f,0x66,0x6d,0x7d,0x07,0x7f,0x6f,0x00};
unsigned char dispbuf[8]={0,0,0,0,0,0,0,0};
unsigned char getdata;
unsigned long temp;
unsigned char i,k,l,m;
unsigned char code    mytable0[]=" Welcome to use    ";
unsigned char code    mytable1[]="Auto Voltmeter!";
unsigned char code line0[]="    Voltmeter    ";          //初始化显示
unsigned char code line1[]=" Value:        V ";
//引脚定义
sbit lcdrs=P2^0;
sbit lcden=P2^1;
sbit s3=P3^7;
sbit s2=P3^6;
sbit s1=P3^5;
sbit OE=P3^0;
sbit EOC=P3^1;
sbit ST=P3^2;

void delay(unsigned int z)                              //延时子函数   z×1ms
{
 unsigned int x,y;
 for(x=z;x>0;x--)
     for(y=110;y>0;y--);
}
void write_com(unsigned char c)                         //写命令子函数
{
 lcdrs=0;                                               //低电平选择为写指令
 lcden=0;
 LEDDATA=c;                                             //把指令写入 P0 口
 delay(5);                                              //参考时序图
 lcden=1;                                               //开使能
 delay(5);                                              //读取指令
 lcden=0;                                               //关闭使能
}

void write_data(unsigned char d)                        //写数据子函数
{
 lcdrs=1;                                               //高电平选择为写数据
 LEDDATA=d;                                             //把数据写入 P0 口
 delay(5);                                              //参考时序图
 lcden=1;                                               //开使能
 delay(5);                                              //读取数据
```

```
    lcden=0;                                           //关闭使能
    }
    void initialize()                                  //LCD 初始化函数
    {
        unsigned char num;
    lcden=0;
    write_com(0x38);                    //设置 16×2 显示，5×7 点阵显示，8 位数据接口
    write_com(0x0c);     //00001DCB，D（开关显示），C（是否显示光标），B（光标闪烁，光标
不显示）
    write_com(0x06);                                   //000001N0，N(地址指针+-1)
    write_com(0x01);                                   //清屏指令   每次显示下一屏内容时，必
须清屏
    write_com(0x80+0x10);                              //第一行，顶格显示
    for(num=0;num<17;num++)
    {
        write_data(mytable0[num]);
        delay(10);
    }
    write_com(0x80+0x50);                              //第二行，从第一格开始显示
    for(num=0;num<15;num++)
    {
        write_data(mytable1[num]);
        delay(10);
    }
        for(num=0;num<16;num++)
    {
        write_com(0x1c);     //0001(S/C)(R/L)**;  S/C：高电平移动字符，低电平移动光标；  R/L：
高电平左移，低电平右移
        delay(300);
    }
        delay(1000);

    write_com(0x01);                                   //清屏指令。每次显示下一屏内容时，必须清屏
    write_com(0x80);
    for(num=0;num<14;num++)
    {
        write_data(line0[num]);
        delay(10);
    }

    write_com(0x80+0x40);
    for(num=0;num<15;num++)
    {
        write_data(line1[num]);
```

```
            delay(10);
    }
}
void value(unsigned char add,unsigned char dat)
{
   write_com(0x80+0x47+add);
   if(l==3&&add==2||l!=3&&add==1)
      {
          write_data(0x2e);
      }
   else
      {
          write_data(0x30+dat);
      }
}
main()
{
    initialize();
    while(1)
_20v:
      {
          v20_on;
          ST=0;
          ST=1;
          ST=0;
              while(EOC==0);
            OE=1;
          getdata=P1;
            OE=0;
           if(getdata<21)
              {
                 goto _2v;
              }
          l=3;
          temp=getdata;
            temp=(temp*1000/51)/2;
          goto disp;


_2v:
              v2_on;
              ST=0;
              ST=1;
              ST=0;
              while(EOC==0);
```

```
                    OE=1;
                    getdata=P1;
                    OE=0;
                    if(getdata<21)
                    {
                        goto _02v;
                    }
                    else if(getdata>204)
                    {
                        goto _20v;
                    }
                    l=2;
                    temp=getdata;
                    temp=(temp*1000/51)/2;
                    goto disp;

_02v:
                    v02_on;
                    ST=0;
                    ST=1;
                    ST=0;
                    while(EOC==0);
                    OE=1;
                    getdata=P1;
                    OE=0;
                    if(getdata>204)
                    {
                        goto _2v;
                    }
                    l=1;
                    temp=getdata;
                    temp=(temp*1000/51)/2;
                m=temp%10;
                if(m>5){temp=temp/10+1;}
                else{temp=temp/10;}
                goto disp;
disp:       for(i=0;i<=3;i++)
                    {
                        dispbuf[i]=temp%10;
                        temp=temp/10;
                    }
                if(l==3)
                    {
                        for(i=4;i>=3;i--)
```

```
            dispbuf[i]=dispbuf[i-1];
      }
   else
      {
         dispbuf[4]=dispbuf[3];
      }
   for(k=0;k<5;k++)
      {
         value(k,dispbuf[4-k]);
      }
   if(l==2){goto _2v;}
   else if(l==1){goto _02v;}
   }
}
```

10.6 应用案例 10.2——简易波形发生器的实现

信号发生器是最常用的测试仪器之一，通常用于产生被测电路所需特定参数的电测试信号。波形发生器是信号发生器的一种，是可以产生指定波形信号的设备，对于一个简易的波形发生器而言，其波形的频率和幅度通常是固定的。

10.6.1 简易波形发生器设计基础

本应用实例所设计的简易波形发生器就是一个产生频率固定，最大幅度规定为 5V 的正弦波、锯齿波或者三角波的仪器。

简易波形发生器的工作流程如图 10.27 所示。

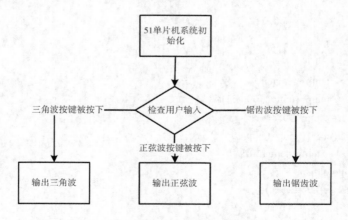

图 10.27 简易波形发生器的工作流程

设计简易波形发生器系统，需要考虑如下几个方面的内容。

- 如何产生相应的波形：可以使用 51 单片机控制相应的 D/A 芯片输出相应的波形，需要注意的是这些 D/A 芯片的输出最好是电压信号，否则还需要外加放大器。
- 如何给用户提供相应的选择通道：由于建议波形发生器的用户输入比较简单，只需要切换对应的波形输出即可，所以可以使用简单的单刀单掷开关连接到 51 单片机的 I/O 引脚完成对应的切换。

● 需要设计合适的单片机软件。

10.6.2　简易波形发生器的电路设计

简易波形发生器的硬件电路如图 10.28 所示，3 个单刀单掷开关分别连接到 P1.0～P1.2 引脚上作为用户的选择输入模块，使用 P2.6 和 P2.7 引脚扩展了一片 I²C 总线接口的串行 D/A 芯片 MAX517 作为波形发生模块通道。

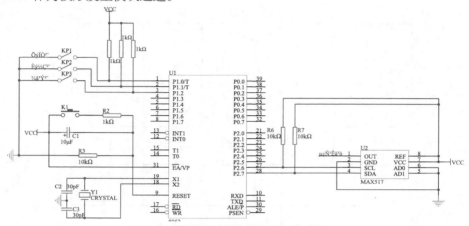

图 10.28　简易波形发生器的应用电路

简易波形发生器设计的主要典型器件如表 10.4 所示。

表 10.4　简易波形发生器的器件说明

器件名称	说明
晶体	51 单片机的振荡源
51 单片机	51 单片机系统的核心控制器件
电容	滤波、储能器件
电阻	上拉
单刀单掷开关	用户选择波形输出
MAX517	D/A 通道

10.6.3　简易波形发生器的应用代码

简易波形发生器的软件设计重点是使用 51 单片机的普通 I/O 引脚模拟 I²C 总线时序对 MAX517 进行读写操作。简易波形发生器的软件可以划分为 I²C 总线时序读写 MAX517 驱动函数和波形产生函数两个部分，其流程如图 10.29 所示。

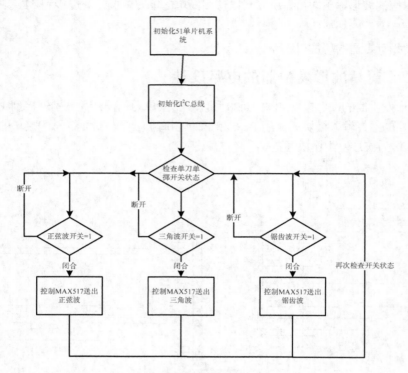

图 10.29　简易波形发生器软件流程

简易波形发生器的 C51 应用代码如例 10.5 所示，应用代码使用 code sin 数组存放了一个正弦表，将一个完整的正弦波拆分为 256 个点，然后将该点模拟电压对应的数字量存放在数组内，再依次送出；通常来说，拆分的点数越多，这个正弦波也就越逼真。

【例 10.5】简易波形发生器的 C51 应用代码。

```c
#include <AT89X52.h>
#include <math.h>
#define ADDR1 0x2c //MAX5820LEUA
sbit key_sin=P1^0;
sbit key_tran=P1^2;
sbit key_tooth=P1^4;
sbit SCL = P2 ^ 0;
sbit SDA = P2 ^ 1;
unsigned char code sin[256]=          //正弦表
  {
   0x80,0x83,0x86,0x89,0x8d,0x90,0x93,0x96,0x99,0x9c,0x9f,0xa2,0xa5,0xa8,0xab,0xae,0xb1,0xb4,0xb7,0xba,0xbc,0xbf,0xc2,0xc5,
    0xc7,0xca,0xcc,0xcf,0xd1,0xd4,0xd6,0xd8,0xda,0xdd,0xdf,0xe1,0xe3,0xe5,0xe7,0xe9,0xea,0xec,0xee,0xef,0xf1,0xf2,0xf4,0xf5,
    0xf6,0xf7,0xf8,0xf9,0xfa,0xfb,0xfc,0xfd,0xfd,0xfe,0xff,0xff,0xff,0xff,0xff,0xff,0xff,0xff,0xff,0xff,0xff,0xfe,0xfd,
    0xfd,0xfc,0xfb,0xfa,0xf9,0xf8,0xf7,0xf6,0xf5,0xf4,0xf2,0xf1,0xef,0xee,0xec,0xea,0xe9,0xe7,0xe5,0xe3,0xe1,0xde,0xdd,0xda,
```

0xd8,0xd6,0xd4,0xd1,0xcf,0xcc,0xca,0xc7,0xc5,0xc2,0xbf,0xbc,0xba,0xb7,0xb4,0xb1,0xae,0xab,0xa8,0xa5,0xa2,0x9f,0x9c,0x99,

0x96,0x93,0x90,0x8d,0x89,0x86,0x83,0x80,0x80,0x7c,0x79,0x76,0x72,0x6f,0x6c,0x69,0x66,0x63,0x60,0x5d,0x5a,0x57,0x55,0x51,

0x4e,0x4c,0x48,0x45,0x43,0x40,0x3d,0x3a,0x38,0x35,0x33,0x30,0x2e,0x2b,0x29,0x27,0x25,0x22,0x20,0x1e,0x1c,0x1a,0x18,0x16,

0x15,0x13,0x11,0x10,0x0e,0x0d,0x0b,0x0a,0x09,0x08,0x07,0x06,0x05,0x04,0x03,0x02,0x02,0x01,0x00,0x00,0x00,0x00,0x00,0x00,

0x00,0x00,0x00,0x00,0x00,0x00,0x01,0x02,0x02,0x03,0x04,0x05,0x06,0x07,0x08,0x09,0x0a,0x0b,0x0d,0x0e,0x10,0x11,0x13,0x15,

0x16,0x18,0x1a,0x1c,0x1e,0x20,0x22,0x25,0x27,0x29,0x2b,0x2e,0x30,0x33,0x35,0x38,0x3a,0x3d,0x40,0x43,0x45,0x48,0x4c,0x4e,

0x51,0x55,0x57,0x5a,0x5d,0x60,0x63,0x66,0x69,0x6c,0x6f,0x72,0x76,0x79,0x7c,0x80

```c
};
bit write_addr(unsigned char,bit);//第一个参数表示地址，第二个参数表示读：1，写：0
bit write_data(unsigned char);//第一个参数表示数据，第二个参数表示命令字
void stop();
void Delay(unsigned int);
I2C_Delay(unsigned int I2C_VALUE)
{
 while ( --I2C_VALUE!= 0 );
}
//I²C 总线初始化
void I2C_Init()
{
 SCL = 1;
 I2C_Delay(5);
 SDA = 1;
 I2C_Delay(5);
}
//产生 I²C 总线的起始状态
void I2C_Start()
{
 SDA = 1;
 I2C_Delay(5);
 SCL = 1;
 I2C_Delay(5);
 SDA = 0;
 I2C_Delay(5);
 SCL = 0;
 I2C_Delay(5);

}
//写 I²C 总线函数
```

```
void I2C_Write(char dat)
{
 unsigned char t = 8;
 do
 {
      SDA = (bit)(dat & 0x80);
      dat <<= 1;
      SCL = 1;
      I2C_Delay(5);
      SCL = 0;
      I2C_Delay(5);
 } while ( --t != 0 );
}
```
//获得 I²C 总线应答函数
```
bit I2C_GetAck()
{
 bit ack;
 SDA = 1;
 I2C_Delay(5);
 SCL = 1;
 I2C_Delay(5);
 ack = SDA;
 SCL = 0;
 I2C_Delay(5);
 return ack;
}
```
//I²C 总线停止函数
```
void I2C_Stop()
{
 unsigned int t = 10;
 SDA = 0;
 I2C_Delay(5);
 SCL = 1;
 I2C_Delay(5);
 SDA = 1;
 I2C_Delay(5);
 while ( --t != 0 ); //在下一次产生 Start 之前，要加一定的延时
}
```
//延时函数
```
void Delay(unsigned int I2C_Delay_t)
{
 while ( --I2C_Delay_t!= 0 );
}
```
//写地址函数

```
bit write_addr(unsigned char addr,bit mod)
{
  unsigned char address;
  address=addr<<1;
  if(mod)
        address++;
  I2C_Start();
  I2C_Write(address);
  Delay(10);

  if(I²C_GetAck())
        return 1;

  return 0;

}
//向 I²C 总线写数据函数
bit write_data(unsigned char dat)
{

  I2C_Write(dat);
  if(I2C_GetAck())
        return 1;
  return 0;

}

void stop()
{
  I2C_Stop();
  I2C_Init();
}
//主函数
void main(void)
{
  unsigned char i;
loop:
  I2C_Init();
  while(1)
  {
        if(key_sin==0)   //产生正弦波
        {
                while(1)
                {
```

```
                for(i=192;i<255;i++)
                {
                        write_addr(ADDR1,0);
                        write_data(0);
                        write_data(sin[i]);
                        stop();
                        if(!(key_tran!=0&&key_tooth!=0))
                                goto loop;
                }

                for(i=0;i<192;i++)
                {
                        write_addr(ADDR1,0);
                        write_data(0);
                        write_data(sin[i]);
                        stop();
                        if(!(key_tran!=0&&key_tooth!=0))
                                goto loop;
                }
        }
}
if(key_tran==0)                                  //产生三角波
{
        while(1)
        {
                for(i=0;i<255;i++)
                {
                        write_addr(ADDR1,0);
                        write_data(0);
                        write_data(i);
                        stop();
                        if(!(key_sin!=0&&key_tooth!=0))
                                goto loop;
                }
                for(;i>0;i--)
                {
                        write_addr(ADDR1,0);
                        write_data(0);
                        write_data(i);
                        stop();
                        if(!(key_sin!=0&&key_tooth!=0))
                                goto loop;
                }
        }
```

```
            }
        if(key_tooth==0)    //产生锯齿波
        {
            while(1)
            {
                for(i=0;i<255;i++)
                {
                    write_addr(ADDR1,0);
                    write_data(0);
                    write_data(i);
                    stop();
                    if(!(key_tran!=0&&key_sin!=0))
                        goto loop;
                }
            }
        }
    }
}
```

10.7 本章总结

A/D 通道和 D/A 通道在用于工业控制的 51 单片机应用系统中是必不可少的，所以读者应该熟练掌握以下内容。

- 51 单片机应用系统中最常用的 A/D 通道模块分类和选择方法。
- 51 单片机应用系统中最常用的 D/A 通道模块分类和选择方法。
- 如何在 51 单片机应用系统中使用 A/D 芯片 ADC0809 和 D/A 芯片 MAX517。

此外，读者还应该通过 10.5～10.6 的应用案例了解包含有 A/D 通道、D/A 通道的 51 单片机应用系统的设计方法。

PART 11

第 11 章
51 单片机的温度和时间
采集模块

除了模拟电压之外，在 51 单片机的实际应用系统中常常还需要获取当前的时间和温度数据，本章将详细介绍在 51 单片机应用系统中获取温度和时间的方法以及常用的温度和时间采集模块的使用方法。

知识目标

- 51 单片机应用系统中的温度获取方法。
- 51 单片机应用系统中的时间获取方法。
- DS18B20 温度传感器的使用方法。
- DS12C887 实时时钟芯片的使用方法。
- 应用案例 11.1——多点温度采集系统的需求分析。

多点温度采集系统是一个对多个点的温度数据进行采集的应用系统，通常可以应用于监控一个地区范围内或者物体的不同区域内的温度数据，以供做出相应的动作，如冷库温度控制、温室自动通风系统等。多点温度采集系统可以对 8 个距离在 10m 范围内的物体的温度值进行轮流采集，这些物体的温度在 -30 ~ +50℃，采集精度为 0.5℃，系统可以将这些物体的当前温度显示出来，如图 11.1 所示。

```
Temperature
   027.9
```

图 11.1　多点温度采集系统的显示

- 应用案例 11.2——简单数字时钟的需求分析。

简单数字时钟可以显示当前的时间、日期和星期信息，其运行的显示界面如图 11.2 所示，第一行显示的是 "时:分:秒"，第二行是 "年/月/日　星期" 信息。

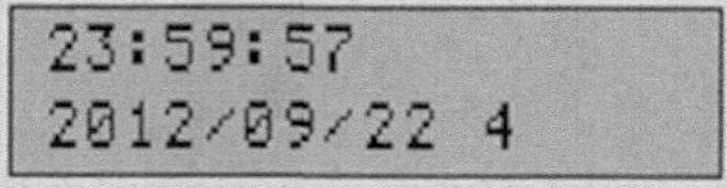

```
23:59:57
2012/09/22 4
```

图 11.2　简单数字时钟的显示界面

11.1 在 51 单片机应用系统中获取温度

在 51 单片机应用系统中获取温度信号的方法通常有如下两种。

- 使用数字温度传感器采集：通常利用两个不同温度系数的晶振控制两个计数器进行计数，利用温度对晶振精度影响的差异测量温度。
- 使用 PT 铂电阻采集：利用 PT 金属在不同温度下的电阻值不同的原理来测量温度。

两种采集方法的优缺点比较如表 11.1 所示。

表 11.1　两种温度获取方法的比较

	铂电阻	数字温度传感器
温度精度	高，很容易达到 0.1℃	低，0.5℃左右
测量范围	几乎没有限制	有相当的限制
采样速度	快，受到模拟—数字转化器件的限制	慢，几十—几百毫秒
体积	小，但是需要额外的器件	较大
和 51 单片机的接口	需要通过电压调理电路和模拟—数字转化器件	数字接口电路
安装位置	任意位置	有限制

需要注意的是，PT 铂电阻根据温度变化的其实只是其电阻值，所以在实际使用过程中需要额外的辅助器件将其转化为电压信号并且通过调整后送到模拟—数字转化器件才能让 51 单片机处理，其组成如图 11.2 所示。

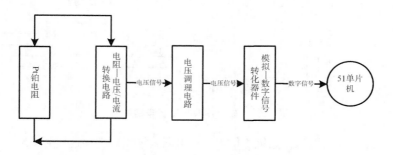

图 11.3　使用 PT 铂电阻来测量温度

而数字温度传感器在实际使用中则直接和 51 单片机连接即可，如图 11.3 所示，其具有体积小、电路简单的优势，但是数字温度传感器通常对安装位置有要求，例如，不能将其贴在被加热物体（如锅炉）的外壁上。

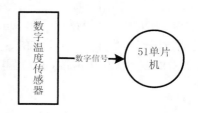

图 11.4　使用数字温度传感器来测量温度

11.2 DS18B20 温度传感器

DS18B20 是达拉斯（Dallas）公司出品的 1-wire 总线接口（参考第 9 章的 9.3.3 小节）数字温度传感器，其可以只占用 51 单片机一个 I/O 引脚，具有扩展简单的优势。

11.2.1 DS18B20 基础

DS18B20 的主要特点如下。

- 具有 3～5.5V 很广范围工作电压，并且可以使用寄生电容供电的方式，此时只需要在数据线上连接一个电容即可完成供电。
- 所有的应用模块都集中在一个和普通三极管大小相同的芯片内，使用过程中不需要任何外围器件。
- 可测量温度区间为 −55～125℃，其中在-10～85℃的区间内测量精度为 0.5℃。
- 测量分辨率可以设置为 9～12 位，对应的最小温度刻度为 0.5℃、0.25℃、0.125℃和 0.0625℃；
- 在 9 位精度时候转化过程仅耗时 93.75ms，在 12 位精度时则需要 750ms；
- 支持在同一条 1-wire 总线上挂接多个 DS18B20 器件形成多点测试，在数据传输过程中可以跟随 CRC 校验。

图 11.5 DS18B20 的实物示意

DS18B20 有扁平三极管封装和 SOIC-8 封装两种形式，其中前者使用较为广泛，图 11.5 所示是扁平三极管封装形式的 DS18B20 的实物示意。

图 11.6 所示是 DS18B20 的电路符号，其各个引脚说明如下。

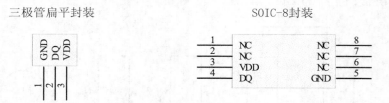

图 11.6 DS18B20 的电路符号

- VDD：电源输入引脚，如果使用寄生供电方式该引脚直接连接到 GND。
- GND：电源地引脚。
- DQ：数据输入输出引脚。
- NC：未使用引脚。

DS18B20 和 51 单片机使用 1-wire（单线）总线连接，只用一根物理连接线，既传输时钟，也传输数据，且数据通信是双向的，并且还可以利用该总线给器件完成供电的任务。

DS18B20 主要由内部 ROM、温度传感器、高速缓存以及数据接口 4 个模块组成，如图 11.7 所示。

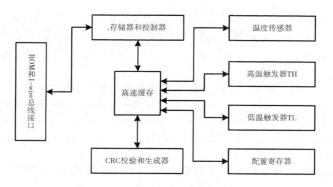

图 11.7　DS18B20 的内部结构

ROM 用于存放 DS18B20 的序列号，有 64 位空间，它的组成为 8 位产品种类编号，48 位产品序列号，8 位 CRC 校验位。其中产品种类编号用于辨别该芯片的种类，不同的 1-wire 总线接口芯片的产品种类编号不同，DS18B20 的编号为 0x28。48 位序列号用来标志 DS18B20 在该芯片种类中的自身编号，这个编号是唯一的，也就是说，所有的 DS18B20 一共只有 2^{48} 个。最后 8 位是前面 56 位数据的 CRC 校验和，CRC 计算公式为 X8+X5+X4+1。ROM 序号在在 DS18B20 出厂时候就已经确定好的，这样可以保证每一片 DS18B20 都有唯一身份标识，从而使得一条总线挂接多个该器件成为了可能。

温度传感器将温度物理量转化为两个字节的数据，存放在高速缓存中。该传感器可以通过用户的配置设定为 9 位~12 位精度，表 11.2 所示是 12 位精度的数据存储结构，其中 S 为符号位，当温度高于 0℃时 S 为 0，这个时候后 11 位数据直接乘以温度分辨率 0.0625 则为实际温度值；当温度低于 0℃时 S 为 1，此时后 11 位数据为温度数据的补码，需要取反加一之后再乘以温度分辨率才能得到实际的温度值。

> 说明：温度的分辨率只和选择的采样精度位数有关系，9 位采样精度时对应的分辨率为 0.5℃，
> 10 位为 0.25℃，11 位为 0.125℃，12 位为 0.0625℃，用两个字节的转化结果乘以对应的
> 分辨率就可以得到温度值（注意符号位），但是需要注意的是采样精度位数越高，需要
> 的采样时间就越长。

表 11.2　DS18B20 的温度数据存储结构

	BIT7	BIT6	BIT5	BIT4	BIT3	BIT2	BIT1	BIT0
低位	2^3	2^2	2^1	2^0	2^{-1}	2^{-2}	2^{-3}	2^{-4}
高位	S	S	S	S	S	2^6	2^5	2^4

DS18B20 的高速缓存一共有 9 个字节的空间，其内部分布如表 11.3 所示。

表 11.3　DS18B20 的高速缓存内部结构

0	1	2	3	4	5	6	7	8
温度测量结果低位	温度测量结果高位	高温触发器 TH	低温触发器 TL	配置寄存器	保留	保留	保留	CRC 校验

DS18B20 高速缓存中的配置寄存器用于设置 DS18B20 的工作模式以及采样精度，其内部结构如表 11.4 所示，其中 TM 位用于切换 DS18B20 的测试模式和正常工作模式，在芯片出厂的时候该位被置 0 即设置到了正常工作模式，用户一般不需要对该位进行操作。

表 11.4　DS18B20 配置寄存器的内部结构

BIT7	BIT6	BIT5	BIT4	BIT3	BIT2	BIT1	BIT0
TM	R1	R0	1	1	1	1	1

配置寄存器中的 R1 和 R0 位用于设置 DS18B20 的采样精度，如表 11.5 所示。

表 11.5　DS18B20 的的采样精度设置

R1	R0	分辨率	采样时间	温度分辨率
0	0	9 位	93.75ms	0.5℃
0	1	10 位	187.5ms	0.25℃
1	0	11 位	375ms	0.125℃
1	1	12 位	750ms	0.0625℃

1-wire 总线的工作流程包括总线初始化、发送 ROM 命令+数据以及发送功能命令+数据这 3 个步骤，其中功能命令由具体的器件决定，用于对器件内部进行相应功能的操作，DS18B20 的功能命令如表 11.6 所示。

表 11.6　DS18B20 的功能命令列表

功能命令对应代码	功能命令名称	功能
0x4E	写高速缓存	向内部高速缓存写入 TH 和 TL 数据，设置温度上限和下限，该功能命令后跟随两字节的 TH 和 TL 数据
0xBE	读高速缓存	将 9 字节的内部高速缓存中的数据按照地址从低到高的顺序读出
0x48	复制高速缓存到 EEPROM	将内部高速缓存内的 TH、TL 以及控制寄存器的数据写入 EEPROM 中
0xB8	恢复 EEPROM 到高速缓存	和 0x48 相反，将数据从 EEPROM 中复制到高速缓存中
0xB4	读取供电方式	当 DS18B20 使用外部电源供电时，读取数据为 "1"，否则为 "0"，此时使用寄生供电
0x44	启动温度采集	启动 DS18B20 进行温度采集

11.2.2　DS18B20 的电路

DS18B20 可以使用独立供电和寄生供电的两种供电模式，两种供电方式对应的应用电路分别如图 11.8 和图 11.9 所示（以三极管扁平封装的 DS18B20 为例）。

在独立供电的工作方式下，DS18B20 由独立的电源提供供电，此时的 1-wire 总线使用普通的电阻做上拉即可，需要注意的是此时 DS18B20 的电源地（GND）引脚必须连接到供电电源的地。

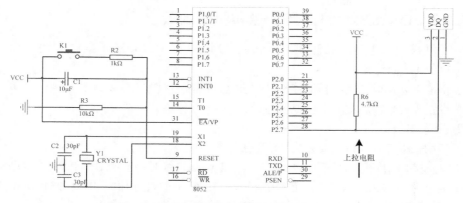

图 11.8 独立供电模式的 DS18B20 应用电路

使用寄生供电的 DS18B20 电路如图 11.9 所示，在寄生供电的工作方式下，当 1-wire 信号线上输出高电平时，DS18B20 从信号线上获取电能并且将电能存储在寄生电容中；当信号线上输出低电平时，DS18B20 消耗电能，寄生供电工作方式的优点是无需本地电源，从而使得电路更加简单。

寄生供电工作方式又可以分为图 11.9（a）所示的弱上拉方式和图 11.9（b）所示的强上拉方式，强上拉方式使用一个 MOSFET 管将 1-wire 总线上拉到 VCC，用以在操作时候给 DS18B20 提供足够的电能，特别适合在一条 1-wire 总线上挂接多个 DS18B20 的情况，图 11.10 所示是在一条 1-wire 总线上挂接多个 DS18B20 的电路图。

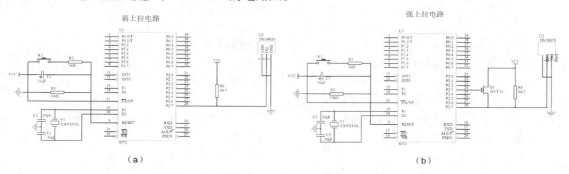

图 11.9 寄生供电的 DS18B20 的应用电路

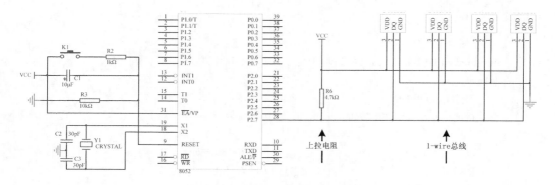

图 11.10 多个 DS18B20 的应用电路

11.2.3   DS18B20 的操作步骤和驱动函数

51 单片机使用普通 I/O 引脚模拟 1-wire 总线时序扩展 DS18B20 的操作步骤如下。

（1）复位 1-wire 总线。

（2）根据 1-wire 总线上挂接的器件情况发送匹配或者跳过 ROM 命令。

（3）设置需要采集温度的上下限区间。

（4）设置采样精度。

（5）启动采集并且等待完成之后读取温度数据。

例 11.1 是 51 单片机使用普通 I/O 引脚模拟 1-wire 总线时序扩展 DS18B20 的驱动函数，其中调用了第 9 章的 9.3.3 小节中介绍的 1-wire 总线驱动函数，提供了用于 DS18B20 初始化的 DS18b20_int 函数和用于从 DS18B20 读取温度数据的函数 DS18b20_readTemp。

【例 11.1】DS18B20 的驱动函数。

```
void DS18b20_int(void)              //每次上电都给 18b20 初始化,设置 18b20 的参数.
{
    DIO=0;
    delay_5us(255);                 //要求 480～960μs
    DIO=1;                          //释放总线
    delay_5us(30);                  //要求 60～120μs
    if(DIO==0)
    {
        delay_5us(200);             //要求释放总线后 480μs 内结束复位
        DIO=1;                      //释放总线
        OneWireWByte(0xcc);         //发送 Skip ROM 命令
        OneWireWByte(0x4e);         //发送"写"暂存 RAM 命令
        OneWireWByte(0x00);         //温度报警上限设为 0
        OneWireWByte(0x00);         //温度报警下限设为 0
        OneWireWByte(0x7f);         //将 18b20 设为 12 位，精度就是 0.25℃
        DIO=0;
        delay_5us(255);             //要求 480～960μs
        DIO=1;                      //释放总线
        delay_5us(240);             //要求释放总线后 480μs 内结束复位
        DIO=1;                      //释放总线
    }
}
unsigned int DS18b20_readTemp(void)  //读 18b20 温度值
{
    unsigned int temp;
    unsigned char DS18b20_temp[2];   //温度数据
    DIO=0;
    delay_5us(255);                  //要求 480～960μs
    DIO=1;                           //释放总线
    delay_5us(30);                   //要求 60～120μs
    if(DIO==0)
```

```
{
    delay_5us(200);                              //要求释放总线后480μs内结束复位
    DIO=1;                                       //释放总线
    OneWireWByte(0xcc);                          //发送 Skip ROM 命令
    OneWireWByte(0x44);                          //发送温度转换命令
    DIO=1;                                       //释放总线
    delay(1000);                                 //1000ms
    DIO=0;
    delay_5us(255);                              //要求480～960μs
    DIO=1;                                       //释放总线
    delay_5us(30);                               //要求60～120μs
    if(DIO==0)
    {
        delay_5us(200);                          //要求释放总线后480μs内结束复位
        DIO=1;                                   //释放总线
        OneWireWByte(0xcc);                      //发送 Skip ROM 命令
        OneWireWByte(0xbe);                      //发送"读"暂存 RAM 命令
        DS18b20_temp[0]=OneWireRByte();          //读温度低字节
        DS18b20_temp[1]=OneWireRByte();          //读温度高字节
        temp = 256 * DS18b20_temp[1] + DS18b20_temp[0];
        DIO=0;
        delay_5us(255);                          //要求480～960μs
        DIO=1;                                   //释放总线
        delay_5us(240);                          //要求释放总线后480μs内结束复位
        DIO=1;                                   //释放总线
    }
    return temp;
}
}
```

11.3　51 单片机的时间采集通道

时间传感器是指能给 51 单片机的应用系统提供当前时间和日期信息的模块，比起使用 51 单片机内置的定时计数器来实现软件定时，时间传感器具有不占用单片机内部资源（需要占用引脚）、软件相对简单、时间精度较高和掉电不会丢失数据的优点。

单片机应用系统通常使用如下 3 种方式来获得时间信息。

- 使用单片机的内部定时器进行定时，使用软件算法来计算当前的时间信息。
- 从专用的实时时钟芯片来获取当前的时间信息，实时时钟芯片 RTC（Real Time Clock）是一种可以自行对当前时间信息进行计算并且可以通过相应的数据接口将时间信息输出的芯片。
- 从 GPS 模块获取当前的实际时钟信息。

这 3 种方法的优缺点如表 11.7 所示。

表 11.7 3 种时间获取方法比较

	软件算法	RTC	GPS 模块
时间精准度	一般	高	很高
其他器件	不需要	需要	不需要
和 51 单片机的通信接口	使用 51 单片机内部定时计数器，不需要外部数据接口	SPI 总线，并行接口等	通常为串口
软件代码	复杂	软件本身不复杂，但是通信接口驱动复杂	格式化时间信息比较复杂
成本	很低	一般	高
51 单片机掉电后时钟信息是否保留	否	是	是，但是每次掉电后初始化需要较长时间

11.4 并行总线接口时钟模块 DS12C887

DS12C887 是 51 单片机应用系统中最常用的时钟传感器模块，采用了并行通信接口和 51 单片机进行通信，可以使用数据—地址总线扩展方式对其进行扩展。

11.4.1 DS12C887 基础

DS12C887 模块由内部控制寄存器、日期时间寄存器、时间日期技术电路等组成，具有以下特点。

- 内置晶体振荡器和锂电池，可以在无外部供电的情况下保存数据 10 年以上。
- 具有秒、分、时、星期、日、月、年计数，并有闰年修正功能。
- 时间显示可以选择 24 小时模式或者带有 "AM" 和 "PM" 指示的 12 小时模式。
- 时间、日历和闹钟均具有二进制码和 BCD 码两种形式。
- 提供闹钟中断、周期性中断、时钟更新周期结束中断，3 个中断源可以通过软件编程进行控制。
- 内置 128 字节 RAM，其中 15 字节为时间和控制寄存器，113 字节可以用作通用 RAM，所有 RAM 单元都具有掉电保护功能，因此可被用作非易失性 RAM。
- 可以提供可输出可编程的方波信号。

> 注意：DS12C887 提供了无铅工艺的版本产品 DS12C887+/DS12C887A，它在实际的 51 单片机应用系统使用中和 DS12C887 没有区别，包括外部封装形式和内部结构。

DS12C887 芯片的内部带有时钟、星期和日期等信息寄存器，实时时间信息就存放在这些非易失寄存器中，与 51 单片机一样，DS12C887 采用的也是 8 位地址/数据复用的总线方式，它同样具有一个锁存引脚，通过读、写、锁存信号的配合，可以实现数据的输入输出：控制 DS12C887 内部的控制寄存器、读取 DS12C887 内部的时间信息寄存器。DS12C887 的各种寄存器在其内部空间都有相应的固定地址，因此，单片机通过正确的寻址和寄存器操作就可以获取所需要的时间信息。

图 11.11 所示是 DS12C887（DS12C887+）的实物示意，由于其内置了电池，所以体积相对来说比较大。

图 11.12 所示是 DS12C887 的电路符号，其引脚详细说明如下。

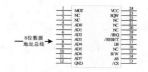

图 11.11 DS12C887 的实物示意 　　　图 11.12 DS12C887 的电路符号

- MOT：总线时序模式选择引脚，当被连接到 VCC 时选择 Motorola 总线时序，连接到 GND 或悬空选择 Intel 总线时序。
- NC：保留引脚。
- AD0 ~ AD7：地址/数据复用总线引脚。
- GND：电源地信号引脚。
- /CS：片选引脚，低电平时有效。
- AS：地址锁存输入引脚，在下降沿时地址/数据复用总线上的地址被锁存，在下一个上升沿到来时地址被清除。
- R/W：读/写输入引脚。在选择 Motorola 总线时序模式时，该引脚用于指示当前的读写周期，高电平指示当前为读周期，低电平指示当前为写周期；选择 Intel 总线时序模式时，此引脚为低有效的写输入脚，相当于通用 RAM 的写使能信号（/WE）。
- DS：选择 Motorola 总线时序模式时，此引脚为数据锁存引脚；选择 Intel 总线时序模式时，此引脚为读输入脚，低有效，相当于典型内存的输出使能信号（/OE）。
- RESET：复位引脚，低电平时有效，需要主要的是该引脚上外加的复位操作不会影响到时钟、日历和 RAM。
- /IRQ：中断申请输出引脚，低电平时有效。可用作 51 单片机中断输入。
- SQW：方波信号输出引脚，可通过设置寄存器位 SQWE 关闭此信号输出，可以通过对 DS12C887 的内部寄存器的编程修改其输出频率。
- VCC：电源正信号。

DS12C877 内置一个有 128 个字节的内存空间，其中 11 个字节专门用于存储时间、星期、日历和闹钟信息，4 个字节专门用于控制和存放状态信息；其余 113 个字节为用户可以使用的普通 RAM 空间，其内存映射如图 11.13 所示。

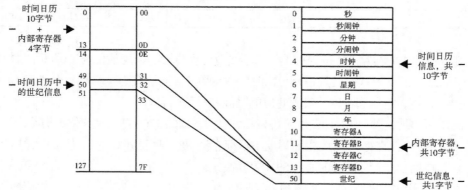

图 11.13 DS12C887 的内存空间映射

如图 11.13 所示，在内存空间的起始地址 0x00 ~ 0x09 分别是秒、秒闹钟、分钟、分闹钟、小时、时闹钟、星期、日、月和年信息寄存器，共 10 字节；地址 0x032 为世纪信息寄存器；以上两个部分加起来共 11 字节用于存储时间相关信息。内存空间的地址 0x0A ~ 0x0D 为控制寄存器 A、B、C、D。其余 113 字节地址空间是留给用户使用的普通内存空间。其中控制寄存器 C 和 D 为只读寄存器，寄存器 A 的第 7 位和秒寄存器的高阶位也是只读的，其余字节均可以进行读写。

在使用 51 单片机的数据—地址总线扩展方式来扩展 DS12C887 时，DS12C887 是作为 51 单片机的外部 RAM 存在的，所以根据 DS12C877 的地址映射关系和芯片片选设置即可以得到 DS12C887 内部的相应寄存器的地址。

DS12C887 的时钟、日历信息可以通过读取对应的寄存器来获取；并且时钟、日历和闹钟可以通过写合适的内存字节进行设置或初始化。需要注意的是时钟、日历和闹钟的 10 个寄存器字节可以是二进制式或者 BCD 码形式，另外在对这些寄存器进行写操作时候，寄存器 B 的 SET 位必须置 1。

表 11.8 所示是 DS12C887 的控制寄存器 A 的内部结构示意，其具体说明如下。

表 11.8　DS12C887 控制寄存器 A

7	6	5	4	3	2	1	0
UIP	DV2	DV1	DV0	RS3	RS2	RS1	RS0

- UIP：更新标志位，该位为只读，并且不会受到复位操作的影响，当该位被置"1"时，表示即将发生数据更新；为 0 时，表示至少 244μs 的时间内不会有数据更新；当 UIP 被清"0"时，可以获得所有时钟、日历和闹钟信息。将寄存器 B 中的 SET 位置 1 可以限制任何数据更新操作，并且清除 UIP 位。
- DV2、DV1、DV0：当这 3 位被置为"010"时将打开晶振，开始计时。
- RS3、RS2、RS1、RS0：用于设置周期性中断产生的时间周期和输出方波的频率。具体设置可详见相关手册。

表 11.9 所示是 DS12C887 的控制寄存器 B 的内部结构示意，其具体说明如下。

表 11.9　DS12C887 控制寄存器 B

7	6	5	4	3	2	1	0
SET	PIE	AIE	UIE	SQWE	DM	24/12	DSE

- SET：DS12C887 设置位，可读写，不受复位操作影响，当该位为"0"时，DS12C887 不能处于设置状态，芯片进行正常时间数据更新；当该位为"1"时，允许对 DS12C887 进行设置，可以通过软件设置对应的时间和日历信息。
- PIE：周期性中断使能设置位，可读写，在 DS12C887C 复位时此位被清除。当该位为"1"时，允许寄存器 C 中的周期中断标志位 PF，驱动/IRQ 引脚为低产生中断信号输出，中断信号产生的周期由 RS3 ~ RS0 决定。
- AIE：闹钟中断使能位，可读写，当该位为"1"时，允许寄存器 C 中的闹钟中断标志位 AF，当闹钟事件产生时就会通过/IRQ 引脚产生中断输出。

- UIE：数据更新结束中断使能位，可读写，在 DS12C887 复位时或者 SET 位为 1 时清除该位。该位为"1"时允许寄存器 C 中的更新结束标志位 UF，当更新结束时通过/IRQ 引脚产生中断输出。
- SQWE：方波输出使能位，可读写，在 DS12C887 复位时清除此位；当该位为"0"时，SQW 引脚保持低电平；为"1"时，SQW 引脚输出方波信号，其频率由 RS3～RS0 决定。
- DM：数据模式位，可读写，不受到复位操作影响。为"0"时，设置时间、日历信息为二进制数据；为"1"时，设置时间、日历数据为 BCD 码。
- 24/12：时间模式设置位，可读写，不受复位操作影响。为 0 时，设置为 12 小时模式；为 1 时，设置为 24 小时模式。
- DES：特殊时间更新位，其具体使用方法可以参考相应的使用手册。

表 11.10 所示是 DS12C887 的控制寄存器 C 的内部结构示意，其具体说明如下。

表 11.10　DS12C887 控制寄存器 C

7	6	5	4	3	2	1	0
IRQF	PF	AF	UF	0	0	0	0

- IRQF：中断申请标志位，其为"1"时，/IRQ 引脚为低，产生一个中断申请。当 PF、PIE 为"1"或者 AF、AIE 为"1"又或者 UF、UIE 为"1"时，此位被置"1"，否则被清"0"。
- PF：周期中断标志位，只读位，和其 PIE 位状态完全无关，由复位操作或读寄存器 C 操作清除。
- AF：闹钟中断标志位，当其为"1"时，表示当前时间和设定的闹钟时间一致，由复位操作或读寄存器 C 操作清除。
- UF：数据更新结束中断标志位，每个更新周期之后都会被置"1"，当 UIE 位被置"1"时，UF 若为"1"则会引起 IRQF 置"1"并且通过/IRQ 输出中断时间，该位由复位操作或读寄存器 C 操作清除。

表 11.11 所示是 DS12C887 的控制寄存器 D 的内部结构示意，其具体说明如下。

表 11.11　DS12C887 控制寄存器 D

7	6	5	4	3	2	1	0
VRT	0	0	0	0	0	0	0

- VRT：DS12C887 的 RAM 和时间有效位，用于指示内部电池状态。此位不可写，也不受复位影响，正常情况下读取时总为 1，如果出现读取为 0 的情况，则表示电池耗尽，时间数据和 RAM 中的数据出现问题。

11.4.2　DS12C887 的电路

DS12C887 的应用电路如图 11.14 所示，51 单片机的 P0 端口作为数据/地址总线连接到

DS12C887 的数据/地址总线，DS12C887 的 MOT 引脚直接连接到地选择 Intel 总线模式，/CS 引脚连接到 51 单片机的 P2.7 作为外部地址控制，同时使用单片机的 ALE 输出信号来控制 DS12C887 的 AS 信号，单片机的 WR 和 RD 信号分别连接到 DS12C887 的 R/W 和 DS 引脚，DS12C887 的中断信号引脚/IRQ 通过一个上拉电阻连接到 51 单片机的 INT0 引脚上，如图 11.14 所示的 DS12C887 的地址为 0x7FFF ~ 0x807F。

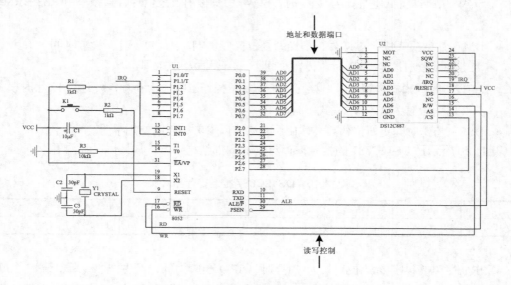

图 11.14　DS12C887 的典型应用电路

> 注意：如果在应用系统中还有其他需要采用数据—地址总线扩展方式扩展的器件，也可以在 51 单片机和 DS12C877 之间添加一个 74HC373 用于地址、数据信号的分离。

11.4.3　DS12C887 的操作步骤和驱动函数

51 单片机使用地址—数据总线扩展 DS12C887 的操作步骤如下。

（1）根据外部扩展方法计算出 DS12C887 的内部地址单元和寄存器的地址。

（2）使 DS12C887 进入设置模式，设置初始时钟信息。

（3）根据需要设置相关的闹钟或者输出波形信息。

（4）读取相关的时钟信息。

例 11.2 是 51 单片机使用地址—数据总线扩展 DS12C887 的驱动函数，应用代码首先定义了 DS12C887 的命令常数，然后使用_at_关键字定义了 DS12C887 的内部寄存器地址，提供了如下函数用于对 DS12C887 进行操作。

- StartDs12c887：启动 DS12C887。
- CloseDs12c887：关闭 DS12C887。
- InitDs12c887：初始化 DS12C887。
- GetSeconds：读取 DS12C887 的当前秒数据。
- GetMinutes：读取 DS12C887 的当前分钟数据。
- GetHours：读取 DS12C887 的当前时钟数据。

- GetDate：读取 DS12C887 的当前日期数据。
- GetMonth：读取 DS12C887 的当前月数据。
- GetYear：读取 DS12C887 的当前年数据。
- GetCentury：读取 DS12C887 的当前世纪数据。
- SetTime：设置 DS12C887 的当前时钟信息。
- SetDate：设置 DS12C887 的当前日期信息。

【例 11.2】DS12C887 的驱动函数。

```c
#include <absacc.h>
#include <AT89X52.h>
//命令常数定义
#define CMD_START_DS12C887 0x20            // 开启时钟芯片
#define CMD_START_OSCILLATOR 0x70          //开启方波输出
#define CMD_CLOSE_DS12C887 0x30            //关闭 DS12C887
#define MASK_SETB_SET 0x80                 //禁止刷新
#define MASK_CLR_SET 0x7f                  //允许刷新
#define MASK_SETB_DM 0x04                  //使用十六进制编码
#define MASK_CLR_DM 0xfb                   //使用 BCD 编码
#define MASK_SETB_2412 0x02                //使用 24 小时编码
#define MASK_CLR_2412 0xfd                 //使用 12 小时编码
#define MASK_SETB_DSE 0x01                 //使用夏令时
#define MASK_CLR_DSE 0xfe                  //不使用夏令时
// 寄存器地址通道定义，从 0x7F00 开始
#define DS12C887BASE 0x7f00                //基础地址定义
xdata char chSecondsChannel _at_ (DS12C887BASE + 0);
xdata char chMinutesChannel _at_ (DS12C887BASE + 2);
xdata char chHoursChannel _at_ (DS12C887BASE + 4);
xdata char chDofWChannel _at_ (DS12C887BASE + 6);
xdata char chDateChannel _at_ (DS12C887BASE + 7);
xdata char chMonthChannel _at_ (DS12C887BASE + 8);
xdata char chYearChannel _at_ (DS12C887BASE + 9);
xdata char chCenturyChannel _at_ (DS12C887BASE + 0x32);
xdata char chRegA _at_ (DS12C887BASE + 0x0a);
xdata char chRegB _at_ (DS12C887BASE + 0x0b);
xdata char chRegC _at_ (DS12C887BASE + 0x0c);
xdata char chRegD _at_ (DS12C887BASE + 0x0d);
//启动 DS12C887
void StartDs12c887(void)
{
    chRegA = CMD_START_DS12C887;
}
//关闭 DS12C887
void CloseDs12c887(void)
{
```

```
    chRegA = CMD_CLOSE_DS12C887;
}
//初始化 DS12C887
void InitDs12c887(void)
{
    StartDs12c887();
    chRegB = chRegB | MASK_SETB_SET;                        // 禁止刷新
    chRegB = chRegB & MASK_CLR_DM | MASK_SETB_2412 & MASK_CLR_DSE;
    // 使用 BCD 码格式、24 小时模式、不使用夏令时
    chCenturyChannel = 0x21; // 设置为 21 世纪
    chRegB = chRegB & MASK_CLR_SET; //允许刷新
}
//读取秒数据
unsigned char GetSeconds(void)
{
    return(chSecondsChannel);
}
//读取分钟数据
unsigned char GetMinutes(void)
{
    return(chMinutesChannel);
}
//读取小时数据
unsigned char GetHours(void)
{
    return(chHoursChannel);
}
//读取日期数据
unsigned char GetDate(void)
{
    return(chDateChannel);
}
//读取月数据
unsigned char GetMonth(void)
{
    return(chMonthChannel);
}
//读取年数据
unsigned char GetYear(void)
{
    return(chYearChannel);
}
//读取世纪数据
unsigned char GetCentury(void)
```

```
    {
        return(chCenturyChannel);
    }
    //用于设置 DS12C887 的当前时钟信息
    void SetTime(unsigned char chSeconds,unsigned char chMinutes,unsigned char chHours)
    {
        chRegB = chRegB | MASK_SETB_SET; //禁止刷新
        chSecondsChannel = chSeconds;
        chMinutesChannel = chMinutes;
        chHoursChannel = chHours;
        chRegB = chRegB & MASK_CLR_SET; //允许刷新
    }
    //用于设置 DS12C887 的当前日期信息
    void SetDate(unsigned char chDate,unsigned char chMonth,unsigned char chYear)
    {
        chRegB = chRegB | MASK_SETB_SET; // 禁止刷新
        chDateChannel = chDate;
        chMonthChannel = chMonth;
        chYearChannel = chYear;
        chRegB = chRegB & MASK_CLR_SET; //允许刷新
    }
```

11.5　应用案例 11.1——多点温度采集系统的实现

本节是使用 51 单片机和 DS18B20 温度模块对多点温度采集系统的具体实现过程。

11.5.1　多点温度采集系统的设计

设计多点温度采集系统，需要考虑如下几个方面的内容。

- 需要 1 个能将温度数据转换为采集数据的传感器，其相关指标必须符合采集系统的需求：由于 8 个采集点都在 10m 范围之内，采集温度范围又在–30～+50℃，并且精度只有 0.5℃，所以可以采用 1-wire 接口的数字温度传感器 DS18B20。

- 需要 1 个能显示温度数据的显示模块：由于只需要显示简单的字符和数字，所以可以使用 1602 液晶模块完成相应的工作。

- 51 单片机通过何种方式来和传感器进行数据交互：DS18B20 数字温度传感器提供了 1-wire 总线接口，51 单片机可以使用普通 I/O 引脚模拟相应的总线时序和传感器进行通信。

- 需要设计合适的单片机软件。

11.5.2　多点温度采集系统的电路结构

多点温度采集系统硬件设计的重点是如何和多个 DS18B20 进行数据交互获得当前的温度，其硬件模块划分如图 11.15 所示，它由 51 单片机、显示模块和 DS18B20 模块组成，其各个部分详细说明如下。

- 51 单片机：多点温度采集系统的核心控制器。
- DS18B20 温度采集模块：采集当前各个点的温度数据。
- 1602 液晶：显示用户当前的各个采集点的温度信息。

多点温度采集系统的电路如图 11.16 所示，51 单片机使用 P1 端口和 P2.0 ～ P2.2 引脚扩展了一片 1602 液晶作为多点温度采集系统的显示模块，使用 P2.7 引脚模拟 1-wire 总线时序扩展了 8 个 DS18B20 提供温度数据。

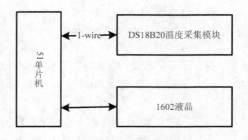

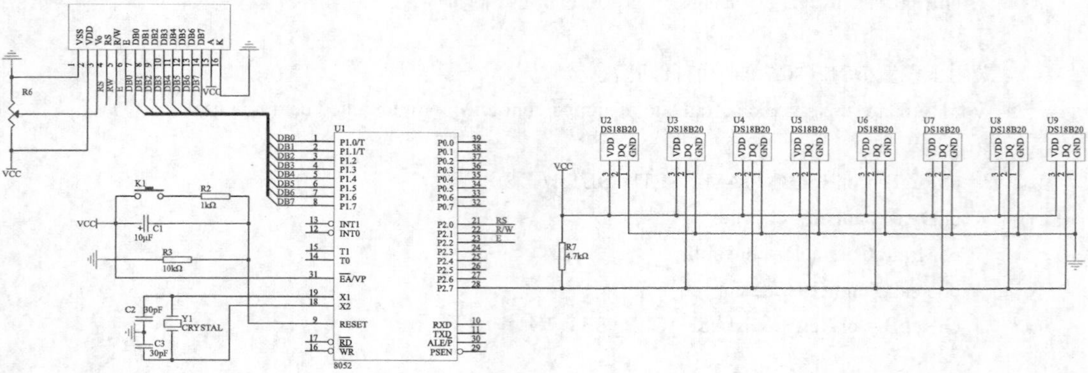

图 11.15　多点温度采集系统的硬件模块

图 11.16　多点温度采集系统的应用电路

多点温度采集模块中涉及的典型器件说明图表 11.12 所示。

表 11.12　多点温度采集模块电路涉及的典型器件说明

器件	说明
晶体	51 单片机的振荡源
51 单片机	51 单片机系统的核心控制器件
电容	滤波、储能器件
电阻	上拉
1602 液晶	数字、字符液晶模块
DS18B20	温度传感器
滑动变阻器	用于调节 1602 的对比度

11.5.3　多点温度采集系统的应用代码

多点温度采集系统的应用代码设计的重点是如何实现对同一条 1-wire 总线上多个 DS18B20 的数据进行读取，其软件可以分为 DS18B20 驱动函数模块和 1602 液晶显示驱动模块两个部分。

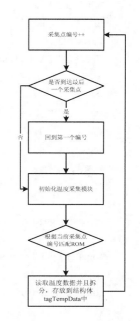

多点温度采集系统的 DS18B20 驱动函数和例 11.1 中所介绍的有所区别，它包括了初始化函数 void Initialization()，向 DS18B20 写入一个字节的函数 void WriteByte(unsigned char btData)，从 DS18B20 读出一个字节的函数 unsigned char ReadByte()，ROM 匹配函数 void MatchROM(const unsigned char *pMatchData) 和温度读取函数 TEMPDATA ReadTemperature()，其中最关键的函数是 TEMPDATA ReadTemperature，其流程如图 11.17 所示。

在例 11.3 所示的应用代码中，定义了一个结构体 tagTempData 用于存放当前的温度输出，为了便于显示，把温度数据数据都拆开存放到结构体中。

【例 11.3】多点温度采集系统的应用代码。

```
typedef struct tagTempData
{
    unsigned char                    btThird;
//百位数据
    unsigned char                    btSecond;
//十位数据
    unsigned char                    btFirst;
//个位数据
    unsigned char                    btDecimal;
//小数点后一位数据
    unsigned char                    btNegative;      //
是否为负数
}TEMPDATA;
TEMPDATA m_TempData;
```

图 11.17   TEMPDATA ReadTemperature 温度读取函数的流程

例 11.4 是多点温度采集系统对应的 C51 语言代码，它使用了 ROMData1～ROMData8 来存放 DS18B20 的 ROM 地址。

【例 11.4】多点温度采集系统对应的 C51 语言代码。

```
#include <AT89X52.h>
#include <Intrins.h>
#define          DATA      P1                         //1602 驱动端口
//ROM 操作命令
#define          READ_ROM          0x33      //读 ROM
#define          SKIP_ROM          0xCC//跳过 ROM
#define          MATCH_ROM         0x55      //匹配 ROM
#define          SEARCH_ROM        0xF0      //搜索 ROM
#define          ALARM_SEARCH      0xEC      //告警搜索
//存储器操作命令
#define          ANEW_MOVE         0xB8      //重新调出 E^2 数据
#define          READ_POWER        0xB4      //读电源
#define          TEMP_SWITCH       0x44      //启动温度变换
#define          READ_MEMORY       0xBE  //读暂存存储器
#define          COPY_MEMORY       0x48      //复制暂存存储器
#define          WRITE_MEMORY      0x4E      //写暂存存储器
//数据存储结构
```

```c
typedef struct tagTempData
{
 unsigned char                          btThird;                    //百位数据
 unsigned char                          btSecond;                   //十位数据
 unsigned char                          btFirst;                    //个位数据
 unsigned char                          btDecimal;                  //小数点后一位数据
 unsigned char                          btNegative;                 //是否为负数
}TEMPDATA;
TEMPDATA m_TempData;
//引脚定义
sbit                                    DQ = P2^7;                  //数据线端口
sbit        RS=        P2^0;
sbit        RW=        P2^1;
sbit        E=         P2^2;
//DS18B20 序列号，通过调用 GetROMSequence()函数在 P1 口读出（读 8 次）
const unsigned char code ROMData1[8] = {0x28, 0x33, 0xC5, 0xB8, 0x00, 0x00, 0x00, 0xD7};
//U1
const unsigned char code ROMData2[8] = {0x28, 0x30, 0xC5, 0xB8, 0x00, 0x00, 0x00, 0x8E};
//U2
const unsigned char code ROMData3[8] = {0x28, 0x31, 0xC5, 0xB8, 0x00, 0x00, 0x00, 0xB9};
//U3
const unsigned char code ROMData4[8] = {0x28, 0x32, 0xC5, 0xB8, 0x00, 0x00, 0x00, 0xE0};
//U4
const unsigned char code ROMData5[8] = {0x28, 0x34, 0xC5, 0xB8, 0x00, 0x00, 0x00, 0x52};
//U5
const unsigned char code ROMData6[8] = {0x28, 0x35, 0xC5, 0xB8, 0x00, 0x00, 0x00, 0x65};
//U6
const unsigned char code ROMData7[8] = {0x28, 0x36, 0xC5, 0xB8, 0x00, 0x00, 0x00, 0x3C};
//U7
const unsigned char code ROMData8[8] = {0x28, 0x37, 0xC5, 0xB8, 0x00, 0x00, 0x00, 0x0B};
//U8
//判断忙指令
void Busy()
{
 DATA = 0xff;
 RS = 0;
 RW = 1;
     while(DATA & 0x80)
     {
     E = 0;
         E = 1;
     }
     E = 0;
}
```

```
//写指令程序
void WriteCommand(unsigned char btCommand)
{
 Busy();
 RS = 0;
 RW = 0;
 E = 1;
 DATA = btCommand;
 E = 0;
}
//写数据程序
void WriteData(unsigned char btData)
{
 Busy();
 RS = 1;
 RW = 0;
 E = 1;
 DATA = btData;
 E = 0;
}
//清屏显示
void Clear()
{
 WriteCommand(1);
}


//初始化
void Init()
{
 WriteCommand(0x0c);              //开显示，无光标显示
 WriteCommand(0x06);              //文字不动，光标自动右移
 WriteCommand(0x38);              //设置显示模式:8 位 2 行 5×7 点阵
}
//显示单个字符
void DisplayOne(bit bRow, unsigned char btColumn, unsigned char btData, bit bIsNumber)
{
 if (bRow)        WriteCommand(0xc0 + btColumn);
 else             WriteCommand(0x80 + btColumn);

 if (bIsNumber)   WriteData(btData + 0x30);
 else             WriteData(btData);
}
//显示字符串函数
void DisplayString(bit bRow, unsigned char btColumn, unsigned char *pData)
```

```c
{
  while (*pData != '\0')
    {
            if (bRow) WriteCommand(0xc0 + btColumn); //显示在第 1 行
            else            WriteCommand(0x80 + btColumn);   //显示在第 0 行
      WriteData(*(pData++));                                 //要显示的数据
      btColumn++;                                            //列数加一
    }
}
//延时 16μs 子函数
void Delay16us()
{
 unsigned char a;

 for (a = 0; a < 4; a++);
}
//延时 60μs 子函数
void Delay60us()
{
 unsigned char a;

 for (a = 0; a < 18; a++);
}
//延时 480μs 子函数
void Delay480us()
{
 unsigned char a;

 for (a = 0; a < 158; a++);
}

//延时 240μs 子函数
void Delay240us()
{
 unsigned char a;
 for (a = 0; a < 78; a++);
}
//延时 500ms 子函数
void Delay500ms()
{
 unsigned char a, b, c;

 for (a = 0; a < 250; a++)
 for (b = 0; b < 3; b++)
```

```
    for (c = 0; c < 220; c++);
}
//芯片初始化
void Initialization()
{
  while(1)
  {
      DQ = 0;
      Delay480us();            //延时 480μs
      DQ = 1;
      Delay60us();             //延时 60μs
      if(!DQ)                  //收到 ds18b20 的应答信号
      {
          DQ = 1;
          Delay240us();        //延时 240μs
          break;
      }
  }
}
//写一个字节（从低位开始写）
void WriteByte(unsigned char btData)
{
  unsigned char i, btBuffer;

  for (i = 0; i < 8; i++)
  {
      btBuffer = btData >> i;
      if (btBuffer & 1)
      {
          DQ = 0;
          _nop_();
          _nop_();
          DQ = 1;
          Delay60us();
      }
      else
      {
          DQ = 0;
          Delay60us();
          DQ = 1;
      }
  }
}
//读一个字节（从低位开始读）
```

```
unsigned char ReadByte()
{
 unsigned char i, btDest;

 for (i = 0; i < 8; i++)
 {
     btDest >>= 1;
     DQ = 0;
     _nop_();
     _nop_();
     DQ = 1;
     Delay16us();
     if (DQ) btDest |= 0x80;
     Delay60us();
 }
 return btDest;
}
//序列号匹配
void MatchROM(const unsigned char *pMatchData)
{
 unsigned char i;

 Initialization();
 WriteByte(MATCH_ROM);
 for (i = 0; i < 8; i++) WriteByte(*(pMatchData + i));
}
//得到 64 位 ROM 序列（在 P1 口显示，必须与 Proteus 联调且在单步调试下才能得到）
/*void GetROMSequence()
{
 unsigned char i;

 Initialization();
 WriteByte(READ_ROM);
 for (i = 0; i < 8; i++)
 P1 = ReadByte();
}*/
//读取温度值
TEMPDATA ReadTemperature()
{
 TEMPDATA TempData;
 unsigned int iTempDataH;
 unsigned char btDot, iTempDataL;
 static unsigned char i = 0;
```

```c
    TempData.btNegative = 0;                                    //为 0 温度为正
    i++;
    if (i == 9) i = 1;
    Initialization();
    WriteByte(SKIP_ROM);                                        //跳过 ROM 匹配
    WriteByte(TEMP_SWITCH);                                     //启动转换
    Delay500ms();                                               //调用一次就行
    Delay500ms();
    Initialization();
    //多个芯片的时候用 MatchROM(ROMData)换掉 WriteByte(SKIP_ROM)
    switch (i)
    {
        case 1 : MatchROM(ROMData1); break;                     //匹配 1
        case 2 : MatchROM(ROMData2); break;                     //匹配 2
        case 3 : MatchROM(ROMData3); break;                     //匹配 3
        case 4 : MatchROM(ROMData4); break;                     //匹配 4
        case 5 : MatchROM(ROMData5); break;                     //匹配 5
        case 6 : MatchROM(ROMData6); break;                     //匹配 6
        case 7 : MatchROM(ROMData7); break;                     //匹配 7
        case 8 : MatchROM(ROMData8); break;                     //匹配 8
    }
    //WriteByte(SKIP_ROM);                                      //跳过 ROM 匹配（单个芯片时用这
句换掉上面的 switch）
    WriteByte(READ_MEMORY);                                     //读数据
    iTempDataL = ReadByte();
    iTempDataH = ReadByte();
    iTempDataH <<= 8;
    iTempDataH |= iTempDataL;

    if (iTempDataH & 0x8000)
    {
        TempData.btNegative = 1;
        iTempDataH = ~iTempDataH + 1;                           //负数求补
    }

    //为了省去浮点运算带来的开销，而采用整数和小数部分分开处理的方法（没有四舍五入）
    btDot = (unsigned char)(iTempDataH & 0x000F);               //得到小数部分
    iTempDataH >>= 4;                                           //得到整数部分
    btDot *= 5;                                                 //btDot*10/16 得到转换后的小数数据
    btDot >>= 3;
    //数据处理
    TempData.btThird    = (unsigned char)iTempDataH / 100;
    TempData.btSecond   = (unsigned char)iTempDataH % 100 / 10;
    TempData.btFirst    = (unsigned char)iTempDataH % 10;
```

```
    TempData.btDecimal = btDot;
    return TempData;
}
//数据处理子程序
void DataProcess()
{
    m_TempData = ReadTemperature();
    if (m_TempData.btNegative) DisplayOne(1, 6, '-', 0);
    else DisplayOne(1, 6, m_TempData.btThird, 1);
    DisplayOne(1, 7, m_TempData.btSecond, 1);
    DisplayOne(1, 8, m_TempData.btFirst, 1);
    DisplayOne(1, 10, m_TempData.btDecimal, 1);
}
//主函数
void main()
{
    //GetROMSequence();
    Clear();
    Init();
    DisplayString(0, 0, "   Temperature");
    DisplayOne(1, 9, '.', 0);
    while (1) DataProcess();
}
```

11.6 应用案例 11.2——简单数字时钟的实现

本小节是使用 51 单片机和 DS12C887 时钟模块对简单数字时钟的实现过程。

11.6.1 简单数字时钟的设计

设计简单数字时钟，需要考虑如下几个问题。

- 如何获得当前的时间信息，这些时间信息包括时、分、秒、年、月、日和星期：可以使用时钟传感器来获得当前的时钟信息，由于简单数字时钟的外部器件比较简单，所以可以使用内部带有电池模块的并行时钟芯片 DS12C887。
- 需要一个能显示当前时钟信息的显示模块：由于简单数字时钟的显示内容比较简单，所以使用了能显示字符和数字的液晶模块 1602。
- 需要设计合适的单片机软件。

11.6.2 简单数字时钟的电路结构

数字时钟的硬件模块划分如图 11.18 所示，它由 51 单片机、显示模块和实时时钟模块组成，其各个部分详细说明如下。

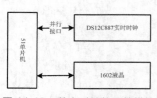

图 11.18 数字时钟的硬件模块

- 51 单片机：数字时钟的核心控制器。
- DS12C887：实时时钟芯片，为系统提供相应的时间信息。

- 1602 液晶：显示当前的时间信息。

数字时钟的电路如图 11.19 所示，51 单片机使用 P0 口和 DS12C887 进行数据交互，使用 P2.0～P2.3 作为 DS12C887 的控制引脚；同时使用 P1 引脚扩展了一个 1602 液晶模块用于显示时间信息。

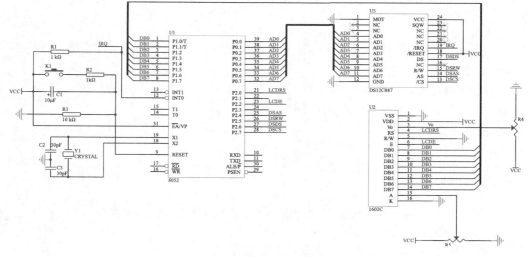

图 11.19 简单数字的应用电路

简单数字时钟应用系统中涉及的典型器件说明如表 11.13 所示。

表 11.13 简单数字时钟应用系统典型器件说明

名称	说明
晶体	51 单片机的振荡源
51 单片机	51 单片机系统的核心控制器件
电容	滤波、储能器件
电阻	上拉
1602 液晶	数字、字符液晶模块
DS12C887	时钟芯片
滑动变阻器	用于调节 1602 的对比度
单排阻	上拉电阻

11.6.3 简单数字时钟的应用代码

数字时钟的软件可以分为 DS12C887 驱动函数模块和 1602 液晶显示驱动模块两个部分，其对应的 C51 语言应用代码如例 11.5 所示，其中，使用 define 分别把 P0 和 P1 定义为 DSbus 和 LCDbus，这样可以便于在不同的硬件系统下进行移植，DS12C887 的相应驱动函数可以参考例 11.2，而液晶模块 1602 的驱动模块可以参考第九章的例 9.3。

【例 11.5】简单数字时钟系统的应用代码。

```
#include <AT89X52.h>
#define DSbus P0
```

```
#define LCDbus P1
//定义 DS12C887 和 LCD 的控制线
sbit DS_CS = P2^7;                      //引脚 13，片选信号输入，低电平有效
sbit DS_AS = P2^4;                      //引脚 14，地址选通输入
sbit DS_RW = P2^5;                      //引脚 15，读/写输入
sbit DS_DS = P2^6;                      //引脚 17，数据选通或读输入
sbit LCD_RS=P2^0;
sbit LCD_EN=P2^2;
//时间变量定义
unsigned char Counter;
unsigned char Hour,Min,Sec,Year,Month,Date,Week;
void main()
{
//      unsigned char i;
 LCDinit();
 DS12887LCDinit();
  DS12887write(0x0a,0x00);        //开始调时，DS12CR887 关闭时钟振荡器
    DS12887write(0,55);             //秒
DS12887write(2,59);
DS12887write(4,23);
  DS12887write(6,5);              //星期
DS12887write(7,22);              //日
DS12887write(8,9);               //
DS12887write(9,12);              //
//display_Date();
while(1)
{
    Timedisplay();
    Datedisplay();
    Delay(100);
}
}
```

11.7 本章总结

   温度模块和时间模块在 51 单片机应用系统中的应用也非常广泛，所以读者应该熟练掌握以下内容。

   ● 51 单片机应用系统中的温度采集方法。

   ● 51 单片机应用系统中的时间采集方法。

   ● 如何在 51 单片机应用系统中使用温度采集模块 DS18B20 和时间采集模块 DS12C887。

   此外，读者还应该通过 11.5 ~ 11.6 中的应用案例了解包含有温度模块和时间模块的 51 单片机应用系统的设计方法。

附录
51 单片机的 C51 语言使用技巧

本附录将介绍 C51 语言的一些使用技巧，包括如何使用预定义关键字、如何养成良好的编程风格、自带库函数的使用以及常见的编译错误和处理方法等。

知识目标

- 如何养成良好的编程习惯。
- 宏定义的使用方法。
- 条件编译的使用方法。
- 一些常用的关键字的使用方法。
- C51 语言常用的库函数说明和使用方法。
- C51 语言的常见报警错误及其处理方法。

0.1 C51 语言程序设计技巧

同一般的 C/C++程序设计一样，C51 语言的程序设计也有一些共性的程序设计技巧。但同时由于嵌入式系统的实时性、资源有限性等特点，C51 的程序设计也有普通 C/C++程序设计所不具备的特点，本小节就将讲述 C51 程序设计中的一些技巧。

0.1.1 养成好的编程习惯

一个好的软件设计人员开发的程序应该是符合编程规范的、易于阅读和维护的、高质量的和高效的。他的诞生不是一蹴而就的，需要一个长期培养良好的、高效的编程习惯。本节将介绍一些被多数人认同的良好的编程习惯。

1. 程序的总体设计

设计一个程序编程应该综合考虑程序的可行性、可读性、可移植性、健壮性以及可测试性。但在实际中很多人容易忽略了这些，把多数甚至是全部精力都放在了程序的功能实现上。这在程序规模比较小时一般还显示不出什么不妥的地方，但是当项目规模比较庞大时，对于程序的阅读、维护、移植和测试的弊端就表现出来了。当项目较大时，一般采用模块化设计方法，按照需要实现的功能将程序分为不同功能的模块，一个模块一个程序，实现一个功能，这样做方便修改，也便于阅读、重用、移植和维护。

每个文件的开头应该写明这个文件是哪个项目里的哪个模块，实现什么功能，是在什么编译环境下编译的，编程者或修改者的姓名和编程或修改日期。其中编程日期很重要，有了它以后再看文件时，就会知道这个模块是什么时候编写的以及做过什么改动了。

项目中多个模块都引用的头文件、宏定义、编译选项、数据表等可以都放在一个公共的头文件中。这样当有某些头文件、编译选项、常量值等改变时只要都在这个头文件里改就可以了，例 0.1 是一个用户设计的 C51 语言的标准头文件格式示例。

【例 0.1】项目自己的公共头文件。

```
#include <AT89X52..h>            //包含项目所需要的其他头文件
#include "intrins.h"             //<>和""两种不同的引用方式
#define uchar unsigned char      //使用宏定义以使程序书写简化
#define uint unsigned int
#define PI    3.1416             //定义常量增加程序可读性
#define CONFIG_ARCH_51           //定义编译选项供编译器识别
const char code table[ ]={0x00,0x01,0x02,0x03,    //定义常数表
                          0x04,0x05,0x06,0x07,
                          0x08,0x09,0x0a,0x0b,
                          0x0c,0x0d,0x0e,0x0f} ;
……
```

2．命名规则

虽然在 C51 程序中变量或函数等的名称可以任意选定，但建议命名应具有一定的实际意义。以下是一些命名规则或习惯。

- 常量的命名：全部用大写。当具有实际意义的变量命名含多个单词时，这些单词使用"_"连接，该规则不仅对常量适用，对其他变量和宏定义等都适用，如例 0.2 所示。

【例 0.2】常量的命名。

```
const float PI = 3.1416
const int NUM = 100
const unsigned int MAX_LENGTH = 100
```

> 注意：这里的常量 PI 和例 0.1 中宏定义中的 PI 的意义是不同的，例 0.1 中的 PI 只是一个宏，
>   只是它在程序中出现时被替换为 3.1416，它没有自己的类型，而例 0.2 中的 PI 是实实在
>   在的具有常浮点类型的常量。

- 变量的命名：变量通常用小写字母开头的单词组合而成，当有多个单词时也用"_"连接，而且除第一个单词外的其他单词一般开头字母大写，另外一些全局变量和静态变量等一般以 g_ 和 s_ 等来开头，如例 0.3 所示。

【例 0.3】变量的命名。

```
bit flag;
char rcvData;
int maxValue;
static uint s_Counter;
```

> 注意：在更为严格的命名规范中，应该在变量名前加上变量对应的类型的缩写，如 rcvData 应
>   该命名为 c_rcvData。

- 函数的命名：函数名首字大写，若包含有多个单词的则每个单词首字母大写，如例 0.4 所示。

【例 0.4】函数的命名

```
bit TransmitData(char data);
void ShowValue(char *pData);
int Sum(int x,int y);
char *SearchChar(char *pStr, char chr);
```

3．编程规范

一个好的程序设计人员写出的代码一定便于阅读和维护，好的程序书写规范一定要从最开始编程时养成。一些程序书写规范如下。

- 缩进：函数体内语句需缩进 4 个空格大小，即一个 Tab 单位。预处理语句、全局数据、函数原型、标题、附加说明、函数说明、标号等均顶格书写。

- 对齐：原则上每行的代码、注释等都应对齐，而每一行的长度不应超过屏幕太多，必要时适当换行，换行时尽可能在 "," 处或运算符处，换行后最好以运算符打头。

- 空行：程序各部分之间空两行，若不必要也可以只空一行，各函数之间一般空一行。

- 重要的或难懂的代码要写注释，如果必要，每个函数都要写注释。每个全局变量要写注释，一些局部变量也要写注释。注释可以采用 "/*" 和 "*/" 配对，也可以采用 "//"，但一定要一致。

- 函数的参数和返回值没有的话要使用 void，尽量不要图省事。

- 为了阅读和维护方便，一般一行只实现一个功能，如：

```
a=1;b=2;c=3;
```

应该修改为：

```
a=1;
b=2;
c=3;
```

- 不管有没有无效分支，switch 函数一定要处理 defaut 这个分支，这不仅让阅读者知道程序员并没有遗忘 default，另外也可以防止程序运行过程中出现的意外，加强程序的健壮性。

0.1.2　宏定义

宏定义属于 C51 语言的预处理指令，通过它可以使程序设计简化，增加程序的可读性、可维护性和移植性，宏定义可以分为简单的宏定义和带参数的宏定义。

1．简单的宏定义

简单宏定义的格式为

```
#define 宏替换名　宏替换体
```

"#define" 是宏定义指令的关键字，宏替换名一般使用大写字母来表示，而宏替换体可以是数值常量、算术表达式、字符和字符串等。宏定义可以出现在程序的任何地方，在编译时由编译器替换宏为定义的宏替换体，例 0.5 是一个简单宏定义的应用实例。

【例 0.5】简单宏定义的应用。

```
#include <AT89X52.h>
```

```
#define uchar unsigned char          /*宏定义无符号字符型变量以方便书写*/
#define uint unsigned int            /*宏定义无符号整型变量以方便书写*/
#define MAX 10                       /*宏定义数组长度*/
#define GAIN 2                       /*宏定义增益*/
uint Sum(uchar *ip, uint num);       /*求和函数原型声明*/
void main(void)
{
    uchar val[MAX];                  /*定义长度为 MAX 的无符号字符型数组*/
    uint i,sum=0;
    for(i=0;i<MAX;i++)
    {
        val[i]=i*GAIN;
    }
    sum=Sum(val,MAX);                /*数组 val 求和赋给变量 sum*/
    while(1);
}
uint Sum(uchar *cp, uint num)        /*求和函数*/
{
    uint i,temp=0;
    for(i=0;i<num;i++)
    {
        temp+=*(cp+i);
    }
    return temp;
}
```

程序执行结果主程序中变量 sum 的值为 110，从本例中可以看到，通过宏定义，不仅对于无符号字符型和整型类型的书写方便了，而且当数组长度和增益需要变化时，只要在程序开始处修改 MAX 和 GAIN 的值即可，而不必到程序的每处去修改了，这大大增加了程序的可读性和维护性。

2．带参数的宏定义

带参数的宏定义的格式为

```
#define 宏替换名（行参）   带行参的宏替换体
```

同简单的宏定义一样，"#define"是宏定义指令的关键字，宏替换名一般使用大写字母来表示，而宏替换体可以是数值常量、算术表达式、字符和字符串等。带参数的宏定义也可以出现在程序的任何地方，在编译时由编译器替换宏为定义的宏替换体，其中的行参用实际参数代替。由于可以带参数，这增强了宏定义的应用，例 0.6 是带参数的宏定义实例。

【例 0.6】带参数宏定义的应用。

```
#include <AT89X52..h>
#define uint unsigned int            /*宏定义无符号整型变量以方便书写*/
#define MAX(a,b)   ((a)>(b) ? (a) : (b))   /*带参数的宏定义*/
#define CUBE(x)   (x)*(x)*(x)        /*带参数的宏定义*/
void main(void)
{
```

```
        uint i,j,k,val;
        i=2;
        j=5;
        k=8;
        val=MAX(j,k)*CUBE(i);
        while(1);
    }
```

程序执行结果是变量 val=8*23=64。

> 注意：带参数的宏定义行参一定要带括号，因为实参可能是任何表达式，不加括号很可能导致
> 意想不到的错误。

带参数的宏定义与带参数的函数在形式上很相似，但它们的执行是完全不同的。宏替换在编译的过程中，宏定义在它每个出现的地方被替换成用实际参数代替的宏替换体，它的代码是被嵌在程序各处的，这一点跟内联函数很相似；而函数本身是一段代码，它在被调用时转到函数体的代码处去执行，执行完了再返回到被调用处，也就是说函数体并不插入到调用它的地方去。

0.1.3 条件编译

C51 中的条件编译预处理指令可以通知 C51 编译器根据编译选项有条件地编译这部分代码。使用条件编译的好处是可以使程序中某些功能模块根据需要有选择地加入到项目中，或者是同一个程序方便移植到不同的硬件平台上。

条件编译有几种指令，最基本的格式有 3 种：

- #if 型；
- #ifdef 型；
- #ifndef 型。

1．#if 型

其标准用法说明如下，如果常数表达式为非 0 值，则代码块 1 参加编译，否则代码块 2 参加编译。

```
#if 常数表达式
    代码块 1
#else
    代码块 2
#endif
```

2．#ifdef 型

其标准用法说明如下，如果标识符已被"#define"关键字过，则代码块 1 参加编译，否则代码块 2 参加编译。

```
#ifdef 标识符
    代码块 1
#else
    代码块 2
#endif
```

3. #ifndef 型

其标准用法说明如下，同#ifdef 相反，如果标识符没被#define 过，则代码块 1 参加编译，否则代码块 2 参加编译。

```
#ifndef 标识符
    代码块 1
#else
    代码块 2
#endif
```

注意：以上 3 种基本格式中每个#else 分支又可以带自己的编译选项，#else 也可以没有或多于两个。

例 0.7 是一个条件编译的应用实例，程序执行结果为 $i=j=10$, $k=20$。这是因为第一个条件编译的常数表达式恒为 1，所以 $i=0$；参加编译；第二个条件编译的 CONFIG_ARCH_51 已经定义过，所以 $j=10$ 参加编译；第三个条件编译由于 PI 已经定义过，所以 $k=20$ 参加编译。

【例 0.7】条件编译测试程序

```c
#include <AT89X52.h>
#define uint unsigned int          /*宏定义无符号整型变量以方便书写*/
#define CONFIG_ARCH_51
#define PI 3.1416
void main(void)
{
    uint i,j,k;
    i=j=k=0;
    #if 1                          /*#if 型宏定义*/
        i=10;
    #endif
    #ifdef CONFIG_ARCH_51          /*#ifdef 型宏定义*/
        j=10;
    #else
        j=20;
    #endif
    #ifndef PI                     /*#ifndef 型宏定义*/
        k=10;
    #else
        k=20;
    #endif
    while(1);
}
```

说明：上面举的条件编译的例子都是非常简单的。实际应用中要比这复杂得多。例如，一个数据采集系统要支持多种方式中的某一种或几种与 PC 机通信，如串口、并口、USB、CAN 总线等，这时就可以通过条件编译使得所有的模块都加在程序中，调试、测试或使用中只要打开或关闭相应的编译选项就可以打开或关闭相应的设备了。

0.1.4　具体指针的应用

在第 3 章的 3.5.2 小节中介绍过 C51 编译器支持两种不同类型的指针：普通指针和存储器特殊指针。在 C51 编译器中普通指针总是使用 3 个字节进行保存。第一个字节用于保存存储器类型，第二个字节用于保存地址的高字节，第三个字节用于保存地址的低字节。许多库程序使用此普通类型的指针。

而存储器特殊指针在指针的定义中，它总是包含存储器类型的指定，并总是指向一个特定的存储器区域。如：

```
char data *cp;
```

该定义使得字符型指针 cp 指向 51 单片机片内直接寻址的数据存储区。

由于存储器类型在编译时指定，因此普通指针需要保存存储器类型字节，而存储器特殊指针则不需要。存储器特殊指针可用一个字节（用 idata、data、bdata 或 pdata 声明的存储器特殊指针）或两个字节（用 code 或 xdata 声明的存储器特殊指针）存储。这样在程序设计时就可以根据具体需要在必要时（如执行速度要求较快时或代码长度要求尽量短时）使用存储器特殊指针来代替普通指针，使程序更高效。

例 0.8 是一个通过将普通指针与存储器特殊指针作以比较的实例，其实现的功能都是一样的，即将一个指针指向区域的字符赋给字符型变量 c。

【例 0.8】使用普通指针和存储器特殊指针的比较。

方法一：使用普通指针。

```
#include <reg51.h>
void main(void)
{
    char *p                     /*普通字符型指针，存储需 3 个字节*/
    char c;
    c=*p;
}
```

方法二：使用指向片外数据存储区域的字符型指针。

```
#include <reg51.h>
void main(void)
{
    char xdata *p               /*指向片内直接寻址区域的字符型指针，存储需 2 个字节*/
    char c;
    c=*p;
}
```

方法三：使用指向片内直接寻址区域的字符型指针。

```
#include <reg51.h>
void main(void)
{
    char data*p                 /*指向片外数据存储区域的字符型指针，存储需 2 个字节*/
    char c;
    c=*p;
}
```

为便于分析，把以上 3 种方法的函数体中的代码通过 C51 编译器反汇编出来的代码列出如下。

方法一：使用普通指针。

```
              C?CLDPTR:
C:0x0003   BB0106    CJNE     R3,#0x01,C:000C
C:0x0006   8982      MOV      DP0L(0x82),R1
C:0x0008   8A83      MOV      DP0H(0x83),R2
C:0x000A   E0        MOVX     A,@DPTR
C:0x000B   22        RET
C:0x000C   5002      JNC      C:0010
C:0x000E   E7        MOV      A,@R1
C:0x000F   22        RET
C:0x0010   BBFE02    CJNE     R3,#0xFE,C:0015
C:0x0013   E3        MOVX     A,@R1
C:0x0014   22        RET
C:0x0015   8982      MOV      DP0L(0x82),R1
C:0x0017   8A83      MOV      DP0H(0x83),R2
C:0x0019   E4        CLR      A
C:0x001A   93        MOVC     A,@A+DPTR
C:0x001B   22        RET
C:0x001C   AB08      MOV      R3,0x08
C:0x001E   AA09      MOV      R2,0x09
C:0x0020   A90A      MOV      R1,0x0A
C:0x0022   120003    LCALL    C?CLDPTR(C:0003)
C:0x0025   F50B      MOV      0x0B,A
```

方法二：使用指向片外数据存储区域的字符型指针。

```
C:0x000F   850982    MOV      DP0L(0x82),0x09
C:0x0012   850883    MOV      DP0H(0x83),0x08
C:0x0015   E0        MOVX     A,@DPTR
C:0x0016   F50A      MOV      0x0A,A
```

方法三：使用指向片内直接寻址区域的字符型指针。

```
C:0x000F   A808      MOV      R0,0x08
C:0x0011   E6        MOV      A,@R0
C:0x0012   F509      MOV      0x09,A
```

从以上代码可以看到，第一种方法由于使用了普通指针，它需要 3 个字节来分别保存其类型和地址，而且由于编译器不知道其存储类型，所以赋值操作是通过调用编译器的库函数实现的；第二种方法由于指定指针为指向片外数据存储区的指针，所以它只要 2 个字节来保存其地址即可；而第三种方法就更简单了，由于指向片内直接存储区，它只要 1 个字节来保存地址就可以了。

再从编译后的代码长度来比较。方法一编译后的代码长度为 52 个字节，数据区为 13 个字节；方法二由于不用调用库函数，编译后的代码长度只有 25 个字节，数据区为 12 个字节；方法三就更简单了，它编译后的代码长度只有 21 个字节，数据区为 11 个字节。

显然，通过使用存储器特殊指针可以减少代码长度，加快执行时间。在一些对代码长度和执行时间要求较为严格的场合是很有效的。但是同时也应该看到，使用存储器特殊指针要求程序设计人员对 51 单片机的构架和内存管理有一定深度的认识，否则容易出现各种错误。而使用普通指针对以上的要求就要少得多，而且它可以访问 51 单片机存储空间中任何位置的变量，而不用考虑数据在存储器中的位置。

0.1.5　一些关键字的使用

C51 语言提供了一些编程中的关键字，灵活使用它们能够使开发的程序高效，这些关键字包括 static、const、extern、reentrant 等。但在实际使用中很多初学者真正使用这些关键字的时候并不是很多，弄清楚了它们的含义和使用方法读者自然就会自主地使用它们了。

1．static 关键字

static 关键字主要用于定义静态变量，它在每次调用以后的值都保持不变，即具有记忆性，但是 static 的意义并不局限于此，static 有以下两层主要意义。

● 用 static 声明的变量不论它在程序中的位置，即使它是函数内部的局部变量，编译器都会给它分配一个固定的内存空间。而这个变量在整个程序的执行中都存在，程序执行完毕它才消亡。由于其在全局中都存在，会占用存储空间，建议少用。但是适当的应用它会给程序的设计带来一些好处。例如，可以定义一个局部静态变量作为计数器，在每次调用的时候加 1，这样就可以不必定义一个全局变量了，利于程序的移植。如例 0.9 所示的计数部分可以用静态变量来做，省去了全局变量的定义，利于程序的封装移植。

【例 0.9】使用 static 声明一个变量作为计数器。

```
char data[N];                    /*把结果数组作为全局变量*/
bit flag;                        /*定义 N 个数据采集完标志位*/
void main(void)
{
    ......                       /*系统初始化等工作*/
    while(1)
    {
        ......                   /*系统主循环*/
        if(flag==1)              /*如果 N 个数据采集完了则处理数据*/
        {
            HandleData(data);    /*处理采集数据模块*/
        }
    }
}
void Timer0(void) interrupt 1 using 1
{
    static int s_Counter;        /*这里定义一个静态变量，不同于一般局部变量，它在每
次 Timer0 中断后都保持新值不变，而且它在这里定义省去了定义一个不利于封装移植的全局变量*/
    ......                       /*中断预处理代码*/
    data[s_Counter]=AD_Result;
    if(s_Counter++>=N)           /*N 个数据采集完则指标志位通知主程序处理数据*/
    {
        s_Counter=0;
        flag=1;
```

```
        }
        ……                                    /*中断退出前代码*/
    }
    ……                                        /*其他中断和函数*/
```

说明：static 作为计数器的用法很通用，读者可以效仿。

- 用 static 声明的变量或函数同时指明了变量或函数的作用域为本文件，其他文件的函数都无法访问这个文件里的这些变量和函数。在一个比较复杂的应用系统中中可能存在多个 C51 语言的文件，这些文件有时会由许多程序员来开发，所以不同文件中同名的变量或函数很可能存在，用 static 声明变量和函数则可以防止同名变量或函数的意外混调，如例 0.10 所示。

【例 0.10】用 static 声明一个变量或函数的作用域。

```
        static char c;                    /*变量 c 只能在本文件内被访问*/
        static int Sum(int x,inty);       /*函数 Sum 只能在本文件内被访问*/
```

2. const 关键字

const 关键字在第 3 章中介绍为用于定义一个常量，除此之外可以用于表明 const 关键字修饰的变量、指针、函数参数返回值等是只读的，即它们都受到了保护，不能改变它们的值，如例 0.11 所示。

【例 0.11】const 的使用方法。

```
        const float pi=3.1416;          /*声明浮点型常量 pi 为只读的，它的值等于常值 3.1416 且不能被
修改*/
        pi=2.78;                        /*编译报错*/
        const int *ip;                  /*声明整型指针 ip 为只能指向只读的常量，地址可以被修改，
但必须指向常量*/
        int a=5;
        *ip=a;                          /*编译报错*/
        int * const ip;
        /*声明整型常量指针 ip 为只读的，指针本身是常数，即它的地址不能被修改*/
        int b;
        ip=&b;                          /*编译报错*/
        int Sum(const int *ip, int num)  /*修饰函数的参数为只读的，以防止函数体内误改变参数地址的
数据*/
        {
            int i,sum=0;
            for(i=0;i<num;i++)
            {
                sum+=*(ip+i);
            }
            *ip=i;                      /*编译报错*/
            return sum;
        }
```

3．reentrant 关键字

reentrant 关键字用于声明一个函数为再入函数。再入函数是指可以同时由几个程序共用，如主函数和中断函数同时调用一个函数。当执行再入函数时，其他程序可以中断执行并开始执行同一个再入函数。一般情况下，C51 语言的函数不能递归调用或被几个可能同时执行的函数同时调用。这是因为函数自变量和局部变量都存放在固定的存储器位置，如果同时调用的话函数的堆栈会混乱。再入函数属性允许说明那些可以重入的函数因此可以实现递归调用。比如那些只有自己的局部变量而不涉及其他固定地址变量的函数体，如例 0.12 中的求和函数就可以被定义为再入函数。

【例 0.12】再入函数的定义。

```
int Sum (int x, int y) reentrant
{
    int temp;
    temp=x+y;
    return temp;
}
```

0.2　C51 语言常用库函数介绍

在 51 单片机的应用系统中，有很多功能模块是经常被使用的，如果每个应用系统都单独为这些功能模块编写相应的代码，一方面会大大增加开发的工作量，另一方面从某种意义上来说也降低了系统的可靠性，此时如果使用 51 单片机的 C51 语言所自带的库函数，则可以高效、便捷地完成相应的设计。

0.2.1　C51 语言的库函数基础

库函数是指软件开发环境提供的一些可以供用户调用的函数，这些函数一般被放到开发环境提供的相应编译好的库里，源代码不可见，但是可以通过对应的头文件看到相应的接口。Keil μ Vision 的库函数并不是 51 单片机 C51 语言本身的一部分，它是由 Keil μ Vision 根据一般用户的需要编制并提供给用户使用的一组程序，这些库函数极大地方便了用户，同时也补充了 51 单片机 C51 语言本身的不足。

在使用 51 单片机 C 语言库函数时应该首先了解以下几个方面的内容。

- C 语言库函数的功能。
- C 语言库函数的参数的数目和顺序，以及每个参数的意义及类型。
- C 语言库函数返回值的意义及类型。
- C 语言库函数需要使用的包含文件。

> 函数库：函数库是由开发环境建立的具有一定功能的函数的集合，函数库中存放了函数的名称和对应的目标代码，以及连接过程中所需的重定位信息，另外用户也可以根据自己的需要建立自己的用户函数库。
>
> 头文件：有时也称为包含文件，是 51 单片机 C 语言库函数与用户程序之间进行信息通信时要使用的数据和变量，在使用某一个库函数时，都要在程序中用"#include"关键字嵌入该函数对应的头文件。

0.2.2 库文件和头文件分类

51 单片机的 C51 语言和标准 C 语言有很多共同的地方，所以其大部分库函数也和标准 C 语言兼容，但是其中部分函数为了能更好地发挥 51 单片机的结构特性做了少量的改动，主要是在函数的参数和返回值中使用了尽可能占用存储空间最小的数据类型，如无符号数。

51 单片机的 C51 语言有 6 种编译时间库，如表 0.1 所示，另外在 Keil 的 LIB 目录下还有一些和 51 单片机硬件相关的低级输入/输出功能函数是以源文件形式提供的，可供用户根据自己的硬件环境修改这些文件用以替换函数库中对应的库函数从而使库函数能适应用户的硬件环境。

表 0.1　51 单片机 C 语言的编译时间库

库文件	说明
C51S.LIB	小模式，不支持浮点运算
C51FPS.LIB	小模式，支持浮点运算
C51C.LIB	紧凑模式，不支持浮点运算
C51FPC.LIB	紧凑模式，支持浮点运算
C51L.LIB	大模式，不支持浮点运算
C51FPL.LIB	大模式，支持浮点运算

51 单片机 C51 语言的库函数的头文件在 Keil 的安装目录的 INC 文件夹中，这些头文件的说明如表 0.2 所示。

表 0.2　Keil 的库函数头文件说明

头文件名	介绍
ABSACC.H	包含访问 51 单片机存储器不同区域的宏
ASSERT.H	包含对程序生成测试条件的 assert 宏
CTYPE.H	包含 ASCII 字符的分类和转换函数
INTRINS.H	包含内部函数，这些函数编译时产生的是插入代码，所以代码量少、效率高
MATH.H	包含带浮点数的算术运算函数
SETJMP.H	包含用于 setjmp 和 longjmp 程序的 jmp_buf 类型
STDARG.H	定义访问函数参数的宏以及保持函数调用参数的 va_list 数据类型
STDDEF.H	定义 offsetof 宏
STDIO.H	包含输入/输出的函数以及 EOF 常数定义
STDLIB.H	包含数据类型转换以及存储器定位函数
STRING.H	包含字符串和缓存操作函数以及 NULL 常数定义

0.2.3 C51 语言的库函数分类介绍

本小节将按照分类对 C51 语言中常用的库函数进行相应介绍。

1. ASCII 字符分类和转换函数

ASCII 字符分类和转换函数库主要用于对 ASCII 字符进行分类或者测试，并且可以用来将一种字符转换为另外一种字符，例如，将十六进制数转换为十进制数等。

使用 ASCII 字符分类和转换函数，必须首先引用 CTYPE.h 头文件，表 0.3 所示是 51 单片机语言支持的 ASCII 字符分类和转换函数列表。

表 0.3　ASCII 字符分类和转换函数列表

函数名称	说明
isalnum	可重入函数，用于测试待测试参数是否为字母或者数字
isalpha	可重入函数，用于测试待测试参数是否为字母
iscntrl	可重入函数，用于测试待测试参数是否为控制字符
isdigit	可重入函数，用于测试待测试参数是否为十进制数字
isgraph	可重入函数，用于测试待测试参数是否为空格之外的可打印字符
islower	可重入函数，用于测试待测试参数是否为小写字母
isprint	可重入函数，用于测试待测试参数是否可打印字符（包括空格）
ispunct	可重入函数，用于测试待测试参数是否为标点符号
isspace	可重入函数，用于测试待测试参数是否为空白字符
isupper	可重入函数，用于测试待测试参数是否为大写字母
isxdigit	可重入函数，用于测试待测试参数是否为十六进制数字字符
toascii	可重入函数，将字符参数转化为 7 位 ASCII 码
toint	可重入函数，将十六进制数字参数转化为十进制数字
tolower	可重入函数，测试字符参数并将大写字母转换为小写字母
_ tolower	可重入函数，无条件将字符参数转换为小写字母
toupper	可重入函数，测试字符参数并将小写字母转换为大写字母
_ toupper	可重入函数，无条件将字符参数转换为大写字母

2. 内部函数

内部函数可以看做是对 51 单片机的一些指令的包装，其编译时候产生的是插入代码，而不是使用 ACALL 或者 LCALL 指令去调用一个功能函数，所以内部函数库编译后的代码量相对很小，效率也更高。

使用内部函数库的时候，必须首先引用 INTRINS.H 头文件，表 0.4 所示是 51 单片机支持的内部函数列表。

表 0.4　内部函数列表

函数名称	说明
chkfloat	内部函数，检查参数浮点数状态，返回说明浮点数状态的无符号字符
crol	内部函数，将无符号字符参数向左移位
cror	内部函数，将无符号字符参数向右移位
irol	内部函数，将无符号整数参数向左移位
iror	内部函数，将无符号整数参数向右移位
lrol	内部函数，将无符号长整数参数向左移位
lror	内部函数，将无符号长整数参数向右移位
nop	内部函数，插入 NOP 指令
testbit	内部函数，插入 JBC 指令

3．数学函数

在 51 单片机的应用系统中，可能需要对一些获得的数值进行计算以获得最后的结果，此时可以调用 51 单片机 C51 语言的数学函数库，这个函数库包括了浮点数的运算，表 0.5 所示是数学函数库支持的函数列表，在使用这些函数的时候必须先引用"MATH.H"头文件。

表 0.5　数学函数列表

函数名称	说明
abs	可重入函数，用于获得整数的绝对值
acos	用于计算反余弦
asin	用于计算反正弦
atan	用于计算反正切
atan2	用于计算分数的反正切
cabs	可重入函数，求字符的绝对值
ceil	求大于等于参数的最小整数
cos	用于计算余弦
cosh	用于计算双曲余弦
exp	计算参数的指数函数
fabs	可重入函数，用于计算浮点数的绝对值
floor	求小于等于浮点数的最大整数
fmod	计算浮点数的余数
labs	可重入函数，求长整数的绝对值
log	用于计算参数的自然对数

函数名称	说明
Log10	用于计算参数的常用对数
modf	用于分离参数的整数和小数部分
pow	用于计算参数的幂函数
sin	用于计算正弦
sinh	用于计算双曲正弦
sqrt	用于计算平方根
tan	用于计算正切
tanh	用于计算双曲正切

4．输入输出函数

51 单片机的 C51 语言同样提供用于输入和输出的库函数，但是由于 51 单片机没有默认的输入设备，这些库函数默认的数据通道都是基于串行模块的，51 单片机 C51 语言的输入输出函数库支持的函数列表如表 0.6 所示，在使用这些函数的时候必须首先引用"STDIO.H"头文件。

表 0.6　输入输出函数列表

函数名称	说明
getchar	可重入函数，用_getkey 函数和 putchar 函数读入并且回应一个字符参数
_getkey	用串行模块去读一个字符
gets	调用 getchar 函数从串口读取一个字符串
printf	用 putchar 通过串口输出格式化的数据
putchar	使用串行模块输出一个字符
puts	可重入函数，用 putchar 写字符串和换行字符
scanf	用 getchar 读格式化好的字符
sprintf	把一个格式化好的字符写入到字符串变量中
sscanf	从字符串读取格式化好的字符
ungetchar	将一个字符返回到 getchar 的输入缓存
vprintf	用指针向流速出
vsprintf	将格式化好的数据写入到字符串

5．数据类型转换和存储器定位函数

在 51 单片机的 C51 语言使用中，有时候需要对变量的数据类型进行转换，或者在存储区中定位某个变量的位置，此时可以调用 51 单片机 C51 语言的数据类型转换和存储器定位函数库，表 0.7 所示是支持的函数列表，在使用这些函数的时候，必须先引用"stdlib.h"头文件。

表 0.7　数据类型转换和存储器定位函数列表

函数名称	说明
atof	将字符串转换为浮点数
atoi	将字符串转换为整数
atol	将字符串转换为长整数
calloc	在存储器中定位一个数组
free	释放用 calloc、malloc 或者 realloc 定位的存储区
init_mempool	初始化一段存储区的位置和大小
malloc	在存储区中定位一个存储变量
rand	可重入函数，用于产生一个伪随机数
realloc	在存储区中重新定位一个存储变量
srand	初始化伪随机数发生器
strtod	将字符串转换为浮点数
strtol	将字符串转化为长整数
strtoul	将字符串转化为无符号长整数

6. 字符串操作函数库

在 51 单片机的应用系统中，有些时候需要涉及文件操作，例如，用 51 单片机控制 SD 卡往里面写入一个文件，在这些文件操作中常常需要对字符串进行操作，51 单片机的 C51 语言提供了一些用于字符串操作的函数，如表 0.8 所示，在调用这些函数之前，必须先引用 "string.h" 头文件。

表 0.8　字符串操作函数列表

函数名称	说明
memccpy	把一个变量的数据复制到另外一个变量，直到复制了指定的字符或者指定的字符数
memchr	可重入函数，返回指定字符在变量中首次出现的位置的指针
memcmp	可重入函数，对两个变量中给定数量的字符进行比较
memcpy	可重入函数，将给定数量的字符从一个变量复制到另外一个变量
memmove	可重入函数，将给定数量的字符从一个变量移动到另外一个变量
memset	可重入函数，将变量中指定字节初始化为指定值
strcat	将两个字符串连接到一起
strchar	可重入函数，返回指定字符在字符串中首次出现的位置指针
strcmp	可重入函数，对两个字符串进行比较
strcpy	可重入函数，复制字符串

函数名称	说明
strcspn	返回字符串中首字符和另外一个字符串匹配的位置指针
strlen	可重入函数，返回字符串的长度
strncat	将字符串中指定字符连接到另外一个字符串
strncmp	比较两个字符串的指定数量字符
strncpy	将字符串中指定数量字符复制到另外一个字符串
strpbrk	返回一个字符串中与另外一个字符串匹配的第一个字符的位置指针
strpos	可重入函数，返回字符串中指定字符首次出现的位置指针
strrchr	可重入函数，返回字符串中指定字符最后出现的位置指针
strrpbrk	返回字符串中最后一个与另外一个字符串中任意字符匹配的字符位置指针
strrpos	可重入函数，返回字符串中指定字符最后出现的位置指针
strspn	返回字符串中第一个与另外一个字符串中任意字符不匹配的字符位置指针
strstr	返回字符串中与另外一个字符串相同的子串的位置指针

0.3　在 Keil μVision 中编写用户自己的库函数

在 51 单片机的应用系统设计中，可能需要对某些代码进行复用，此时可以建立用户自己的库函数。

0.3.1　用户库函数的建立步骤

在 Keil μVision 中建立用户库函数的详细操作步骤如下。

（1）按照 C51 语言的规范在 .c 文件中编写用户库的对应函数。

（2）按照 C51 语言的规范在 .h 文件中编写用户库函数对应的函数声明。

（3）在 Keil μVision 的 Project/Option for...菜单弹出的设置窗体中选择生成 .lib 文件而不是 .hex 文件，如图 0.1 所示。

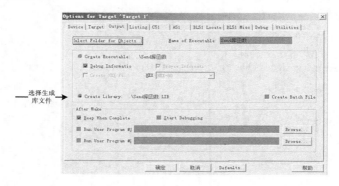

图 0.1　选择生成库文件

0.3.2 用户库函数的引用步骤

在 Keil μVision 中调用用户自己的库函数的详细操作步骤如下。

（1）按照 C51 语言的规范在 C 语言文件中编写用户的应用代码。

（2）将需要调用的库函数所在的.lib 文件加入 Keil 的工程项目。

（3）在工程项目的 C 语言文件中调用对应的库函数。

0.3.3 一个用户库函数的应用实例

本应用是一个在 Keil μVision 中建立一个包括有 Send 函数的库函数以供其他应用代码调用的应用，Send 函数用于将一个字节的数据通过 51 单片机的串行通信模块（在本书第 8 章中进行详细介绍）发送。

Send 函数的 C51 语言的 C 文件内容如例 0.13 所示，H 文件如例 0.14 所示。

【例 0.13】Send 函数的 C 文件。

```c
#include <Send.h>
#include <AT89X52.h>
void Send(unsigned char x)
{
  SBUF = x;
  while(TI == 0);
  TI = 0;
}
```

【例 0.14】Send 函数的 H 文件。

```c
void Send(unsigned char x);
```

调用 Send 函数的"MCU.C"文件的应用代码如例 0.15 所示，其通过 51 单片机的串行通信模块接收一个字节的数据，然后调用 Send 函数将这个字节的数据通过串行通信模块发送出去，同时将一个连接到外部引脚 P2.0 上的 LED（发光二极管）闪烁一次。在 Keil μVision 工程文件加入并且调用.lib 文件后的项目管理窗如图 0.2 所示。

图 0.2　在工程文件中加入对应库文件

【例 0.15】调用 Send 函数的 MCU.C 文件。

```c
#include <AT89X52.h>
sbit LED = P2 ^ 0;                          //指示灯
void InitUART();
void Serial(void);
extern void Send(unsigned char x);
main()
{
  InitUART();
 while(1)
 {
 }
}
```

```c
void InitUART(void)
{
    TMOD = 0x20;          //9600bps
    SCON = 0x50;
    TH1 = 0xFD;
    TL1 = TH1;
    PCON = 0x00;
    EA = 1;
    ES = 1;
    TR1 = 1;
}
void Serial(void) interrupt 4 using 1
{
 unsigned char temp;
 if(RI == 1)
 {
    temp = SBUF;
    RI = 0;
    Send(temp);
    LED = ~LED;
 }
}
```

0.4 C51 语言的编译常见报警错误以及解决办法

在 51 单片机的 C51 语言使用过程中，经常在编译过程中出现各种语法错误或者报警，Keil 的编译器通常都会将报错信息在 output 窗口给出，如图 0.3 所示，双击这些错误或者报警的提示编译器会自动在代码窗口中将光标定义在错误位置。

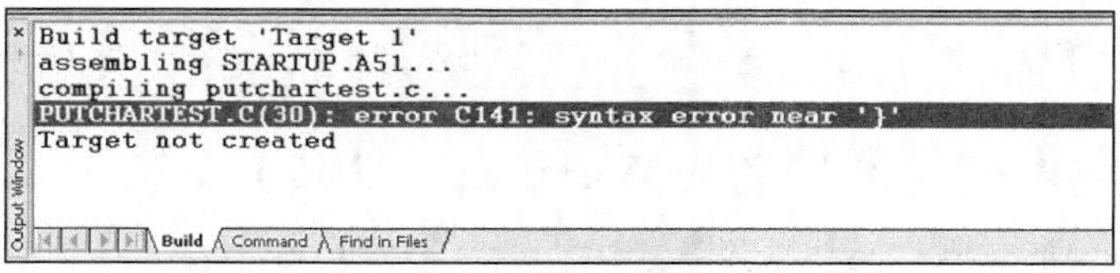

```
× Build target 'Target 1'
  assembling STARTUP.A51...
  compiling putchartest.c...
  PUTCHARTEST.C(30): error C141: syntax error near '}'
  Target not created
      Build  Command  Find in Files
```

图 0.3 Keil μVision 下的编译器的错误报警

注意：错误的光标定位未必准确，可能被定位在出现错误的行，也可能被定位在和错误相关的行。此外，编译器不能检查逻辑错误。

本小节将以实例的方式给出在 Keil 编译器下最常见的错误或者报警以及如何去解决这些错误和报警，最后将以列表的形式给出 Keil 的所有错误提示。

警告和错误的区别在于前者也许不影响程序的执行，只是可能出现问题，编译器能对代码进行链接生成目标文件，而错误严重影响程序的执行，编译器无法编译代码，也没有办法生成目标文件；所以，警告在某些情况下可以忽略，而错误绝对不能忽略。

0.4.1 变量未被使用警告（Warning 280）

变量未被使用是编译器产生的一个警告事件，其报警信息如下：

Warning 280:'i':unreferenced local variable

此类警告通常是在用户在代码中声明了一个变量却没有使用这个它的时候产生，该警告在通常情况下完全不影响程序的的正常执行，只是浪费了 51 单片机的内部存储器空间。其解决办法是删除对该变量的声明，如例 0.15 所示实例中的黑体加粗带下划线部分，在主函数中声明了一个 unsigned char 类型的局部变量 i，但是在整个 main 函数中没有使用过这个变量 i，但是其占用了一个字节的内存空间，浪费了资源，解决这个警告的办法是将该声明的变量删除。

【例 0.16】变量未被使用警告。

```
main()
{
    unsigned char temps[]="hello world!";
    unsigned char temp;
    unsigned char i;
    InitUart();                              //初始化串口
    Timer0Init();                            //初始化时钟
    EA = 1;                                  //打开串口中断标志
    while(1)
    {
        while(bT0Flg==FALSE);                //等待延时标志位
        bT0Flg=FALSE;
        putchar(temp);                       //发送 temp
        temp++;                              //temp+1，等待下一次发送
    }
}
```

注意：通常情况下，声明后没有被使用的变量仅仅会导致内存的浪费，但是在程序未被正常执行的情况下该变量的存在可能导致其他变量出现错误。

0.4.2 函数未被声明警告（Warning C206）

函数未被声明是编译器给出的一个警告事件，其报警信息如下：

PUTCHARTEST.C(36): warning C206: 'Timer0Init': missing function-prototype

函数未被声明虽然是一个警告事件，但是该事件会引起另外一个错误，所以其实质上是一个错误，必须被解决。该警告是在 C51 语言的代码中使用了一个函数，却没有对这个函数进行声明造成的，解决方法是将该函数的实体放在调用该函数的语句之前，或者在这个语句之前对该函数进行声明，又或者在被.c 文件引用的头文件中对该函数进行声明，如例 0.17 所示实例中的黑体加粗带下划线部分，函数 Timer0Init 在 main 函数中被调用，但是该函数并没有在 main 函数之前进行声明，所以出现了警告，解决的方法之一是参考 InitUart 函数将 Timer0Init 函数的实体放在 main 函数之前，又或者在 main 函数之前使用"void Timer0Init(void);"语句对函数进行声明，又或者引入头文件，在头文件中对 Timer0Init 函数进行声明。

【例 0.17】函数未被声明警告。

```
#include <AT89X52.h>
#include <stdio.h>
#define TRUE    1
#define FALSE 0
bit    bT0Flg = FALSE;
void InitUart(void)
{
//省略函数主体内容
}
void Timer0Deal(void) interrupt 1 using 1        //定时器 0 中断处理函数
{
//省略函数主体内容
}
main()
{
    unsigned char temps[]="hello world!";
    unsigned char temp;
    InitUart();                                  //初始化串口
    Timer0Init();                                //初始化时钟
    EA = 1;                                      //打开串口中断标志
    while(1)
    {
        //……
    }
}
void Timer0Init(void)                            //定时器 0 初始化函数
{
//省略函数主体内容
}
```

0.4.3　头文件无法打开错误（Error C318）

头文件无法被打开是编译器给出的一个错误事件，其报警信息如下：

putchartest.c(2): warning C318: can't open file 'stdio5.h'

造成该错误的原因是.c 文件在使用 "#include+头文件名" 的语句来引用头文件的时候，头文件名称错误或者路径错误，又或者该头文件不存在，导致编译器无法找到该.h 文件，其解决办法是确认该头文件存在并且使用正确的路径和名称，如例 0.18 所示实例中的黑体加粗带下划线部分，C51 语言源文件需要引用 stdio.h 文件，但是却写错了头文件的名称，导致编译器无法正确的找到头文件，其解决办法是将 "#include <stdio5.h>" 语句修改为 "#include <stdio.h>" 即可。

【例 0.18】头文件无法打开错误。

```
#include <AT89X52.h>
#include <stdio5.h>
```

0.4.4　函数名称重复定义错误（Error C237）

函数名称重复定义错误是编译器给出的一个错误事件，其报警信息如下：

PUTCHARTEST.C(23): error C237: 'InitUart': function already has a body

该错误是由于使用两个相同名称的函数导致的，在 Keil 的工程文件中，不能允许有名称相同但是其实体不同的两个函数存在，其解决办法是修改其中的一个函数名称让其不重复，如例 0.19 所示实例中的黑体部分，该函数实质是一个对定时计数器 T0 进行初始化的函数，但是由于错误命名为 InitUart 和串口初始化函数重名，所以引起了函数名称重复定义的错误，其解决办法是修改这个函数的名称为 InitTimer0。

【例 0.19】函数名称重复定义错误。

```
void InitUart(void)
{
TH0 = 0xFF;
TL0 = 0x9C;                          //100ms 定时
  ET0 = 1;                           //开启定时器 0 中断
  TR0 = 1;                           //启动定时器
}
void InitUart(void)
{
SCON = 0x50;                         //工作方式 1
TMOD = 0x21;
PCON = 0x00;
TH1 = 0xfd;                          //使用 T1 作为波特率发生器
TL1 = 0xfd;
TI = 1;
TR1 = 1;                             //启动 T1
  //启动 T1
}
```

0.4.5　函数未被调用警告

函数未被调用 Keil 给出的一个警告事件，其报警信息说明如下：

*** WARNING L16: UNCALLED SEGMENT, IGNORED FOR OVERLAY PROCESS

当一个函数在代码声明且拥有函数实体之后没有被调用，即会出现该警告事件，从理论上来说，该警告事件和变量未被使用警告事件类似，不会导致程序不能正常运行，仅仅占用代码空间，但是会增大系统的不稳定性，解决该警告的办法是去掉该函数的声明和实体或者对该函数进行调用，如例 0.20 所示实例中的黑体加粗带下划线部分，代码中定义了 Timer0Inint 函数，但是在整个代码中并没有对这个函数进行调用，所以会出现函数未被调用警告，解决办法是调用该函数。

【例 0.20】函数未被调用警告。

```
void InitUart(void)
{
//……
}
```

```
    void Timer0Deal(void) interrupt 1 using 1        //定时器 0 中断处理函数
    {
    //……
    }
    void Timer0Init(void)                            //定时器 0 初始化函数
    {
    //……
    }
    main()
    {
        unsigned char temps[]="hello world!";
        unsigned char temp;
        InitUart();                                  //初始化串口
        EA = 1;                                      //打开串口中断标志
        while(1)
        {
            while(bT0Flg==FALSE);                    //等待延时标志位
            bT0Flg=FALSE;
            putchar(temp);                           //发送 temp
            temp++;                                  //temp+1，等待下一次发送
        }
    }
```

0.4.6 函数未定义警告（warning C206）

函数未定义是编译器给出一个警告事件，其报警信息说明如下：

PUTCHARTEST.C(36): warning C206: 'InitUart': missing function-prototype

当用户代码调用了一个函数，但是这个函数的实体并不存在时，产生函数未定义警告，并且会触发一个错误，所以这个警告必须被解决，其解决办法是对这个函数进行定义，如例 0.21 所示，实例中调用了 InitUart 函数，但是这个函数的实体在代码中并不存在，所以产生了函数未被定义错误，解决该错误的办法是在实例中增加一个 InitUart 函数的实体并且予以声明。

【例 0.21】函数未定义警告。

```
    main()
    {
        ……
        InitUart();                                  //初始化串口
        ……
        }
    }
```

0.4.7 内存空间溢出错误

内存空间溢出错误是编译器给出的一个错误警告事件，其报警信息说明如下：

*** ERROR L107: ADDRESS SPACE OVERFLOW

由于 51 单片机的内部存储空间是有限的，通常来说只有 256 个字节，其中可以用于 RAM

操作的为 128 个字节，也就是说，data 类型数据的存储空间地址范围为 0x00～0x7f,当代码的全局变量和函数里的局部变量超过这个大小则会出现内存空间溢出的错误，解决办法是将部分变量放在外部存储空间 xdata 中。

如果在 Keil 编译时将存储模式设为 SMALL,则局部变量首先选择使用工作寄存器 R2～R7,当存储器不够用时则会使用 data 的内存空间，但是当被使用的该内存大小超过 128 字节时也会出现内存空间溢出错误，此时的解决方法将以 data 型别定义的公共变量修改为 idata 型别的定义。

例 0.22 是内存空间溢出错误的实例，在代码中定义了两个大小为 70 字节的数字，此时单片机的内存空间已经被超过了，所以会出现内存空间溢出错误，此时可以使用 xdata 关键字来定义 temp1 数组将其定位在外部数据存储器以保证有足够的空间。

【例 0.22】内存空间溢出错误

```
unsigned char temp1[70];
unsigned char temp2[70];
```

注意：在使用 xdata 关键字来变量定义在外部内存空间时，必须确保外部内存空间存在，否则在实际使用时会出现错误。

0.4.8　函数重入警告

函数重入警告是编译器给出的如下的一个警告事件，这个警告事件相对比较复杂。

*** WARNING L15: MULTIPLE CALL TO SEGMENT

该警告表示编译器发现有一个函数可能会被主函数和一个中断服务程序或者调用中断服务程序的函数同时调用又或者同时被多个中断服务程序调用。由于这个函数没有被定义为重入性函数，所以在该函数被执行时它可能会被一个中断服务程序中断执行，从而使得结果发生错误并可能会引起一些变量形式的冲突如引起函数内一些数据的丢失。而可重入函数在任何时候都可以被中断服务程序中断运行，但是相应数据不会丢失。

这个警告产生的另外一个原因是函数的局部变量对应的内存空间会被其他函数的内存区所覆盖，如果该函数在执行过程中被打断，则它的内存区就会被别的函数使用，这会导致内存冲突。

如果用户确定两个函数绝对不会在同一时间被执行（该函数被主程序调用并且中断被禁止），并且该函数不占用内存（假设只使用寄存器），则可以完全忽略这种警告。

如果该函数可以在其执行时被调用，这时可以采用以下几种方法。

- 当主程序调用该函数时禁止中断，可以在该函数被调用时用#pragma disable 语句来实现禁止中断的目的。
- 复制两份该函数的代码，一份放到主程序中，另一份放到中断服务程序中。
- 将该函数用可重入关键字 reentrant 来定义，此时编译器产生一个可重入堆栈，该堆栈被用于存储函数值和局部变量，但是此时可重入堆栈必须在 STARTUP.A51 文件中配置，这种方法会消耗更多的内存空间并会降低这个函数的执行速度。

0.4.9　常见编译器错误列表

表 0.9 所示是按照首字母排序的常见 Keil 编译错误和警告列表，方便读者查询。

表 0.9　常见 Keil 编译错误和警告列表

错误信息	说明
Ambiguous operators need parentheses	当进行不明确的运算时候需要用加上括号
Ambiguous symbol	不明确的符号
Argument list syntax error	参数表语法错误，例如，少了一个参数
Array bounds missing	数组没有上标或者下标或者少了界限符
Array size toolarge	数组尺寸太大
Bad character in paramenters	参数中有不适当的字符，例如，将非指针变量赋给了指针变量参数
Bad file name format in include directive	在用#include 将文件包含进来时候文件名格式不正确
Bad ifdef directive synatax	编译预处理 ifdef 有语法错误
Bad undef directive syntax	编译预处理 undef 有语法错误
Bit field too large	位字段太长
Call of non-function	调用了未定义的函数
Call to function with no prototype	调用了没有说明的函数
Cannot modify a const object	不允许修改一个常量
Case outside of switch	缺少了 case 语句
Case syntax error	Case 语句语法错误
Code has no effect	代码无效，也就是不可能被执行到
Compound statement missing{	缺少 "{"
Conflicting type modifiers	类型说明不明确
Constant expression required	要求常量表达式未赋值
Constant out of range in comparison	在比较操作中常量超出范围
Conversion may lose significant digits	在进行转换时会丢失有意义的数据
Conversion of near pointer not allowed	不允许对近指针进行转换操作
Could not find file	找不到文件
Declaration missing ;	申明缺少 ";"
Declaration syntax error	在申明中出现语法错误
Default outside of switch	在 switch 语句之外出现了 default 关键字

错误信息	说明
Define directive needs an identifier	定义编译预处理需要一个标识符
Division by zero	除数为零
Do statement must have while	Do-while 语句中缺少 while 关键字
Enum syntax error	枚举类型语法错误
Enumeration constant syntax error	枚举常数语法错误
Error directive	编译预处理命令错误
Error writing output file	对输出文件写操作错误
Expression syntax error	表达式语法错误
Extra parameter in call	在外部调用时出现多余参数错误
File name too long	文件名过长
Function call missing)	调用函数时候少了 ")"
Fuction definition out of place	定义函数时位置超出
Fuction should return a value	函数没有返回值
Goto statement missing label	在使用 Goto 语句时候必须有标号
Hexadecimal or octal constant too large	十六进制或八进制常数过大
Illegal character	非法字符
Illegal initialization	初始化时出现问题
Illegal octal digit	非法的八进制数字
Illegal pointer subtraction	非法的指针相减操作
Illegal structure operation	结构操作非法
Illegal use of floating point	非法的浮点数运算
Illegal use of pointer	非法的指针使用方法
Improper use of a typedefsymbol	类型定义符号使用不恰当
In-line assembly not allowed	不允许使用行间汇编
Incompatible storage class	存储类别不相同
Incompatible type conversion	类型转换不能相容

错误信息	说明
Incorrect number format	数据格式错误
Incorrect use of default	default 使用错误
Invalid indirection	无效的间接运算
Invalid pointer addition	指针相加无效
Irreducible expression tree	无法执行的表达式运算
Lvalue required	需要逻辑值 0 或非 0 值
Macro argument syntax error	宏参数语法错误
Macro expansion too long	宏的扩展以后超出允许范围
Mismatched number of parameters in definition	定义中参数个数不匹配
Misplaced break	不应出现 break 语句
Misplaced continue	此处不应出现 continue 语句
Misplaced decimal point	此处不应出现小数点
Misplaced elif directive	不应编译预处理 elif
Misplaced else	此处不应出现 else
Misplaced else directive	此处不应出现编译预处理 else
Misplaced endif directive	此处不应出现编译预处理 endif
Must be addressable	必须是可以编址的
Must take address of memory location	必须存储定位的地址
No declaration for function	函数没有声明
No stack	缺少堆栈
No type information	没有类型信息
Non-portable pointer assignment	不可移动的指针（地址常数）赋值
Non-portable pointer comparison	不可移动的指针（地址常数）比较
Non-portable pointer conversion	不可移动的指针（地址常数）转换
Not a valid expression format type	表达式格式不合法
Not an allowed type	不允许使用该类型
Numeric constant too large	常数太大

错误信息	说明
Out of memory	没有足够的内存
Parameter is never used	参数没有被使用
Pointer required on left side of –>	符号 "–>" 的左边必须是指针
Possible use of before definition	使用之前没有定义
Possibly incorrect assignment	赋值可能不正确
Redeclaration of	重复定义
Redefinition of is not identical	两次定义不一致
Register allocation failure	寄存器寻址失败
Repeat count needs an lvalue	重复计数需要逻辑变量
Size of structure or array not known	结构体或数组大小不确定
Statement missing ;	缺少 ";"
Structure or union syntax error	结构体或联合体语法错误
Structure size too large	结构体太大
Sub scripting missing]	下标缺少 "]"
Superfluous & with function or array	函数或数组中有多余的 "&"
Suspicious pointer conversion	可疑的指针转换
Symbol limit exceeded	符号超限
Too few parameters in call	调用函数时没有完整地给出参数
Too many default cases	在 case 语句中使用了超过一个的 default
Too many error or warning messages	错误或警告信息太多
Too many type in declaration	声明中使用了太多类型
Too much auto memory in function	函数占用的局部变量太大
Too much global data defined in file	全局变量过多
Type mismatch in parameter	参数的类型不匹配

错误信息	说明
Type mismatch in redeclaration of	重定义类型错误
Unable to create output file	无法建立输出文件
Unable to open include file	无法打开被包含的文件
Unable to open input file	无法打开输入文件
Undefined label	标号没有定义
Undefined structure	结构没有定义
Undefined symbol	符号没有定义
Unexpected end of file in comment started on line	从某行开始的注释没有结束标志
Unexpected end of file in conditional started on line	从某行开始的条件语句没有结束标志
Unknown assemble instruction	未知的汇编结构
Unknown option	未知的选项
Unknown preprocessor	未知的预处理命令
Unreachable code	不能被使用到的代码
Unterminated string or character constant	字符串缺少引号
Void functions may not return a value	void 类型的函数不应该有返回值
Wrong number of arguments	调用函数的参数数目有错
not an argument	某个表达式不是参数
not part of structure	某个表达式不是结构体的一部分
statement missing (	语句缺少“(”
statement missing)	语句缺少“)”
declared but never used	被声明的表达式没有被使用
is assigned a value which is never used	被赋值的表达式没有被使用
Zero length structur	结构体的长度为零